国家职业技能等级认定培训教材——合编版

装配式建筑施工员

（基础知识）

人力资源社会保障部教材办公室　组织编写

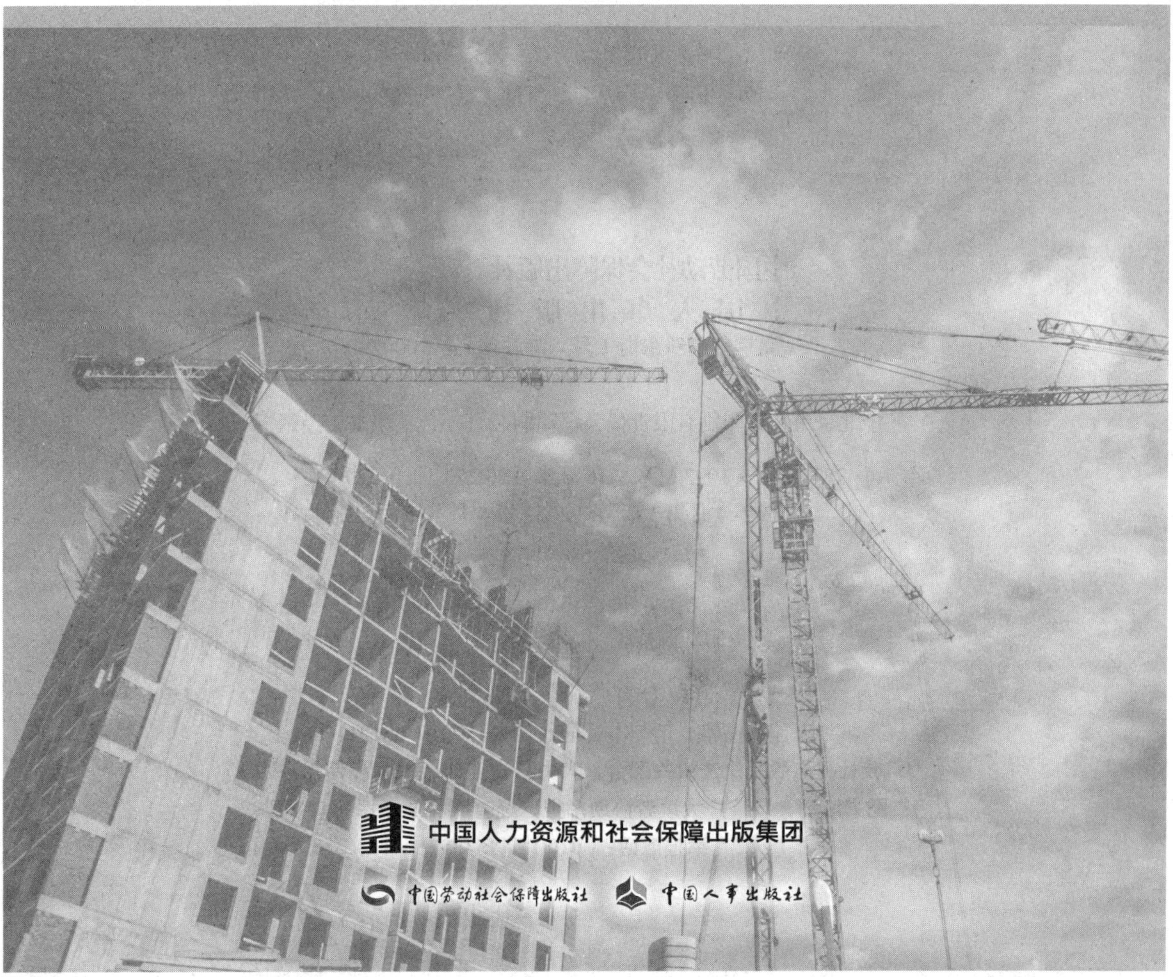

中国人力资源和社会保障出版集团

中国劳动社会保障出版社　中国人事出版社

图书在版编目（CIP）数据

装配式建筑施工员：基础知识／人力资源社会保障部教材办公室组织编写．－－北京：中国劳动社会保障出版社：中国人事出版社，2023
国家职业技能等级认定培训教材：合编版
ISBN 978-7-5167-5597-6

Ⅰ.①装… Ⅱ.①人… Ⅲ.①装配式构件-建筑施工-职业技能-鉴定-教材 Ⅳ.①TU3

中国国家版本馆 CIP 数据核字（2023）第 011489 号

中国劳动社会保障出版社
中国人事出版社 出版发行
（北京市惠新东街 1 号　邮政编码：100029）

*

北京市科星印刷有限责任公司印刷装订　新华书店经销

787 毫米×1092 毫米　16 开本　20.25 印张　320 千字
2023 年 4 月第 1 版　2023 年 4 月第 1 次印刷
定价：60.00 元

营销中心电话：400-606-6496
出版社网址：http://www.class.com.cn

版权专有　侵权必究

如有印装差错，请与本社联系调换：（010）81211666
我社将与版权执法机关配合，大力打击盗印、销售和使用盗版图书活动，敬请广大读者协助举报，经查实将给予举报者奖励。
举报电话：（010）64954652

本书编写人员

主　编： 青　宁　张　蓓

副主编： 刘立明　张加瑄　杨峻磊　蒋赛百

编　者： 王　戎　张进强　陈瑞波　王春华　张　营
　　　　　　李静文　胡婷婷　卢晨煜　林小城　田欣妮
　　　　　　朱俊材　王希建　李传运　张　鸣　赵腾飞
　　　　　　李园园　徐　晓　徐哲民　但功水　申　建
　　　　　　陶　然　贾正浩　韩延栋　乔媛媛　秦泗海
　　　　　　朱　宏　蒲玉强　王国富　王　强　刘海记

致　　谢

本书在编写过程中得到以下单位大力支持，在此一并表示感谢！
山东城市建设职业学院
济南工程职业技术学院
丝路培文职业教育咨询（北京）集团有限公司
湖南城建职业技术学院
湖南工程职业技术学院
同圆设计集团有限公司
山东大卫国际建筑设计有限公司
北京建谊投资发展（集团）有限公司
浙江建设职业技术学院
江苏建筑职业技术学院
北京大成（济南）律师事务所
中科长洋（山东）科技有限公司
山东省地质矿产勘查开发局
汶上县建筑设计院有限公司

前　言

为贯彻落实中共中央、国务院《关于分类推进人才评价机制改革的指导意见》精神，推动装配式建筑施工员职业培训和职业技能等级认定工作的开展，在装配式建筑施工员从业人员中推行职业技能等级制度，人力资源社会保障部教材办公室组织有关专家编写了装配式建筑施工员国家职业技能等级认定培训教材——合编版。

本套教材依据《装配式建筑施工员国家基本职业培训包（指南包　课程包）》（以下简称《国家基本职业培训包》），结合岗位工作实际编写，内容上体现"以职业活动为导向、以职业能力为核心"的指导思想，突出职业等级认定培训特色；结构上针对装配式建筑施工员职业活动领域，按照职业功能模块编写。针对《国家基本职业培训包》中的"基本素质"，还专门编写了《装配式建筑施工员（基础知识）》，包括各个级别从业人员的必备知识。

本书是装配式建筑施工员国家职业技能等级认定培训教材——合编版中的一种，适用于初级、中级、高级装配式建筑施工员的培训，是国家职业技能等级认定培训推荐用书。

由于时间仓促，不足之处在所难免，欢迎提出宝贵意见和建议。

人力资源社会保障部教材办公室

目 录 CONTENTS

培训模块一　职业认知与职业道德

培训项目1　职业认知 ·· 3
培训单元　职业与专业 ·· 3

培训项目2　职业道德基本知识 ·· 6
培训单元1　职业道德的含义与本质 ·· 6
培训单元2　职业道德的特点和作用 ·· 7
培训单元3　社会主义职业道德基本规范 ·· 9

培训模块二　建筑施工基础知识

培训项目1　建筑材料基础知识 ·· 15
培训单元1　建筑材料概述 ·· 15
培训单元2　无机胶凝材料 ·· 17
培训单元3　混凝土与建筑砂浆 ·· 26
培训单元4　建筑钢材 ·· 33
培训单元5　墙体材料 ·· 39

培训项目2　建筑识图基础知识 ·· 46
培训单元1　建筑工程图的基本知识 ·· 46
培训单元2　识读建筑施工图 ·· 49
培训单元3　结构施工图 ·· 70

培训项目3　建筑构造基础知识 ·· 73
培训单元1　建筑物分类及等级划分 ·· 73
培训单元2　建筑物的构造组成 ·· 77

培训项目4　建筑结构基础知识 ·· 115
培训单元1　建筑结构概述 ·· 115
培训单元2　建筑结构设计基本知识 ·· 118
培训单元3　板和梁的构造要求 ·· 120

培训单元4　柱的构造要求 …………………………………………… 126
　　培训单元5　预应力混凝土结构基本知识 …………………………… 128
　　培训单元6　钢结构连接 ……………………………………………… 131
　培训项目5　建筑安装工程造价基本知识 ………………………………… 135
　　培训单元1　工程造价概述 …………………………………………… 135
　　培训单元2　设备及工具器具购置费 ………………………………… 139
　　培训单元3　工程建设其他费用 ……………………………………… 141
　　培训单元4　预备费及建设期利息 …………………………………… 149
　培训项目6　建筑工程测量基础知识 ……………………………………… 153
　　培训单元1　水准测量 ………………………………………………… 153
　　培训单元2　角度测量 ………………………………………………… 161
　　培训单元3　距离测量 ………………………………………………… 169
　　培训单元4　全站仪的使用 …………………………………………… 170
　　培训单元5　施工测量的基本工作 …………………………………… 181
　培训项目7　分项施工基础知识 …………………………………………… 186
　　培训单元1　砖砌体工程施工 ………………………………………… 186
　　培训单元2　填充墙砌体工程施工 …………………………………… 192
　　培训单元3　现浇混凝土结构工程施工 ……………………………… 196
　培训项目8　装配式建筑简介 ……………………………………………… 219
　　培训单元1　装配式建筑概述 ………………………………………… 219
　　培训单元2　装配式建筑分类与评价标准 …………………………… 224

培训模块三　节能与环保知识

　培训项目1　建筑新能源、新技术知识 …………………………………… 231
　　培训单元　建筑节能技术 ……………………………………………… 231
　培训项目2　绿色建筑材料 ………………………………………………… 236
　　培训单元　绿色建筑材料 ……………………………………………… 236

培训模块四　建筑施工安全知识

　培训项目1　分项工程安全生产的基本要求 ……………………………… 247
　　培训单元1　基础工程安全生产要点 ………………………………… 247

培训单元 2　脚手架工程安全生产要点 ················· 253
　　培训单元 3　混凝土工程安全生产要点 ················· 256
　　培训单元 4　高处作业安全生产要点 ··················· 261
　　培训单元 5　砌筑与装饰装修工程安全生产要点 ······· 266
　　培训单元 6　屋面工程安全生产要点 ··················· 270
　培训项目 2　施工机械的安全使用 ······················· 273
　　培训单元 1　起重机械的安全使用 ······················ 273
　　培训单元 2　起重吊装的安全生产要点 ················· 276
　培训项目 3　工地防火与防爆知识 ······················· 279
　　培训单元 1　工地防火知识 ······························ 279
　　培训单元 2　工地防爆知识 ······························ 284

培训模块五　岗位管理相关知识

　培训项目 1　项目施工安全管理知识 ···················· 289
　　培训单元 1　安全生产制度体系 ························ 289
　　培训单元 2　施工安全隐患的防范与处理 ·············· 290
　培训项目 2　项目施工现场管理知识 ···················· 292
　　培训单元 1　现场文明施工管理 ························ 292
　　培训单元 2　现场环境保护管理 ························ 294
　　培训单元 3　职业健康安全管理 ························ 296
　　培训单元 4　临时用电、用水管理 ····················· 298
　培训项目 3　项目施工质量管理知识 ···················· 301
　　培训单元 1　质量管理基本知识 ························ 301
　　培训单元 2　材料及施工过程质量控制 ················· 304
　　培训单元 3　装配式结构工程施工质量管理 ············ 308

培训模块 一
职业认知与职业道德

培训项目 1

职业认知

培训单元 职业与专业

→ 了解职业的含义与基本特征。
→ 了解专业的含义。
→ 了解专业与职业的联系。

一、职业的含义

职业是指参与社会分工,用专业的技能和知识创造物质或精神财富,获取合理报酬,丰富社会物质或精神生活的社会活动。职业是人们在社会中所从事的作为谋生手段的工作。从社会角度看,职业是劳动者获得的社会角色,劳动者为社会承担一定的义务和责任,并获得相应的报酬;从国民经济活动所需要的人力资源角度来看,职业是指不同性质、不同工作内容、不同形式、不同操作方法的专门劳动岗位。职业是对人们的生活方式、经济状况、文化水平、行为模式、思想情操的综合反映,也是一个人的权利、义务、职责和社会地位的一般体现。

二、职业的基本特征

1. 职业的社会属性

职业是人类在劳动过程中的分工现象,它体现的是劳动力与生产资料之间的结合关系,也体现出劳动者之间的关系。劳动产品的交换体现的是不同职业之间的劳动交换关系。

2. 职业的规范性

职业的规范性包含职业内部的操作规范性和职业道德的规范性。不同职业在其劳动过程中都有一定的操作规范性,这是保证职业活动的专业性要求。当不同职业在对外展现时,还存在一个伦理范畴的规范性,即职业道德。这两种规范性构成了职业规范的内涵与外延。

3. 职业的经济性

职业的经济性是指职业作为人们赖以谋生的劳动过程中所具有的逐利性。职业活动既满足从业者自己的需要,同时,也满足社会的需要,只有把职业的个人功利性与社会功利性相结合起来,职业活动及从业者的职业生涯才具有生命力和意义。

4. 职业的技术性

职业的技术性是指不同的职业具有不同的技术要求,每一种职业往往都表现出相应的技术要求。

5. 职业的时代性

职业的时代性指由于科学技术或人们生活方式、习惯等因素的变化导致职业所体现的时代烙印。

三、职业的意义

1. 职业对个人的意义

职业是每个人参与社会生活的一种基本方式,也是个人谋取利益的一种经济行为,对个人的生存和发展具有重要的意义。职业是个人维持生存的重要手段,职业是发展个性的重要途径,职业是个人承担社会义务的重要方式。

2. 职业对社会的意义

职业活动构成了人类社会生活的基础,对社会进步和发展起到积极的推动作用。职业是社会存在的基础,职业是社会发展的动力,职业是社会控制的手段。

四、专业

专业泛指专门学业或专门职业，也指专门的学问、高等学校或中等专业学校所分的学业门类、产业部门的各业务部分。就学业来说，专业是指教育机构培养专门人才的专业门类，大学设置专业是大学培养人才的重要特征。从学业角度来讲，专业设置要有人才培养规格的要求，要兼顾职业群的要求；专业受社会需求发展变化的制约。

五、专业与职业联系

专业是学业门类，职业是工作门类。专业与职业的内在属性相关，从事某项职业强调利用专门的知识和技能，运用所学的专业知识，即专业为职业服务；同时，若想从事好一份职业，需要出色的专业知识，即职业离不开专业。专业与职业交叉，以专业为基础发展职业。

培训项目 2

职业道德基本知识

培训单元1 职业道德的含义与本质

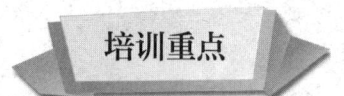

- 了解职业道德的含义。
- 了解职业道德的本质。

一、职业道德的含义

道德是调节个人与自我、他人、社会和自然界之间关系的行为规范的总和，是靠社会舆论、传统习惯、教育、典型示范和内心信念来维持的。

职业道德是所有劳动者在职业活动中应该遵循的基本行为准则，涵盖了劳动者与服务对象、职工与职业、职业与职业之间的关系。也可以理解为：职业道德是指从事一定职业的人们在其特定职业活动中所应遵循的符合职业特点的道德准则、行为规范、道德情操与道德品质的总和。

简单地说，职业道德是所有劳动者在职业活动中所遵守的行为规范的总和。建筑业职业道德是指建筑业从业人员在建筑工程施工活动中所遵守的行为规范的总和。

职业道德不仅是所有劳动者在其职业活动中行为的具体表现，同时也是本职业对社会所负的道德责任与义务。每个劳动者，不论是从事哪种职业，在职业活动中都要遵守职业道德。工匠精神是职业道德的具体体现和深化。企业要培养员工的工匠精神与职业道德，一定要治根治本。必须传递正确的价值观，首先引导员工热爱自己所做的事，其次引导员工在工作中精益求精、精雕细琢。这才是工匠精神的真谛。

二、职业道德的本质

1. 职业道德是生产发展和社会分工的产物。
2. 职业道德是人们在职业实践活动中形成的规范。
3. 职业道德是职业活动的客观要求。它集中地体现着社会关系的三大要素：责、权、利。

（1）每种职业都意味着承担一定的社会责任。
（2）每种职业都意味着享有一定的社会权利。
（3）每种职业都体现着和处理着一定的利益关系。

4. 职业道德是由社会经济关系决定的特殊社会意识形态。

培训单元2　职业道德的特点和作用

→ 了解职业道德的特点。
→ 熟悉职业道德的作用。

一、职业道德的特点

1. 行业性

职业道德具有适用范围的有限性，与社会分工紧密联系。每一个行业，都各有各的道德。随着社会分工越来越细，产生了成千上万的职业，每种职业特点不一，从而形成各自的职业道德规范，因此，表现出行业性特点。

2. 广泛性

各种职业道德的要求都较为具体、细致，且表现形式多种多样，涉及的范围非常广泛。

3. 时代性

由于历史的发展，一些优秀的职业道德可以继承和延续，在我们现实生活中运用。

4. 实用性

职业道德时刻与某一职业活动联系在一起。

5. 纪律性

纪律也是一种行为规范，但它是介于法律和道德之间的一种特殊的规范。它既要求人们能自觉遵守，又带有一定的强制性。例如，工人必须执行操作规程和安全规定，军人要有严明的纪律和军人品质，等等。因此，职业道德有时又以制度、章程、条例的形式表达，让从业人员认识到职业道德又具有纪律的规范性。

二、职业道德的作用

职业道德的作用是多方面的，而且是直接的、深刻的。主要表现在以下几个方面。

1. 职业道德对企业发展的作用

职业道德是企业文化的重要组成部分，对职工提高科学文化素质和职业技能具有推动作用；职业道德能增强企业凝聚力，是协调职工之间关系、职工与领导之间关系、职工与企业之间关系的法宝；职业道德可提升企业的竞争力，有利于企业提高产品和服务质量，树立良好形象，创造良好经济效益和社会效益。

2. 职业道德对人自身发展的作用

人总是要在一定的职业中工作，必须遵守职业道德；职业道德是事业成功的保证，没有职业道德的人干不好任何工作，每一个成功的人往往具有较高的职业道德；职业道德是人格的一面镜子，人的职业道德反映着人的整体道德素质，是人格升华最重要的途径。

3. 职业道德对从业人员与服务对象的关系的影响

良好的职业道德可以调整从业人员与服务对象的关系。如果没有职业道德来调整彼此之间的关系，就会造成整个社会生活的紊乱，导致违背职业道德底线的现象频频发生。如果各行各业都能自觉遵守职业道德，直接影响服务对象、教育服务对象，就会使人们在情感上受到激励，在品德上受到熏陶。

4. 职业道德对职业、行业之间关系的调整

职业道德可以调整职业之间的关系，使各行各业各司其职、各尽其责、相互协作，共同推进社会经济发展。

培训单元 3　社会主义职业道德基本规范

→ 了解社会主义职业道德的基本原则。
→ 熟悉社会主义职业道德基本规范的内涵。

一、社会主义职业道德的含义

社会主义道德是建立在社会主义公有制为主体的经济基础、生产方式和社会制度上的一种道德。它的基本原则是国家利益、集体利益和个人利益相结合的社会主义集体主义。它的核心内容是：要求社会主义社会的每个公民主动为全民尽义务，为国家做贡献；要在保证国家整体利益的前提下，发扬国家利益、集体利益、个人利益相结合的社会主义集体主义精神；当个人利益与集体利益、国家利益发生矛盾时，个人利益服从集体利益和国家利益，甚至不惜牺牲自己的生命来保护集体利益和国家利益。

社会主义职业道德是一种新型的职业道德，以马克思主义为指导，属于共产主义道德体系。社会主义职业道德的基本原则是集体主义。马克思、恩格斯

曾指出："既然正确理解的利益是整个道德的基础，那就必须使个别人的私人利益符合于全人类的利益。"全社会各行业成员在坚持国家和集体利益高于个人利益的前提下，实现个人利益和国家利益、集体利益的结合。集体主义贯穿于社会主义职业道德规范的始终，是正确处理国家、集体、个人关系的最根本的准则，也是衡量个人职业行为和职业道德的基本准则，是社会主义职业活动获得成功的保证。

二、社会主义职业道德基本规范

1. 爱岗敬业

爱岗敬业作为最基本的职业道德规范，是对人们工作态度的一种普遍要求。爱岗就是热爱自己的工作岗位，热爱本职工作；敬业就是要用一种恭敬严肃的态度对待自己的工作。

爱岗敬业是对从业者的基本要求。没有对岗位工作的热爱、缺乏对岗位工作的珍惜，从业者的岗位责任就无从谈起，也就做不好本职工作。要像热爱生命一样热爱工作，选择你所爱的，爱你所选择的。工作其实就像一座煤山，热情就是火种。用热情去点燃这个煤山，工作就会燃烧起来，并释放出巨大的能量。热情的态度是做任何事的必要条件。爱岗敬业的基础是遵纪守法。爱岗敬业是遵纪守法在职业生涯中个人能力素质的客观反映。

2. 诚实守信

人无信不立，商无信不兴。诚信自古以来就是立人之本、成事之本、立业之本、治国之本。诚，就是真实不欺，尤其是不自欺，主要体现个人内在品德；信，就是遵守、履行诺言，特别是注意不欺人，是处理人际关系的准则。诚实守信作为一种职业道德就是指真实无欺、遵守承诺和契约的品德和行为。

我们常用"一诺千金"来形容一个人讲信用、说话算数。一个人诚实有信，自然得道多助，能获得尊重和友谊。人的一生，一是学做人、会做人，二是学做事、会做事。无论是做人还是做事，都离不开诚实守信的基本原则。

人无信不立，一个人能在所有时间里欺骗一个人，也能在同一时间欺骗所有的人，但他不能在所有的时间里欺骗所有的人。所以，小胜靠谋，大胜靠德。

良好的信用不仅是组织、行业乃至国家的无形财富，也是从业者个人的无形资产。这种无形资产作为一种特殊的资源，甚至比有形资产更珍贵。一个国家缺少资金，可以借贷，但缺少信用，就无从借贷，就只能在经济全球化的激烈竞争中被淘汰。中国政府在国际交往中的许多重大问题上处事公平、说话算数，因此能够取信于世界，成为世界上最具投资魅力的国家。

3. 办事公道

办事公道就是指我们在办事情、处理问题时，要站在公正的立场上，对当事双方公平合理、不偏不倚，不论对谁都是按照一个标准办事。

随着现代社会市场经济的发展，对外交往日益频繁，人际间的关系也越来越复杂，常常会出现一些难以处理的情况。可以说办事公道是职业道德中正确处理各种复杂人际关系的准则，也是组织和个人进入社会、赢得市场的通行证，并通过日积月累建立良好的信用。办事公道还是抵制行业不正之风的重要手段，只有坚持办事公道，才能抵制行业不正之风，从而维护良好的社会软环境。

4. 服务群众

服务群众就是为人民群众服务。我们应当依靠人民群众，时时刻刻为群众着想，急群众所急，忧群众所忧，乐群众所乐。

服务群众是对所有从业人员的要求。要增强全心全意为人民服务的观念，培养为群众服务的意识，真正做到职业诚信和职业为民。要增强为民服务的职业责任感，确保职业行为、职业活动和行业营运的全面协调可持续发展，不断提高个人和组织的凝聚力、战斗力、创造力。

服务群众，就是要牢固树立以人为本、为民服务的理念，养成密切联系群众、积极为群众办事的作风，形成敬民、爱民、为民的思维。深入开展以"问需于民、问计于民、问政于民，解民需、解民忧、解民怨、解民困"为主要内容的"三问四解"活动，并搞好群众评议工作。

5. 奉献社会

奉献社会是社会主义职业道德的最高境界，体现了社会主义职业道德的最高目标和最终目的。奉献，就是不期望等价的回报和酬劳，而愿意为他人、为社会或为真理、为正义献出自己的力量，包括宝贵的生命。在职业活动中，它要求各行各业的从业人员能够在工作中不计较个人得失、名利，不以追求报酬为最终目地劳动和付出。一个人不论从事什么行业的工作，不论在什么岗位，都可以做到奉献社会。奉献社会不仅要有明确的信念，而且要有崇高的行动。奉献社会的精神主要强调的是一种忘我的全身心投入精神。当一个人专注于某种事业时，他关注的是这一事业对于人类、对于社会的意义，他为此而兢兢业业、任劳任怨、不计较个人得失，甚至不惜献出自己的生命。

奉献有助于个人的发展，有助于从业者之间的团结，有助于一个组织、一个企业的发展。在自己的工作岗位上认真做好每件事，就是对社会的奉献。倡导奉献精神，旨在唤醒人们心底的勤勉、善良、友爱。构筑美好社会，离不开每个人的努力，我们每个人都应该从我做起，在各自的岗位上恪尽职守、兢兢业业，这就是最好的奉献。

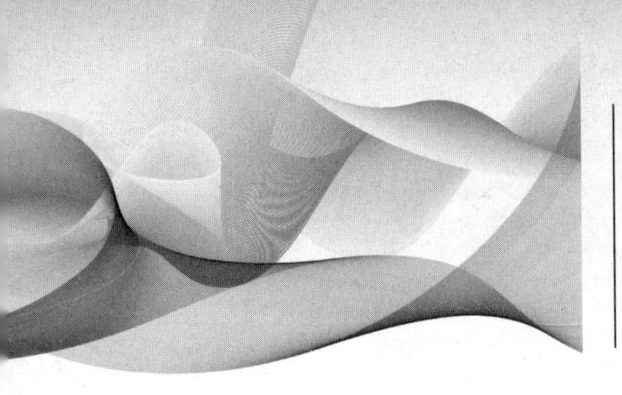

培训模块 二
建筑施工基础知识

培训项目 1 建筑材料基础知识

培训单元 1 建筑材料概述

→ 了解建筑材料的概念。
→ 熟悉建筑材料的分类。

一、建筑材料的概念

在建筑物中使用的材料统称为建筑材料。

1. 建筑材料的组成和结构

建筑材料的组成和结构是决定建筑材料性质的内在因素。

（1）建筑材料的组成

建筑材料的组成分为化学组成和矿物组成。化学组成不同，其矿物组成不同；相同的化学组成，可组成多种不同的矿物，如黏土和陶瓷。

（2）建筑材料的结构

建筑材料的结构分为微观结构和宏观结构。具有相同组成和微观结构的建筑材料，可以制成宏观构造不同的建筑材料，其性质和用途随宏观构造的不同差别很大，如玻璃与泡沫玻璃、塑料与泡沫塑料、混凝土与加气混凝土；而宏观构造相似的建筑材料，即便其组成和微观结构不同，也具有某些相同或相似的性能和用途，如泡沫玻璃、泡沫塑料、加气混凝土，都具有保温隔热的功能。工程上常用改变材料的密实度、孔隙结构，应用复合材料等方法，来改善建筑材料的性能，以满足不同的需要。

2. 建筑材料的性质

土木工程的各个部位都处于不同的环境条件并起一定的作用。例如，梁、板、柱以及承重的墙体主要承受各种荷载；房屋屋面要承受风霜雨雪且能保温、防水；基础除承受建筑物全部荷载外，还要承受冰冻及地下水的侵蚀；墙体要起到抗冻、隔声、保温隔热等作用。这就要求用于不同工程部位的建筑材料应具有相应的性质。这些性质归纳起来可分为：

（1）物理性质，即与各种物理过程（水、热作用）有关的性质。

（2）力学性质，指建筑材料在荷载作用下的变形及抵抗变形的能力。

（3）耐久性，指建筑材料在使用环境中，受到各种作用（物理作用、化学作用及生物作用等）而不影响使用功能的能力。

建筑材料所具有的各种性质，主要取决于材料的组成和结构状态，同时还受到环境条件的影响。为了能够合理地选择和正确地使用建筑材料，必须了解建筑材料的各种性质以及性质与组成、结构状态的关系。

二、建筑材料的分类

建筑材料包括的范围很广。建筑材料按功能可以分为建筑结构材料、墙体材料和建筑功能材料；按化学成分可以分为无机材料、有机材料和复合材料；按材料的产出方式可以分为天然材料和合成材料，见表2-1-1。

表2-1-1 建筑材料的分类

分类标准	建筑材料分类	具体材料
功能	建筑结构材料	（1）砖混结构：石材、砖、水泥混凝土、钢筋 （2）钢木结构：建筑钢材、木材
	墙体材料	（1）砖及砌块：普通砖、空心砖、硅酸盐砌块 （2）墙板：混凝土墙板、石膏板、复合墙板

续表

分类标准	建筑材料分类		具体材料
功能	建筑功能材料		（1）防水材料：沥青及其制品 （2）绝热材料：石棉、矿棉、玻璃棉、膨胀珍珠岩 （3）吸声材料：木丝板、毛毡、泡沫塑料 （4）采光材料：窗用玻璃 （5）装饰材料：涂料、塑料装饰材料、铝材
化学成分	无机材料	非金属材料	（1）天然石材：石子、砂、毛石、料石 （2）烧土制品：黏土砖、瓦、空心砖、建筑陶瓷 （3）玻璃：窗用玻璃、安全玻璃、特种玻璃 （4）胶凝材料：石灰、石膏、水玻璃、各种水泥 （5）混凝土及砂浆：普通混凝土、轻混凝土、特种混凝土、各种砂浆 （6）硅酸盐制品：粉煤灰砖、灰砂砖、硅酸盐砌块 （7）绝热材料：石棉、矿棉、玻璃棉、膨胀珍珠岩
		金属材料	（1）黑色金属：生铁、碳素钢、合金钢 （2）有色金属：铝、锌、铜及其合金
	有机材料	植物质材料	木材、竹材、软木
		沥青材料	石油沥青、煤沥青、沥青防水制品
		高分子材料	塑料、橡胶、涂料、胶黏剂
	复合材料	无机非金属材料和有机材料的复合材料	聚合物混凝土、沥青混凝土、水泥、刨花板、玻璃钢
产出方式	天然材料		石材、木材等
	合成材料		砖、水泥、混凝土、砌块、玻璃、铝材等

培训单元2　无机胶凝材料

→ 了解胶凝材料的概念和种类。
→ 熟悉建筑材料中常见无机胶凝材料的性质和应用。

一、胶凝材料的概念和种类

建筑工程上用来将散粒材料（如砂、石子）或块状材料（如砖、石块）黏结成为整体的材料统称为胶凝材料。胶凝材料按其化学成分可分为无机胶凝材料和有机胶凝材料两大类，前者如水泥、石灰、石膏等，后者如沥青、有机高分子聚合物等。其中无机胶凝材料在建筑工程上应用更加广泛，用量也较大。

无机胶凝材料按其硬化条件的不同又分为气硬性胶凝材料和水硬性胶凝材料两大类。气硬性胶凝材料是只能在空气中硬化，也只能在空气中保持或继续提高强度的胶凝材料，如石灰、石膏、水玻璃、菱苦土等。水硬性胶凝材料是指不仅能在空气中硬化，而且能更好地在水中硬化、保持并继续提高其强度的胶凝材料，如各种水泥。

下面将介绍几种在建筑工程中常用的无机胶凝材料。

二、石膏

石膏又称为熟石膏，磨细后的白色粉末称为建筑石膏。建筑石膏及其制品具有轻质、高强、隔热、吸声、美观及易于加工等优点，因此用途广泛，是一种有发展前途的新型建筑材料。

1. 建筑石膏的生产

自然界中有天然的无水石膏 $CaSO_4$ 和二水石膏 $CaSO_4 \cdot 2H_2O$。

$$CaSO_4 \cdot 2H_2O \xrightarrow{107\sim170\ ℃} CaSO_4 \cdot 1/2H_2O + CaSO_4 \cdot 3/2H_2O$$

2. 建筑石膏的凝结硬化

建筑石膏与适量的水混合后，最初形成可塑的浆体，但很快就失去可塑性产生强度，并发展成为坚硬的固体，整个凝结硬化过程只需 20~30 min。

3. 建筑石膏的特性

很多性能都与石膏内部有大量的毛细孔隙有关系。

（1）凝结硬化快

建筑石膏加水拌和后 10 min 内便失去塑性而初凝，30 min 内即终凝硬化，并产生强度，一周左右完全硬化，施工时常加硼砂、骨胶等缓凝剂。

（2）孔隙率大

孔隙率达50%~60%，表观密度小，保温隔热吸声性能好，具有一定的调湿功能（能够"呼吸"水汽）。

（3）硬化时体积微膨胀（0.1%左右）

体积微膨胀的特性使得石膏制品表面光滑、体形饱满、无收缩裂纹，很多雕塑制品用石膏来做。

（4）防火性能好

二水石膏遇火脱水，产生的水蒸气能有效阻止火势蔓延，起到防火作用。

（5）耐水性差、耐冻性差

石膏孔隙率大、易吸水，不抗冻；石膏制品软化系数小，为0.2~0.3，不耐水，因此石膏制品不能用于长期潮湿的部位。

4. 建筑石膏的应用

（1）室内抹灰及粉刷。

（2）建筑装饰制品。

（3）石膏板。

石膏板是土木工程中使用量最大的一类板材，包括石膏装饰板、空心石膏板、蜂窝板等，用于装饰吊顶、隔板或保温、隔声、防火等。

三、石灰

1. 石灰的原材料及生产

石灰的生产，实际上就是将石灰石在高温下煅烧，使碳酸钙分解成为CaO和CO_2，CO_2以气体逸出。

石灰分为生石灰CaO和熟石灰$Ca(OH)_2$。

2. 石灰的熟化

（1）熟化的特点

速度快，体积膨胀，放出大量的热。

（2）熟化的方法

1）淋灰法。当熟化时加入适量（60%~80%）的水，生成粉状熟石灰。这一过程通常称为消化，其产品称为消石灰粉。工地上可通过人工分层喷淋消化。

2）化灰法。化灰法是利用石灰的吸水特性，任由其自然吸水，但这一过程较为缓慢，形成的粉状石灰也称干灰。

3. 石灰的硬化

由于碳化作用主要发生在与空气接触的表层，且生成的 $CaCO_3$ 膜层较致密，阻碍了空气中 CO_2 的渗入，也阻碍了内部水分向外蒸发，因此硬化缓慢。

4. 石灰的特性

（1）具有良好的吸水性和可塑性。在水泥砂浆中掺入石灰膏，可使和易性显著提高。

（2）硬化慢、强度低。石灰砂浆（1∶3）28 天强度仅为 0.2~0.5 MPa。

（3）硬化时体积收缩大，不宜单独使用，常在其中掺入砂、纸筋等以减少收缩和节约石灰。

（4）耐水性差，不易贮存，不能用于潮湿有水的环境中。

5. 石灰的应用（见图 2-1-1）

（1）石灰砂浆

石灰砂浆是将石灰膏、砂加水拌制而成，按其用途可分为砌筑砂浆和抹面砂浆。

（2）石灰土（灰土）和三合土

如建筑物或道路基础中使用的石灰土、三合土、二灰土（熟石灰粉、粉煤灰或炉灰）、二灰碎石（熟石灰粉、粉煤灰或炉灰、级配碎石）等。

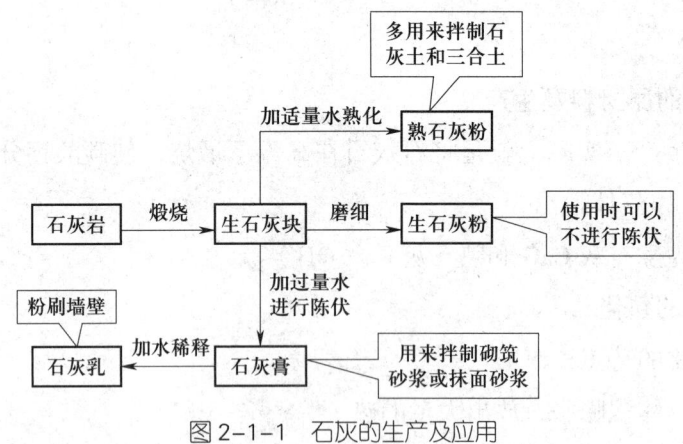

图 2-1-1　石灰的生产及应用

四、水玻璃

水玻璃俗称泡花碱，是由碱金属氧化物和二氧化硅组合而成的能溶于水的一种金属硅酸盐物质。

建筑工程中常用的水玻璃是硅酸钠的水溶液，其化学式为 $Na_2O \cdot nSiO_2$。

1. 水玻璃的生产

将石英砂或石英岩粉加入 Na_2CO_3 或 Na_2SO_4，在玻璃熔炉内融化，在 1 300～1 400 ℃下得固态水玻璃，如图 2-1-2 所示。

图 2-1-2　水玻璃

固态水玻璃在 0.3～0.4 MPa 压力的蒸汽锅内溶于水，形成黏稠状的水玻璃溶液。

水玻璃溶液常含杂质而呈青灰色、绿色或微黄色，以无色透明的液体水玻璃为最好。水玻璃溶液可以与水按任意比例配合，使用时仍然可以加水稀释。

2. 水玻璃的硬化

水玻璃在空气中与二氧化碳作用析出二氧化硅凝胶，凝胶因干燥而逐渐硬化。

3. 水玻璃的特性

（1）黏结强度较高

水玻璃硬化时析出的硅酸凝胶具有良好的黏结能力，能堵塞毛细孔隙，在表面形成连续封闭膜，可起到防止水渗透的作用。

（2）耐热性好

水玻璃不燃烧，在高温下硅酸凝胶干燥得更加强烈，强度并不降低，甚至有所增加，可用于配制水玻璃耐热混凝土、耐热砂浆、耐热胶泥等。

（3）耐酸性强

水玻璃硬化后形成二氧化硅空间网架结构，能经受除氢氟酸、过热（300 ℃以上）磷酸、高级脂肪酸或油酸以外的几乎所有无机酸和有机酸的作用，可用于配置水玻璃耐酸混凝土、耐酸砂浆、耐酸胶泥等。

（4）耐碱性、耐水性较差

水玻璃加入氟硅酸钠后，仍不能完全硬化，仍有一定量的水玻璃液体。由于水玻璃可溶于碱，且溶于水，所以水玻璃硬化后不耐碱、不耐水。为了提高水玻璃的耐水性，可以采用中等浓度的酸对已硬化的水玻璃进行酸性处理。

水玻璃虽然可溶于水，但是它形成抗渗的机理是与基质形成复合交联结构，这种结构与单纯的水玻璃有本质的区别，所以防水不是靠水玻璃本身，而是靠加强的结构。

4. 水玻璃的应用

（1）配制快凝防水剂

以水玻璃为防水基料，加入两种、三种或者四种矾配制成两矾、三矾或四矾快凝防水剂。这种防水剂凝结时间一般不超过 1 min。

工程上利用它的速凝作用和黏附性，掺入水泥浆、砂浆或混凝土中，用于修补、堵漏、抢修、表面处理。

（2）配制砂浆、混凝土

以水玻璃为胶凝材料、氟硅酸钠做促凝剂，与耐热或耐酸粗细骨料按一定比例配制耐热砂浆、混凝土或耐酸砂浆、混凝土。水玻璃耐热混凝土的极限使用温度为 1 200 ℃。水玻璃耐酸混凝土一般用于储酸槽、酸洗槽、耐酸地坪及耐酸器材等。

（3）涂刷建筑材料表面

涂刷建筑材料表面，可以提高材料的抗渗和抗风化能力。用水玻璃浸泡处理多孔材料时，可使其密度和强度提高，对黏土砖、硅酸盐制品、水泥混凝土等均有良好效果。

水玻璃不能用以涂刷或浸渍石膏制品，因为硅酸钠与硫酸钙会发生化学反应生成硫酸钠，在制品孔隙中结晶，体积显著膨胀，从而导致制品的破坏。

（4）加固土壤

将水玻璃与氯化钙溶液交替注入土壤中，两种溶液迅速反应生成硅胶和硅酸钙凝胶，可起到胶结和填充孔隙的作用，使土壤的强度和承载能力提高。常用于粉土、砂土和填土的地基加固，称为双液注浆。

五、水泥

水泥指加水拌和成塑性浆后,能胶结砂、石等适当材料并能在空气和水中硬化的粉状水硬性胶凝材料。

1. 水泥的特点

水硬性;应用范围广;强度高、耐久性好,施工方便。

2. 土木建筑工程常用水泥品种

常用的有普通硅酸盐水泥、矿渣硅酸盐水泥、火山灰质硅酸盐水泥、粉煤灰硅酸盐水泥等。

3. 硅酸盐水泥

(1)硅酸盐水泥的性能特点

1)凝结硬化快,早期及后期强度均高,适用于有早强要求的工程(如冬季施工及预制、现浇等工程)、高强度混凝土工程(如预应力钢筋混凝土、大坝溢流面部位混凝土)。

2)抗冻性好,适合水工混凝土和抗冻性要求高的工程。

3)因水化后氢氧化钙和水化铝酸钙的含量较多,耐腐蚀性差。

4)水化热高,不宜用于大体积混凝土工程,但有利于低温季节蓄热法施工。

5)抗碳化性好。因水化后氢氧化钙含量较多,故水泥石的碱度不易降低,对钢筋的保护作用强。适用于空气中二氧化碳浓度高的环境。

6)耐热性差。因水化后氢氧化钙含量高,不适用于承受高温作用的混凝土工程。

7)耐磨性好,适用于高速公路、道路和地面工程。

(2)硅酸盐水泥的技术性能

1)密度。3.10 g/cm^3,堆积密度 $1\,300 \text{ kg/m}^3$。

2)细度。细度越细,水泥与水起反应的面积越大,水化速度越快并较完全。细度提高,可使水泥混凝土的强度提高,工作性能得到改善。

3)凝结时间。凝结时间分初凝时间和终凝时间。初凝时间为水泥加水拌和至标准稠度的净浆完全失去可塑性所需的时间。终凝时间为水泥加水拌和至标准稠度的净浆完全失去可塑性并开始产生强度所需的时间。

国家标准规定,硅酸盐水泥的初凝时间不得早于 45 min,终凝时间不得迟于 6.5 h。普通硅酸盐水泥初凝时间不得早于 45 min，终凝时间不得迟于 10 h。初凝时间不符合规定为废品，终凝时间不符合规定为不合格品。

4）体积安定性。体积安定性指水泥硬化过程中体积变化是否均匀适当。体积安定性不良的水泥硬化时局部膨胀，导致开裂、变形、溃散。体积安定性不良的水泥应作废品处理。

体积安定性不良的原因，一般是熟料中所含的游离氧化钙过多，也可能是熟料中所含的游离氧化镁过多或掺入的石膏过多。

5）强度。水泥的强度是指水泥试件所能承受外力破坏的能力，通常分为抗压强度、抗折强度和抗拉强度。根据国家标准，硅酸盐水泥按规定龄期的抗压强度和抗折强度划分为 42.5、42.5R、52.5、52.5R、62.5、62.5R 六个强度等级，为 28 天抗压强度，单位为"MPa"，R 为早强型。

（3）硅酸盐水泥的凝结、硬化

1）硅酸盐水泥的凝结、硬化过程。一方面，水化反应使水泥浆中起润滑作用的自由水分逐渐减少；另一方面，水化产物不断析出，颗粒厚度增加、间距减小，越来越多的颗粒相互连接形成了骨架结构，水泥浆便开始慢慢失去可塑性，表现为水泥的初凝。

随着水化产物的不断增加，水泥颗粒之间的毛细孔不断被填实，加上水化产物中的氢氧化钙晶体、水化铝酸钙晶体不断贯穿于水化硅酸钙等凝胶体之中，逐渐形成了具有一定强度的水泥石，从而进入硬化阶段。水化产物的进一步增加，水分的不断丧失，使水泥石的强度不断发展。

2）影响水泥凝结硬化的主要因素

①矿物组成。水泥的矿物组成是影响水泥凝结、硬化的最重要的因素，铝酸三钙（C3A）水化速率最快，放热量最大而强度不高；硅酸二钙（C_2S）水化速率最慢，放热量最少，早期强度低，后期强度增长迅速。

②拌和用水量。水泥水化理论用水量是水泥质量的 23%。当水泥浆中加水较多时，水灰比较大，此时水泥的初期水化反应得以充分进行，但水泥浆凝结较慢。多余的水分蒸发后形成的孔隙较多，造成水泥石的强度较低。

③石膏掺量。水泥水化时，石膏能很快与铝酸三钙作用生成水化硫铝酸钙（钙矾石），钙矾石很难溶解于水，它沉淀在水泥颗粒表面上形成保护膜，从而阻碍了铝酸三钙的水化反应，控制了水泥的水化反应速度，延缓了凝结时间。

④水泥的细度。在矿物组成相同的条件下，水泥磨得越细，水泥颗粒平均

粒径越小，水化时与水的接触面越大，水化速度越快，相应的水泥凝结硬化速度就越快，早期强度越高。

⑤环境温度和湿度。温度升高时，水泥的水化、凝结和硬化速度较快，反应产物增长较快，凝结硬化加速，水化热较多。温度低于 5 ℃时水化速度减慢，低于 0 ℃时基本停止。提高养护温度，可提高早期强度，但后期强度有所下降。

水的存在是水泥水化反应的必要条件。当环境湿度十分干燥时，水泥中的水分将很快蒸发，以致水泥不能充分水化，硬化也将停止；反之，水泥的水化将得以充分进行，强度正常增长。

⑥龄期（养护时间）。水泥的凝结硬化是随时间延长而渐进的过程，只要温度、湿度适宜，水泥强度的增长可持续若干年。

（4）水泥的腐蚀与防腐

1）水泥的腐蚀

①溶解侵蚀。水泥石中的氢氧化钙能不断被软水溶出，特别是处于流动的软水环境中时，水泥被软水侵蚀的速度更快。

②酸的腐蚀。氢氧化钙与酸反应。

③盐的腐蚀。硫酸盐会与水泥石中的氢氧化钙反应生成石膏，石膏再与水泥石中的水化铝酸钙反应生成钙矾石，产生 1.5 倍的体积膨胀。镁盐与水泥石中的氢氧化钙反应生成松软无凝胶能力的氢氧化镁。

④强碱的腐蚀。铝酸盐含量较高的硅酸盐水泥遇到强碱也会遭到破坏。

2）水泥的防腐方法

①根据工程的环境特点，合理选择水泥品种。

②提高混凝土的密实度。

③表面设置保护层。

（5）硅酸盐水泥的应用与储存

1）工程应用。常用于重要结构的高强混凝土和预应力混凝土工程、要求凝结快的现场浇注的混凝土工程、冬季施工及严寒地区遭受反复冻融的工程。不宜用于受流动的软水和水压作用的工程、受海水和矿物水作用的工程、大体积工程及耐热、耐酸工程。

2）储存

①存放地点：防潮、防水。

②堆放高度：袋装一般不超过 10 袋。

③存放时间：一般不超过 3 个月；超过 6 个月必须进行检验；先到先用，后到后用。

培训单元 3　混凝土与建筑砂浆

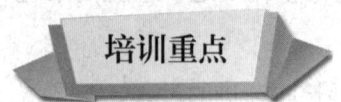

→ 了解混凝土的组成、分类、性质和实际应用。
→ 了解混凝土外加剂的种类及作用。
→ 了解砂浆的种类。
→ 熟悉砌筑砂浆、抹面砂浆的作用和性质。

一、混凝土概述

混凝土是由胶凝材料、水和粗、细骨料按适当比例配合、拌制成拌和物，经一定时间硬化而成的人造石材。

1. 混凝土的特点

（1）混凝土的优点

1）使用方便，新拌制的混凝土拌和物具有良好的可塑性，可浇注成各种形状和尺寸的构件及结构物。

2）可以和钢筋复合使用，提高了混凝土的应用范围。

3）价格低廉，原材料丰富，可就地选材。除水泥外，骨料及水占 80% 以上，符合经济原则。

4）高强耐久，常用混凝土的强度为 20～30 MPa，可提高至 60 MPa 以上，具有良好的耐久性。

(2）混凝土的缺点

自重大，抗拉强度低，受力变形小，容易开裂等。

2. 混凝土的分类

（1）按表观密度，可分为重混凝土、普通混凝土和轻混凝土。

（2）按性能和用途，可分为结构混凝土、道路混凝土、水工混凝土、耐热混凝土、耐酸混凝土、隔热混凝土、防射线混凝土等。

（3）按所用胶凝材料，可分为水泥混凝土、石膏混凝土、硅酸盐混凝土、水玻璃混凝土、沥青混凝土及聚合物混凝土等。

（4）按混凝土的特性或施工方法，可分为防水混凝土、高强混凝土、纤维混凝土、泵送混凝土及喷射混凝土等。

3. 混凝土的组成及作用

普通混凝土（以下简称"混凝土"）由水泥、砂、石和水所组成，另外还常加入适量的掺合料和外加剂。

砂、石起骨架作用，称为骨料，占混凝土的80%。水泥与水形成水泥浆，水泥浆包裹在骨料表面并填充其空隙。在硬化前，水泥浆起润滑作用，赋予拌和物一定的和易性，便于施工。水泥浆硬化后，则将骨料胶结为一个坚实的整体。

在建筑工程行业中，普通混凝土是最常用的混凝土种类，也是其他特种混凝土的基础。

4. 混凝土的性质

（1）混凝土的强度

1）混凝土的立方体抗压强度。按照标准的制作方法制成边长为150 mm的立方体试件，在标准养护条件（温度20±3℃，相对湿度95%以上）下，养护至28天龄期，按照标准测定方法测定的抗压强度值，称为混凝土立方体抗压强度（以f_{cu}表示，单位为N/mm^2，即MPa）

普通混凝土按立方体抗压强度标准值划分强度等级，如C15、C20、C25、C30、C40、C45、C50、C55、C60、C80等。

工程常用等级：C15用于垫层、基础、地面及受力不大的结构，C15—C25用于梁、板、柱、楼梯、屋架等普通钢筋混凝土结构，C30以上用于大跨度结构、预应力混凝土结构、吊车梁及特种结构，当采用钢绞线、钢丝、热处理钢筋作预应力钢筋时，混凝土强度等级不宜低于C40。

混凝土抗压强度对于混凝土抗裂性具有重要作用，是结构设计中确定混凝土抗裂性的主要指标。

2）轴心抗压强度。为了使测得的混凝土强度接近混凝土结构的实际情况，在钢筋混凝土结构计算中，计算轴心受压构件（例如柱子、桁架的腹杆等）时，都是采用混凝土的轴心抗压强度作为依据。

我国现行标准规定，测定轴心抗压强度采用 150 mm × 150 mm × 300 mm 棱柱体作为标准试件。

3）混凝土的抗拉强度。混凝土的抗拉强度很低，只有抗压强度的 1/20～1/10。混凝土强度等级提高时，抗拉强度的增加不及抗压强度提高得快。

4）影响混凝土强度的因素

①水泥强度与水灰比。提高混凝土强度的措施：选用高强度水泥和低水灰比，采用干净的砂石，掺用混凝土外加剂、掺合料，采用机械搅拌和机械振动成型。

②养护的温度和湿度。提高混凝土强度的措施：浇筑完毕 12 h 以内对混凝土覆盖保温养护；养护时间一般大于 7 天，加缓凝剂或抗渗混凝土大于 14 天；日平均气温低于 5 ℃ 不能浇水；用塑料布覆盖养护或涂刷养护剂。

（2）混凝土的耐久性

混凝土抵抗环境介质作用并长期保持其良好的使用性能的能力称为混凝土的耐久性。提高混凝土耐久性，对于延长结构寿命，减少修复工作量，提高经济效益具有重要的意义。混凝土的耐久性包括抗渗性、抗冻性、抗碳化性、抗腐蚀性等。

提高混凝土耐久性的措施：

1）根据环境条件，合理选择水泥品种。

2）严格控制其他原材料品质，使之符合规范的要求。

3）严格控制水灰比，保证足够的水泥用量。

4）掺入减水剂和引气剂。

5）精心进行混凝土配制与施工，加强养护。

6）掺加粉煤灰等掺合料。

二、混凝土外加剂

混凝土外加剂是指在拌制混凝土过程中掺入的用以改善混凝土性能的物质。一般情况外加剂掺量不超过水泥质量的 5%，外加剂已成为混凝土中除四种基本材料以外的第五种组成成分。

1. 混凝土外加剂的分类

混凝土外加剂按功能分为四类。

（1）改善混凝土拌和物流变性能的外加剂，如各种减水剂、泵送剂、保水剂等。

（2）调节混凝土凝结时间、硬化性能的外加剂，如缓凝剂、早强剂、速凝剂等。

（3）改善混凝土耐久性能的外加剂，如引气剂、防水剂和阻锈剂等。

（4）改善混凝土其他性能的外加剂。

2. 常用混凝土外加剂

（1）减水剂

减水剂是指在混凝土坍落度基本相同的条件下，能减少拌和用水量的外加剂。

常用的减水剂有木质素系减水剂、萘系减水剂、树脂类减水剂、糖蜜类减水剂。

（2）引气剂

引气剂是指在混凝土拌制过程中能引入大量均匀分布、稳定而封闭的微小气泡的外加剂。引气剂是一种表面活性剂，作用在液-气界面。其作用是：

1）所引入的吸附在骨料表面的气泡起到滚珠轴承的作用，减少摩擦。

2）所引入的气泡对水有吸附作用，可改善黏聚性、保水性。

3）所引入的气泡填充于通道中，可阻隔外界水的渗入。

4）所引入的气泡的弹性，有利于释放孔隙中水结冰引起的体积膨胀，提高抗冻性。

常用的引气剂有松香热聚物、松香皂、烷基苯磺酸盐类、脂肪醇磺酸盐类等。适宜掺量为水泥质量的 0.005%～0.01%。

（3）早强剂

能加速混凝土早期强度发展，对 28 天强度没有影响的外加剂，称为早强剂。

常用的早强剂有氯盐类早强剂（其中以氯化钙应用最广）、硫酸盐类早强剂（硫酸钠、硫酸钙、硫代硫酸钠）、有机胺类早强剂。

（4）缓凝剂

缓凝剂是指能延长混凝土凝结时间的外加剂。缓凝剂同时还具有减水、增强、降低水化热等功能。

常用的缓凝剂有糖类（掺量 0.1%~0.3%，缓凝时间 2~4 h）、羟基羧酸及其盐类（如柠檬酸，酒石酸钾钠等掺量 0.03%~0.1%，缓凝时间 8~19 h）、木钙（掺量 0.1%~0.3%，缓凝时间 2~4 h）。

（5）其他

1）防冻剂。防冻剂是指能降低水泥混凝土拌和物液相冰点，使混凝土在相应负温下免受冻害，并在规定养护条件下达到预期性能的外加剂。

常用的防冻剂有氯盐类、氯盐与阻锈剂类（亚硝酸钠）、无氯盐类等。

2）促凝剂。促凝剂是指使混凝土迅速凝结、硬化的外加剂。

常用的促凝剂有 711、782，掺量 2.5%~4.0%，可使混凝土 5 min 初凝，10 min 终凝。

应用：抢修工程、矿山井巷、铁路隧道、引水涵洞、地下工程以及喷锚支护时的喷射混凝土或喷射砂浆工程。

3）膨胀剂。膨胀剂是指能使混凝土（砂浆）在水化过程中产生一定的体积膨胀，并在有约束条件下产生适宜自应力的外加剂。

应用：补偿混凝土的收缩，提高抗渗、抗裂性。

4）加气剂。加气剂是指能在混凝土中形成大量气孔的外加剂。外加剂可产生氢气，使体积剧烈膨胀，形成大量气孔，提高混凝土保温隔热性能。

常用的加气剂有铝粉、双氧水、漂白粉。

应用：加气混凝土制品，堵塞缝隙。

3. 外加剂的选择与使用

（1）外加剂品种应根据工程需要、施工条件、混凝土原材料等因素通过试验确定。

（2）外加剂品种确定后，要认真确定外加剂的掺量。

（3）外加剂一般不能直接投入混凝土搅拌机内，应配制成合适浓度的溶液，随水加入搅拌机进行搅拌。

（4）对于不溶于水的外加剂，应与适量水泥或砂混合均匀后再加入搅拌机内。

三、砂浆

1. 砂浆的种类

砂浆依据作用不同分为砌筑砂浆和抹灰砂浆。砌筑砂浆主要在砌体中作为一种传递荷载的接缝材料。抹灰砂浆主要以薄层涂抹于建筑物表面,对建筑物既可起到保护作用,又可以起到一般装饰作用,使其表面平整、光洁美观,要求有良好的和易性和较高的黏结力。

抹灰砂浆按功能不同可分为普通抹灰砂浆、装饰抹灰砂浆、特种砂浆。

2. 砂浆的和易性

砂浆的和易性包含流动性和保水性两个方面。

（1）流动性

流动性是指砂浆在自重或外力作用下产生流动的性能,用沉入度（mm）表示。沉入度越大,砂浆越稀,流动性越好。

流动性与胶结材料的品种及用量,用水量,骨料的形状、粗细及级配,搅拌时间等因素有关。流动性的选择考虑砌体种类、施工方法及气候情况等因素。

（2）保水性

保水性是指砂浆能保持水分不易析出,各组成材料之间不产生泌水、离析的性能。砂浆的保水性用分层度表示。分层度应在 10~20 mm 为宜。分层度越大,保水性越差,可操作性越差。

保水性与胶凝材料的品种、用量有关,可掺入适量石灰膏或其他外掺加料来改善。

砂浆良好的保水性,可避免水分过快流失,以保证胶结材料正常凝结硬化,形成密实均匀的砂浆层,提高砌体的质量。

3. 砌筑砂浆

（1）砌筑砂浆的组成

1）水泥。常用硅酸盐水泥,严禁使用废品水泥。标号：水泥砂浆≤32.5,水泥混合砂浆≤42.5。

2）砂。砂浆用砂主要为天然砂,使用前一般须经过筛分,以去除一些较粗颗粒及树根、草皮等杂质。砖砌体宜选用中砂,毛石砌体宜选用粗砂。

3）水。拌制砂浆的水应采用不含有害物质的洁净水或饮用水。

4）掺加料。添加掺加料可以改善砂浆的和易性、节约水泥,常用石灰、黏土、电石膏、粉煤灰、微沫剂等。

砌筑砂浆强度划分为 M5、M7.5、M10、M15、M20 五个等级。砂浆强度的大小主要与水泥强度等级和水泥用量有关。

（2）硬化后砂浆的性质

1）强度。砌筑砂浆在砌体中主要起传递荷载的作用，因此应具有一定的抗压强度。用于黏结吸水性较大的底面材料，如砖、砌块，其强度取决于水泥强度和用量；用于黏结吸水性较小、密实的底面材料，如石材，其强度取决于水泥强度和水灰比（水胶比），与混凝土类似。

砂的质量、混合材料的品种及用量、养护条件等都会影响砂浆强度。

2）黏结力。砖石砌体是依靠砂浆黏结在一起的，要求砂浆具有良好的黏结力。黏结力越大，砌体的强度、耐久性、抗震性越好。

砂浆的黏结力由其本身的抗压强度决定。一般来说，砂浆的抗压强度越大，黏结力越大。另外，黏结力的大小与基底面的清洁程度、含水状态、表面状态、养护条件等有关。

（3）变形

砂浆在承受载荷、温度湿度变化时，会产生变形。

4. 抹面砂浆

（1）普通抹灰砂浆

普通抹灰砂浆有底层、中层、面层之分，如图 2-1-3 所示。

1）底层：黏结层，砂浆应与基层相适应，厚 5~7 mm。主要使砂浆和基底能牢固地黏结，和易性好，黏结力高。

2）中层：找平层，厚 5~12 mm。主要作用是找平。

3）面层：装饰层，厚 2~5 mm。主要作用是达到表面平整、光洁、美观的效果。

对砖墙及混凝土墙、梁、柱、顶板等底层、面层多用混合砂浆，在容易碰撞或潮湿的地方如墙裙、踢脚板、地坪、窗台等处则采用水泥砂浆。

（2）装饰抹灰砂浆

装饰抹灰砂浆用于室内外装饰，以增加建筑物美感为主要目的，同时使建筑物具有特殊的表面形式及不同的色彩和质感。

1）装饰抹灰砂浆的材料。装饰抹灰

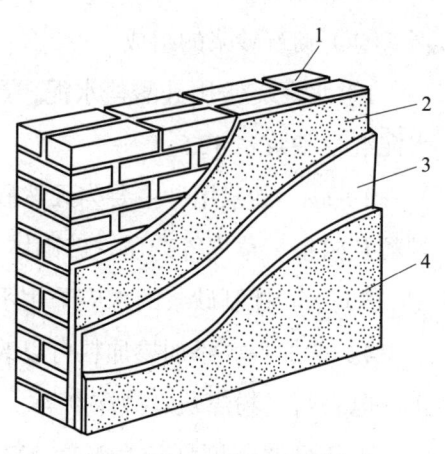

图 2-1-3 抹灰层的组成
1—基层 2—底层 3—中层 4—面层

砂浆所采用的胶结材料有普通水泥、矿渣水泥、白水泥、各种彩色水泥及石膏等，骨料则常用浅色或彩色的天然砂、大理石、花岗石的石屑或陶瓷的碎粒等。

2）装饰抹灰砂浆表面的艺术处理。装饰抹灰砂浆的表面可进行各种艺术处理，以达到不同风格及不同的建筑艺术效果，如水磨石、水刷石、斩假石、拉毛灰及人造大理石等。

（3）特种砂浆

1）防水砂浆。防水砂浆是在水泥砂浆中掺入防水剂，用于制作刚性防水层的砂浆，适用于不受振动和具有一定刚度的混凝土及砖石砌体工程。

2）保温砂浆。保温砂浆是以各种轻质材料为骨料，以水泥为胶凝材料制成的一种砂浆，主要用于建筑外墙保温。

3）聚合物砂浆。聚合物砂浆是添加了聚合物黏结剂的一种砂浆，砂浆性能得到很大改善。

培训单元4　建筑钢材

- 了解建筑钢材的成分和性能。
- 熟悉建筑钢材的标准与应用。
- 掌握钢材的防腐蚀、防锈与防火方法。

一、钢材概述

钢材以铁为主要元素，平均碳的质量分数一般在2%以下，并含有其他元素的材料，是主要的建筑材料之一，种类包括型材（如圆钢、角钢、工字钢、槽钢、管钢等）、板材和线材（如钢筋、钢丝、钢绞线等）。

1. 钢材的特点

（1）强度高。

（2）具有塑性、韧性，可变形、弯曲、抗冲击。

（3）性能稳定。

（4）易锈蚀，密度大，耐火性差。

2. 建筑钢材的分类

（1）按成分分类

碳素钢 $\begin{cases}$ 低碳钢：平均碳的质量分数小于 0.25% \\ 中碳钢：平均碳的质量分数为 0.25%～0.60% \\ 高碳钢：平均碳的质量分数大于 0.6% $\end{cases}$

合金钢 $\begin{cases}$ 低合金钢：合金元素平均质量分数小于 5% \\ 中合金钢：合金元素平均质量分数为 5%～10% \\ 高合金钢：合金元素平均质量分数大于 10% $\end{cases}$

（常用合金元素有硅、锰、钛、钒、铌、铬等）

（2）按冶炼时脱氧程度分类

1）沸腾钢，代号为 F。

2）镇静钢，代号为 Z。

3）半镇静钢，代号为 b。

4）特殊镇静钢，代号为 TZ。

（3）按质量分类

按质量分为普通钢、优质钢、特优质钢。土木工程中常用的主要钢种为普通低合金钢和普通碳素钢。

3. 钢材的技术性能

（1）力学性能

1）抗拉性能。表示钢材抗拉性能的指标有屈服强度、抗拉强度、屈强比、伸长率、断面收缩率等。

2）冲击性能。冲击性能是指钢材抵抗冲击载荷作用而不破坏的能力。

3）硬度。硬度是金属抵抗硬物体压入其表面的能力。

4）耐疲劳性。钢材在交变应力作用下，应力在远低于静载荷抗拉强度下突然破坏，甚至在低于静载荷屈服强度时即发生破坏，这种破坏称为疲劳破坏。钢材疲劳破坏的应力指标用疲劳强度表示。

（2）工艺性能

1）冷弯性能。冷弯性能是指钢材在常温下抵抗弯曲变形的能力，表示钢材在恶劣条件下的塑性。

2）可焊性。可焊性是指在一定的焊接工艺条件下，在焊缝及附近过热区是否产生裂缝及硬脆倾向，焊接后的力学性能特别是强度是否与原钢材相近的性能。

钢的可焊性主要受化学成分及其含量的影响，当平均碳的质量分数超过0.3%、硫和杂质平均质量分数高以及合金元素平均质量分数较高时，钢材的可焊性能降低。

（3）钢材的化学成分及对技术性能的影响

钢是铁碳合金，除铁、碳外，由于原料、燃料、冶炼过程等因素，钢材中存在大量的其他元素，如硅、氧、硫、磷、氮等。合金钢是为了改性而有意在钢中加入一些元素，如锰、硅、钒、钛等，这些元素的存在，对钢的性能都会产生一定的影响。

二、建筑钢材的标准与应用

建筑钢材可分为钢结构用型钢和钢筋混凝土结构用钢筋两大类。各种型钢和钢筋的性能主要取决于所用钢种及加工方式。

1. 建筑钢材主要钢种

（1）碳素结构钢

碳素结构钢分五个牌号，即Q195、Q215、Q235、Q255和Q275。按其硫、磷杂质平均质量分数由多到少分为A、B、C、D四个质量等级。

碳素结构钢的牌号是由代表屈服强度的字母Q、屈服强度数值、质量等级（A、B、C、D，由低到高）、脱氧程度（F：沸腾钢，b：半镇静钢，空白：镇静钢）四个部分按顺序组成。如Q235-A·F表示此碳素结构钢是屈服点为235MPa的A级沸腾钢。

土木工程中应用最广泛的碳素结构钢是Q235，由于其具有较高的强度，良好的塑性、韧性及可焊性，综合性能好，故能较好地满足一般钢结构和钢筋混凝土结构的用钢要求，且成本较低。用Q235钢大量轧制成各种型钢、钢板及钢筋。其中Q235-A钢，一般仅适用于承受静荷载作用的结构；Q235-C和Q235-D钢，可用于重要的焊接结构。

Q195、Q215钢，强度低，塑性和韧性较好，具有良好的可焊性，易于冷加工，常用作钢钉、铆钉、螺栓及钢丝等，也可用作轧材用料。

Q255、Q275钢，强度较高，但塑性、韧性和可焊性较差，不易焊接和冷弯加工，可用于轧制钢筋、制作螺栓配件等。

（2）优质碳素钢

优质碳素钢多为镇静钢，质量稳定，性能好，成本高。

优质碳素钢的牌号也可由两位阿拉伯数字（表示平均碳的质量分数）和化学元素符号按顺序表示，例如45 Mn。

（3）低合金高强度结构钢

低合金高强度结构钢是在碳素结构钢的基础上，加入少量的一种或几种合金元素制成的一种结构钢。

根据国家标准《低合金高强度结构钢》（GB 1591—2018）规定，牌号有Q355、Q390、Q420、Q460、Q500、Q550、Q620、Q690。所加入元素主要有锰、硅、钒、钛、铌、铬、镍及稀土元素。其牌号由"屈"字的汉语拼音首字母Q、规定的最小上屈服强度数值、交货状态代号、质量等级符号（A、B、C、D、E）四个部分组成。

低合金高强度结构钢主要用于轧制各种型钢、钢板、钢管及钢筋，广泛用于钢结构和钢筋混凝土结构中，特别适用于各种重型结构、高层结构、大跨度结构及桥梁工程等。

2. 常用建筑钢材

（1）热轧钢筋

热轧钢筋主要有用Q235轧制的光圆钢筋和用合金钢轧制的带肋钢筋两类。

热轧光圆钢筋牌号为HPB300。热轧带肋钢筋牌号分别为HRB400、HRB500、HRB600。其中H表示热轧（hot-rolled），R表示带肋（ribbed），B表示钢筋（bar），后面的数字表示屈服强度特征值。

（2）冷拉钢筋

将热轧钢筋在常温下拉伸至超过屈服强度的某一应力，然后卸荷，即制成冷拉钢筋。冷拉可使屈服强度提高17%～27%，材料变脆、屈服阶段变短，伸长率降低，冷拉时效后强度略有提高。

冷拉既可以节约钢材，又可以制成预应力钢筋，增加了品种规格，设备简单，易于操作，是钢筋冷加工的常用方法之一。

（3）冷轧带肋钢筋

冷轧带肋钢筋是热轧圆盘条经冷轧后，在其表面带有沿长度方向均匀分布的两面或三面横肋的钢筋。

冷轧带肋钢筋代号用 CRB 表示，并按抗拉强度等级划分为六个牌号，分别为 CRB550、CRB650、CRB800、CRB600H、CRB680H 和 CRB800H。CRB550、CRB650 为普通钢筋混凝土用钢筋，CRB650、CRB800、CRB800H 为预应力混凝土用钢筋，CRB680H 既可用作普通钢筋混凝土用钢筋，也可作为预应力混凝土用钢筋。

冷轧带肋钢筋用于非预应力构件，与热轧圆盘条相比，强度提高 17% 左右，可节约钢材 30% 左右；用于预应力构件，与低碳冷拔丝比，伸长率高，钢筋与混凝土之间的黏结力较大，适用于中、小预应力混凝土结构构件，也适用于焊接钢筋网。

（4）热处理钢筋

热处理是指将钢材按一定规则加热、保温和冷却，以改变其组织，从而获得需要性能的一种工艺过程。热处理钢筋是将热轧带肋钢筋（中碳低合金钢）经淬火和高温回火调质处理而成的。其特点是塑性降低不大，但强度提高很多，综合性能比较理想。

热处理钢筋主要用于预应力混凝土轨枕，代替碳素钢丝。由于其具有制作方便、质量稳定、锚固性好、节省钢材等优点，也开始用于预应力混凝土工程中。

热处理钢筋对应力腐蚀及缺陷敏感性强，应防止产生锈蚀及刻痕等现象。热处理钢筋不适用于焊接和点焊的钢筋。

（5）冷拔低碳钢丝

冷拔低碳钢丝的母材可采用低碳热扎圆盘条或热扎光圆钢筋，通过拔丝机强力拉拔而成。冷拔低碳钢丝宜作为构造钢筋使用，作为结构件中纵向受力钢筋使用时应采用钢丝焊接网。冷拔低碳钢丝不得作预应力钢筋使用。

（6）预应力混凝土用钢丝

钢丝按加工状态分为冷拉钢丝和消除应力钢丝两类，按外形分为光圆、螺旋肋、刻痕三种。产品标记包括：预应力钢丝+公称直径+抗拉强度等级+加工状态代号+外形代号+标准编号，如预应力钢丝 4.00–1670–WCD–P–GB/T 5223—2014，表示直径为 4.00 mm、抗拉强度为 1 670 MPa 的冷拉光圆钢丝。

预应力混凝土用钢丝均具有强度高、塑性好、使用时不需要接头等优点，尤其适用于需要曲线配筋的预应力混凝土结构、大跨度或重荷载的屋架等。

（7）型钢

按照钢的冶炼质量不同，型钢分为普通型钢和优质型钢。普通型钢按现行金属产品目录又分为大型型钢、中型型钢、小型型钢。普通型钢按其断面形状又可分为工字钢、槽钢、角钢、圆钢等。

1）大型型钢。大型型钢中工字钢、槽钢、角钢、扁钢都是热轧的，圆钢、方钢、六角钢除热轧外，还有锻制、冷拉等。

工字钢、槽钢、角钢广泛应用于工业建筑和金属结构，如厂房、桥梁、船舶、农机车辆、输电铁塔、运输机械，往往配合使用。扁钢在建筑工地中用作桥梁、房架、栅栏、输电船舶、车辆等。圆钢、方钢用作各种机械零件、农机配件、工具等。

2）中型型钢。中型型钢中工字钢、槽钢、角钢、圆钢、扁钢用途与大型型钢相似。

3）小型型钢。小型型钢中角钢、圆钢、方钢、扁钢加工和用途与大型型钢相似，小直径圆钢常用作建筑钢筋。

三、钢材的腐蚀、防腐与防火

1. 钢材的腐蚀

钢材表面与周围环境接触，在一定条件下，可发生化学或电化学作用而使钢材表面遭受侵蚀。腐蚀不仅造成钢材受力截面减小，表面不平整导致应力集中，降低钢材的承载能力，还会使疲劳强度大为降低，尤其是显著降低钢材的冲击性能，使钢材脆断。混凝土中的钢筋腐蚀后，产生体积膨胀，使混凝土顺筋开裂。因此为了确保钢材不产生腐蚀，必须采取防腐措施。

2. 钢材的防腐

（1）保护膜法

保护膜法是用保护膜使钢材与周围介质隔离，从而避免或减缓外界腐蚀性介质对钢材的破坏作用。例如，在钢材的表面喷刷涂料、搪瓷、塑料等或以金属镀层作为保护膜，如镀锌、镀锡、镀铬等。

（2）电化学保护法

电化学保护法是在钢铁结构上接一块比钢铁更为活泼的金属，如锌、镁，因为锌、镁比钢铁的电位低，所以锌、镁成为腐蚀电池的阳极遭到破坏（牺牲阳极），而钢铁结构得到保护。这种方法用于保护那些不容易或不能覆盖保护层的地方，如蒸汽锅炉、轮船外壳、地下管道、港口结构、道桥建筑等。

（3）外加电流保护法

外加电流保护法是在钢铁结构附近安放一些废钢铁或其他难熔金属，如高硅铁及铅银合金等，将外加直流电源的负极接在被保护的钢铁结构上，正极接在难熔的金属上，通电后难熔金属成为阳极而被腐蚀，钢铁结构成为阴极得到保护。

（4）制成合金钢

加入高抗腐蚀能力的元素，如铬、镍。

最经济有效的方法是提高混凝土的密实度和碱度，并保证钢筋有足够的保护层厚度。

3. 钢材的防火

（1）钢结构的耐火极限

钢结构的耐火极限是指构件在标准耐火试验中，从受到火的作用时起到失去稳定性或完整性、绝热性止这段抵抗火作用的时间。

钢屋架、柱：0.25 h；梁：0.15 h。

钢材本身虽然不会起火燃烧，但钢材的性能受温度影响很大。温度在 200 ℃内，钢材性能基本不变；温度超过 300 ℃，弹性模量、屈服强度、极限抗拉强度显著下降；温度达到 600 ℃，钢材失去承载能力。

（2）防火方法

常用防火方法为包覆法。

1）防火涂料：膨胀型（薄型）、非膨胀型（厚型）。

2）不燃板材：石膏板、硅钙板、矿棉板、石棉板等。

培训单元5　墙 体 材 料

→ 了解墙体材料的种类。

→ 熟悉砖、砌块、板材的种类、性质和用途。

一、砌墙砖

砌墙砖是指以黏土、工业废料及其他地方资源为主要原料，由不同工艺制成，在建筑中用来砌筑墙体的砖。砌墙砖可分为普通砖、空心砖两类，其中孔洞数量多、孔径小的空心砖又称为多孔砖；按制作工艺又可分为烧结砖和非烧结砖，其中非烧结砖又可分为压制砖、蒸养砖和蒸压砖等。

1. 烧结砖

（1）烧结普通砖

烧结普通砖俗称小砖、标准砖、实心砖等，是以黏土、页岩、煤矸石、粉煤灰为主要原材料，经焙烧而成的尺寸为240 mm×115 mm×53 mm的直角六面体块材。

烧结普通砖根据抗压强度分为MU30、MU25、MU20、MU15、MU10五个强度等级。强度和抗风化性能合格的砖，根据尺寸偏差、外观质量、泛霜和石灰爆裂等分为优等品（A）、一等品（B）和合格品（C）三个质量等级。烧结普通砖优等品用于清水墙的砌筑，一等品、合格品可用于混水墙的砌筑。

烧结普通砖自重大、生产能耗高、大量毁坏良田，尺寸小，施工效率低，抗震性差。

（2）烧结多孔砖

烧结多孔砖通常指砖内孔径不大于22mm、孔洞率不小于28%的烧结砖，主要用于承重。烧结多孔砖内的孔洞尺寸小而数量多，非孔部分砖体较密实，所以强度较高。建筑工程中使用时常以孔洞垂直于承压面，以充分利用砖的抗压强度，如图2-1-4所示。烧结多孔砖根据抗压强度分为MU30、MU25、MU20、MU15、MU10五个强度等级。

（3）烧结空心砖

烧结空心砖是指孔洞率不小于35%、孔尺寸大而孔数量少的砖。烧结空心砖的尺寸一般较大，空洞通常平行于承压面，抗压强度较低。

依据抗压强度可划分为MU5.0、MU3.0和MU2.0三个强度等级。

烧结空心砖的孔数少、孔径大，具有良好的保温、隔热功能，可用于多层建筑的隔断墙和填充墙。

图 2-1-4 烧结多孔砖

（4）烧结煤矸石砖

烧结煤矸石砖原料为煤矸石，粉碎后配料，焙烧时基本不用外投煤。

（5）烧结粉煤灰砖

烧结粉煤灰砖原料为粉煤灰和黏土（1∶1或4∶6），为半内燃砖。

2. 非烧结砖

（1）蒸压灰砂砖

蒸压灰砂砖是以石灰和砂为主要原料，经磨细、混合搅拌、陈化、压制成型和蒸压养护制成的一种墙体材料。一般石灰占10%~20%，砂占80%~90%。

按抗压强度和抗折强度划分为MU25、MU20、MU15、MU10四个强度等级。强度等级为MU25、MU20、MU15的砖可用于基础和其他建筑；强度等级为MU10的砖可用于防潮层以上的建筑，但不得用于长期受热200 ℃以上、受急冷急热和有酸性侵蚀的建筑部位。

（2）蒸压粉煤灰砖

蒸压粉煤灰砖是用粉煤灰和石灰为主要原料，掺加适量石膏和炉渣，加水混合拌成坯料，加压成型，再通过常压或高压蒸汽养护而制成的一种墙体材料。

根据外观质量、强度、抗冻性和干燥收缩值，粉煤灰砖分为优等品（A）、一等品（B）和合格品（C）。粉煤灰砖的强度等级分为MU30、MU25、MU20、MU15和MU10五个强度等级。

（3）炉渣砖

炉渣砖是用炉渣为主要原料，掺入适量水泥、电石渣、石灰、石膏，拌成坯料，加压成型，再通过蒸养或蒸压养护而制成的一种墙体材料。

二、墙用砌块

砌块是用于砌筑工程的人造块材。砌块与砖的主要区别是，砌块的长度大于 365 mm，或宽度大于 240 mm，或高度大于 115 mm。

砌块是一种新型墙体材料，制作方便，充分利用地方资源和工业废料，易于机械化施工，施工效率高，可降低工程造价。

砌块可分为空心砌块和实心砌块、中型砌块和小型砌块。工程中常用的砌块有水泥混凝土砌块、轻集料混凝土砌块、炉渣砌块、粉煤灰砌块及其他硅酸盐砌块、水泥混凝土铺地砖等。

1. 蒸压加气混凝土砌块

蒸压加气混凝土砌块是以钙质材料（水泥、石灰等）和硅质材料（矿渣和粉煤灰）加入铝粉（作加气剂），经蒸压养护而成的多孔轻质块体材料。其密度比一般水泥质材料小，且具有良好的耐火、防火、隔声、隔热、保温等性能。

按抗压强度可分为 A1.0、A2.0、A2.5、A3.5、A5.0、A7.5、A10.0 七个等级；按干表观密度可分为 B03、B04、B05、B06、B07、B08 六个等级。

2. 粉煤灰硅酸盐砌块

粉煤灰硅酸盐砌块是以粉煤灰、石灰、石膏和骨料为原料，经加水搅拌、振动成型、蒸汽养护而制成的一种密实砌块。

砌块的主规格尺寸为 880 mm×380 mm×240 mm 和 880 mm×430 mm×240 mm。端面应设灌浆槽，坐浆面应设抗剪槽。

按立方体抗压强度分为 MU10、MU13 两个等级。按外观质量、尺寸偏差分为优等品（A）、一等品（B）、合格品（C）三个质量等级。

粉煤灰硅酸盐砌块主要用于工业与民用建筑的墙体和基础，但不适用于有酸性侵蚀介质、密封性要求高、易受较大振动的建筑物以及受高温和受潮湿的承重墙，适用于非承重墙和填充墙。

3. 混凝土小型空心砌块

混凝土小型空心砌块是以水泥为胶结材料，砂、碎石或卵石、煤矸石、炉渣为集料，经加水搅拌、振动加压或冲压成型、养护而成的小型砌块，如图 2-1-5 所示。

常用混凝土空心砌块尺寸一般为 390 mm×190 mm×190 mm、290 mm×190 mm×190 mm 和 190mm×190mm×190mm，孔洞率一般为 35%~60%。

按强度等级分为 MU5、MU7.5、MU10、MU15、

图 2-1-5　混凝土小型空心砌块

MU20、MU25、MU30、MU35、MU40 九个等级。按其尺寸偏差和外观质量分为优等品（A）、一等品（B）及合格品（C）三个质量等级。

三、墙用板材

1. 石膏类

（1）纸面石膏板

纸面石膏板是以建筑石膏为主要原料，掺入纤维、外加剂（发泡剂、缓凝剂等）和适量轻质填料，加水拌和成料浆，浇注在进行中的纸面上，成型后再覆以上层面纸。料浆经过凝固形成芯板，经切断、烘干，使芯板与护面纸牢固地结合在一起。主要用作建筑物内隔墙和室内吊顶材料。有普通纸面石膏板、耐水纸面石膏板和耐火纸面石膏板三类。

纸面石膏板的可加工性很好，可锯、可刨、可钻、可贴，施工灵活方便。耐火性能良好，隔热保温，具有特殊的"呼吸"功能，能够调节居住及工作环境的湿度，创造舒适的小气候。

纸面石膏板用纸量大，成本较高。

（2）石膏纤维板

石膏纤维板是以石膏为基材，加入适量有机或无机纤维为增强材料，经打浆、铺装、脱水、成型、烘干而制成的一种无纸面纤维石膏板。它具有质轻、比强度高、耐火、隔声、韧性高的性能，可进行锯、钉、刨、粘等，其用途与纸面石膏板相同。

（3）石膏空心板

石膏空心板是以熟石膏为基材，加入适量轻质材料（膨胀珍珠岩）和改性材料（粉煤灰、矿渣），经搅拌、振动成型、抽芯模、干燥而制成的石膏板。

石膏空心板具有质轻、比强度高、耐火、隔声、隔热、可加工性好等特点。生产时不用纸、胶，安装时不用龙骨，简单方便。

（4）石膏刨花板

石膏刨花板是以石膏为黏结剂、木质刨花为增强原料，添加其他辅助材料经拌和、铺装、压制而成的板材。

石膏刨花板有较高的力学性能，优良的耐火性和不燃性，可以砂光、锯割、打钉和拧螺钉，也可用墙纸、装饰纸、薄膜、单板等覆贴从而增加其装饰性，是一种新型的室内建筑与装饰材料，可用于隔墙板、天花板、壁橱、地板拼块等。

2. 水泥类

（1）预应力混凝土空心墙板（SP 板）

由结构层（预应力混凝土空心板）、保温层、外饰面层、防水层组成，用于承重和非承重外墙板、内墙板、楼板、阳台板等。

（2）GRC 空心板轻质墙板

以低碱水泥、膨胀珍珠岩（粉煤灰、炉渣）、抗碱玻璃纤维制成，质轻、比强度高、隔热、隔声、不燃、加工方便，可用于内隔墙及复合墙体外墙面。

（3）纤维增强水泥平板（TK 板）

以低碱水泥、耐碱玻璃纤维（和短石棉）为原料，经圆网成型机抄制成型，再蒸养硬化而成的薄型平板，抗冲击性好、加工方便，用于隔墙、吊顶和墙裙板。

（4）水泥刨花板

水泥刨花板是以水泥、木材刨花为主要原料，加入适当的水和化学助剂，经搅拌成型、加压、养护等工序制成的薄型建筑平板。它具有自重轻、比强度高、防火、防水、保温、隔声、防蛀等性能，可进行锯、粘、钉、装饰等加工，主要用一建筑物内外墙板、天花板、壁橱板等。

（5）水泥木丝板（万利板）

水泥木丝板是以木材下脚料经机械刨切成均匀木丝，加入水泥、水玻璃等经成型、铺模、冷压、干燥、养护而成的一种吸声、保温、隔热材料。其性能与应用同水泥刨花板，但因其骨架为木丝，故强度与吸声性能较好。

3. 植物纤维类

（1）稻草（麦秸）板

以稻草或麦秸、板纸和脲醛树脂为原料，经过热压成板芯、贴纸、加热固化成型。质轻、保温性好、隔声性好、耐水性差，可燃。用于非承重内墙、天花板、复合外墙的内墙板。

（2）稻壳板

以稻壳和树脂（脲醛树脂、聚醋酸乙烯酯）为主要原料制成的中密度平板，可广泛用作墙板、天花板、吸声板、门板和地板等。

（3）麻屑板

以亚麻秆茎和树脂为主要原料制成，质轻、吸声、易加工、可装饰，可广泛用作墙板、天花板、吸声板、门板等。

（4）蔗渣板

以蔗渣为主要原料制成，性能用途同上。

4. 复合墙板

复合墙板由两种以上不同材料组成，克服了单一材料本身性能的局限性。

（1）泰柏板

泰柏板由钢丝焊接而成的三维钢丝网作为骨架，阻燃EPS（聚苯乙烯）泡沫塑料作为芯材，再喷抹水泥砂浆制成。

泰柏板具有质量轻、比强度高、防火、抗震、隔热、隔声、抗风化、耐腐蚀的优良性能，并有组合性强、易于搬运、适用面广、施工简便等特点。用于内隔墙、围护墙、保温复合外墙和自承重外墙、屋面板、楼房加层、卫生间隔墙，并且可作任何贴面装修等。

（2）轻型夹心板

轻型夹心板外层用轻质高强薄板，中间用轻质保温隔热材料为芯材制成。

外墙薄板：铝合金、不锈钢、彩钢板、水泥薄板。

芯材：玻璃棉、岩棉、PS板（俗称有机板）。

内侧：石膏类、塑料类等。

培训项目 2 建筑识图基础知识

培训单元1 建筑工程图的基本知识

→ 了解建筑工程图的分类。
→ 掌握建筑工程图的常用符号。

一、建筑工程图的分类

工程图样是工程界的技术语言,是表达工程设计和指导工程施工必不可少的重要依据,是具有法律效力的正式文件,也是重要的技术档案文件。

建筑工程图是以投影原理为基础,按国家规定的制图标准,把建筑工程的形状、大小等准确地表达在平面上的图样,并同时标明工程所用的材料以及生产安装等的要求。建筑工程图通常包括建筑施工图、结构施工图、设备施工图。

建筑施工图反映建筑施工设计的内容,用以表达建筑物的总体布局、外部造型、内部布置、细部构造、内外装饰以及一些固定设施和施工要求,包括施工总说明、总平面图、建筑平面图、立面图、剖视图和详图等。

结构施工图反映建筑结构设计的内容,用以表达建筑物各承重构件(如基础、承重墙、柱、梁、板等），包括结构施工说明、结构布置平面图、基础图和构件详图等。

设备施工图反映各种设备、管道和线路的布置、走向、安装等内容，包括给排水、采暖通风和空调、电气等设备的布置平面图、系统图及详图。

二、建筑工程图的常用符号

建筑工程图有以下几种常用符号。

1. 定位轴线及编号

确定建筑物承重构件位置的线叫定位轴线，各承重构件均需标注纵横两个方向的定位轴线，非承重或次要构件应标注附加轴线，如图 2-2-1 所示。

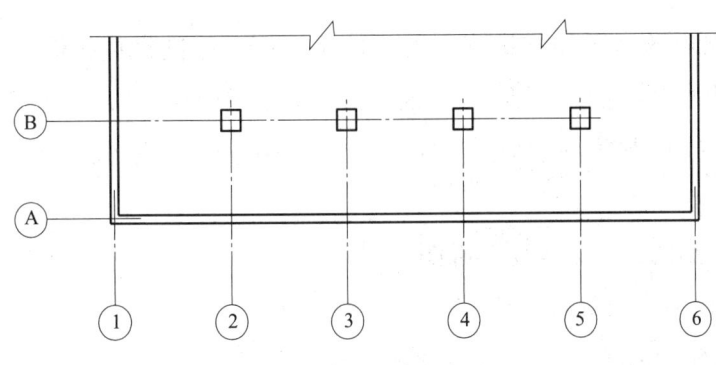

图 2-2-1　定位轴线及编号

2. 标高

标高表示建筑物各部分的高度，是建筑物某一部位相对于基准面（标高的零点）的竖向高度，是竖向定位的依据。在施工图中以直角等腰三角形（三角形的尖端或向上或向下）表示，如图 2-2-2、图 2-2-3 所示，标高符号上方或下方的数值即为标高符号尖端所指位置的标高。以青岛附近黄海平均海平面为零点所确定的标高，称为绝对标高。以建筑物某一部位（通常是底层室内主要地坪）为零点所确定的标高，称为相对标高。

图 2-2-2　室内标高符号及标注　　　　图 2-2-3　总平面图室外标高符号

3. 索引符号与详图符号

（1）索引符号

图样中的某一局部或构件，如需另见详图，应以索引符号索引，如图2-2-4所示。

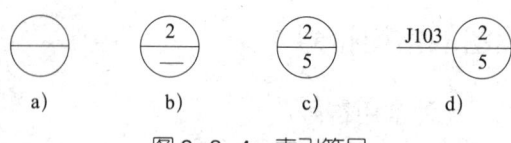

图 2-2-4 索引符号

1）索引出的详图如与被索引的详图同在一张图纸内（图2-2-4b），应在索引符号的上半圆中用阿拉伯数字注明该详图的编号，并在下半圆中间画一段水平细实线。

2）索引出的详图如与被索引的详图不在同一张图纸内（图2-2-4c），应在索引符号的上半圆中用阿拉伯数字注明该详图的编号，在索引符号的下半圆中用阿拉伯数字注明该详图所在图纸的编号。数字较多时，可加文字标注。

3）索引出的详图如采用标准图（图2-2-4d），应在索引符号水平直径的延长线上加注该标准图册的编号。

（2）详图符号

详图的位置和编号应以详图符号表示。

1）详图与被索引的图样同在一张图纸内时，应在详图符号内用阿拉伯数字注明详图的编号（图2-2-5a）。

2）详图与被索引的图样不在同一张图纸内（图2-2-5b），应用细实线在详图符号内画一水平直径，在上半圆中注明详图编号，在下半圆中注明被索引的图纸的编号。

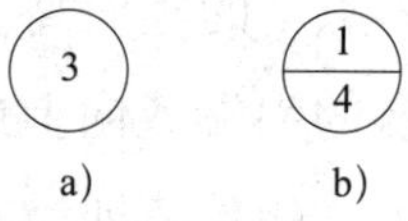

图 2-2-5 详图符号

4. 指北针与风玫瑰图

指北针是用来表示建筑朝向的标志符号（图2-2-6a）。风玫瑰在建筑平面图上是表示该地区常年风向频率的标志，也可指示房屋的朝向（图2-2-6b）。指北针与风玫瑰一般绘制在总平面图和首层平面图上，如图2-2-6所示。

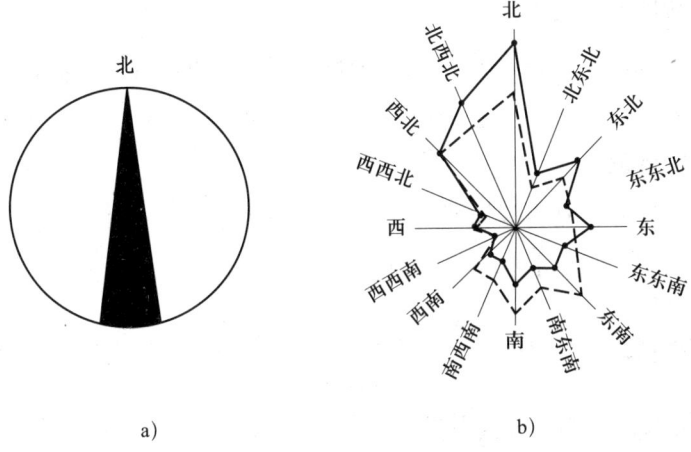

图 2-2-6 指北针与风玫瑰图
a) 指北针 b) 风玫瑰

培训单元 2 识读建筑施工图

→ 掌握建筑施工图首页图的一般组成,能识读建筑总平面图。
→ 能识读建筑平面图、建筑立面图、建筑剖面图和建筑详图。

一、建筑施工图首页的一般组成

建筑施工图首页放于施工图前面,一般中小型工程当内容较少时,可以全部绘制于施工图的第一张图纸上。一般包括图纸目录、设计说明(工程做法)、门窗统计表等文字性说明。

1. 图纸目录

图纸目录的主要作用是便于查找图纸,一般以表格形式编写,说明该套图纸施工图有几类,各类图纸有几张,每张图纸的图名、图号、图幅大小等。

2. 设计说明

建筑设计说明是一份关于建筑与结构设计的说明书，如设计依据、工程概况、材料选择、构造做法等。

3. 门窗统计表

门窗统计表用于说明门窗类型、每种类型的名称、洞口尺寸、每层数量和总数量以及可选用的标准图集、其他备注等。

二、建筑总平面图

将新建建筑物四周一定范围内的新建、拟建、原有和拆除的建筑物连同其周围的道路、绿化、地形、地貌等用水平投影方法和相应的图例所画出的工程图样，即为建筑总平面图。

1. 总平面图的图示方法

总平面图一般采用1∶500、1∶1 000或1∶2 000的比例绘制，因为比例较小，图示内容多按《总图制图标准》（GB/T 50103—2010）中相应的图例要求进行简化绘制，与工程无关的对象可省略不画，如图2-2-7所示。

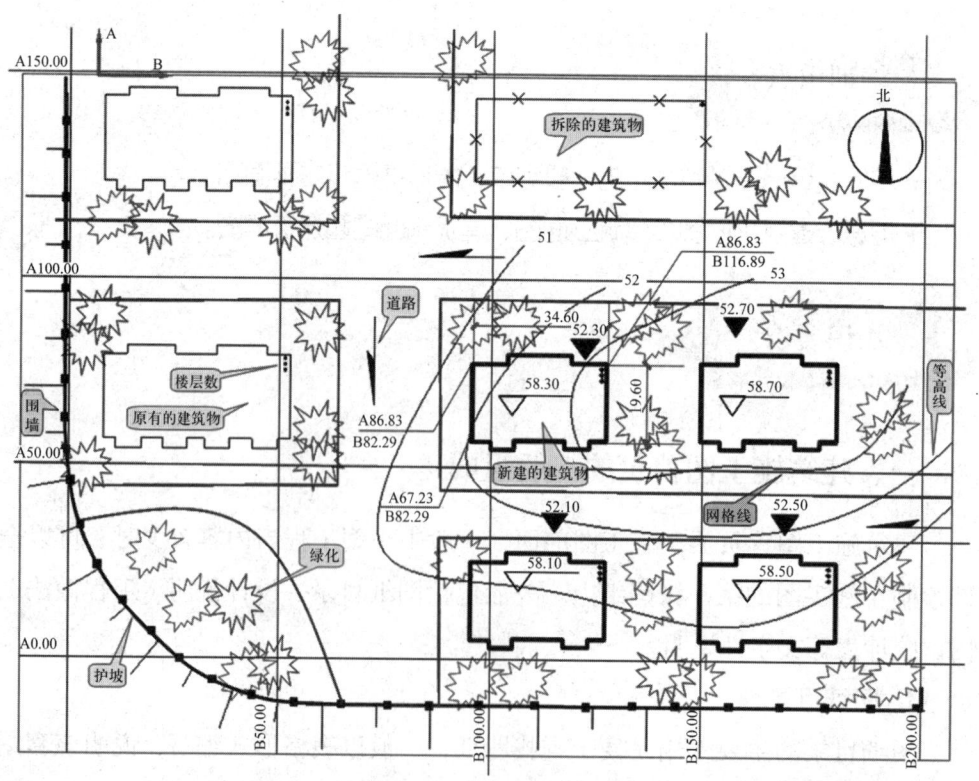

图2-2-7 某建筑总平面图

（1）建筑物

新建房屋用粗实线框表示，在线框内用数字或点数表示建筑层数，并标出标高。原有建筑物用细实线框表示。计划扩建建筑物、构筑物、预留地等用中虚线框表示。

（2）构筑物

常见的构筑物有围墙、挡土墙、边坡、台阶、水池等，用细实线框表示。

（3）道路

道路分为新建道路、扩建道路、原有道路和拆除道路以及人行通道和铁路等。

（4）附近的地形地物

附近的地形地物如等高线、道路、水沟、河流、池塘、土坡等。

2. 标注

标注主要有相对尺寸、坐标、标高和坡度。相对尺寸和坐标用于平面定位，只在水平方向进行度量。总平面图中的坐标、标高、距离以"米（m）"为单位，至少取至小数点后两位，不足时以"0"补齐。

三、建筑平面图

建筑平面图，是将新建建筑物或构筑物的墙、门窗、楼梯、地面及内部功能布局等建筑情况，以水平投影方法和相应的图例所画出的工程图样。

通常假想用一水平剖切面，沿各层的门、窗洞，通常离本层楼、地面约1.2 m做水平剖切，然后移去剖切平面以上的房屋，将留下的部分做水平正投影所得的图样，即为建筑平面图。

1. 建筑平面图的分类

首层平面图是所有建筑平面图中首先绘制的一张图。绘制此图时，应将剖切平面选在房屋的一层地面与从一楼通向二楼的休息平台之间，且要尽量通过该层上所有的门窗洞。

若中间各层平面组合、结构布置、构造情况等完全相同，只画一个具有代表性的平面图，即标准层平面图。

将建筑通过其顶层门窗洞口水平剖开，剖切面以上到屋面部分，直接正投影投射到水平投影面，即屋顶平面图。

2. 建筑平面图的图例

建筑施工图的绘图比例较小，无法用真实的投影绘制，如门、窗及孔洞等。

这时可以使用图例来表示。图例应按《建筑制图标准》（GB/T 50104—2010）、《房屋建筑制图统一标准》（GB/T 50001—2010）中的规定绘制，见表 2-2-1。

表 2-2-1 构造及配件图例

序号	名称	图例	备注
1	墙体		1. 上图为外墙，下图为内墙 2. 外墙细线表示有保温层或有幕墙 3. 应加注文字或涂色或图案填充表示各种材料的墙体 4. 在各层平面图中防火墙宜着重以特殊图案填充表示
2	隔断	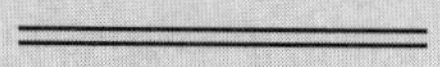	1. 加注文字或涂色或图案填充表示各种材料的轻质隔断 2. 适用于到顶与不到顶隔断
3	玻璃幕墙	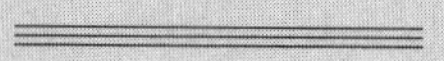	幕墙龙骨是否表示由项目设计决定
4	栏杆		
5	楼梯	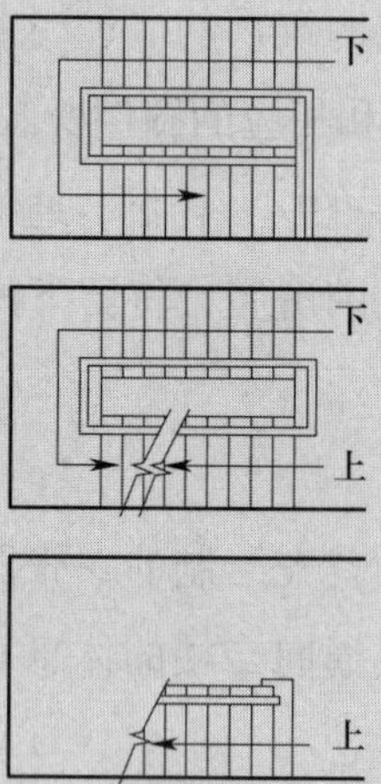	1. 上图为顶层楼梯平面图，中图为中间层楼梯平面图，下图为底层楼梯平面图 2. 需设置靠墙扶手或中间扶手时，应在图中表示
6	坡道	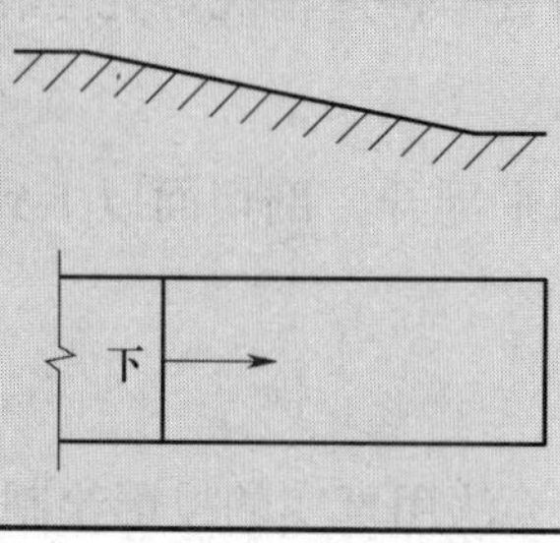	长坡道

续表

序号	名称	图例	备注
6	坡道	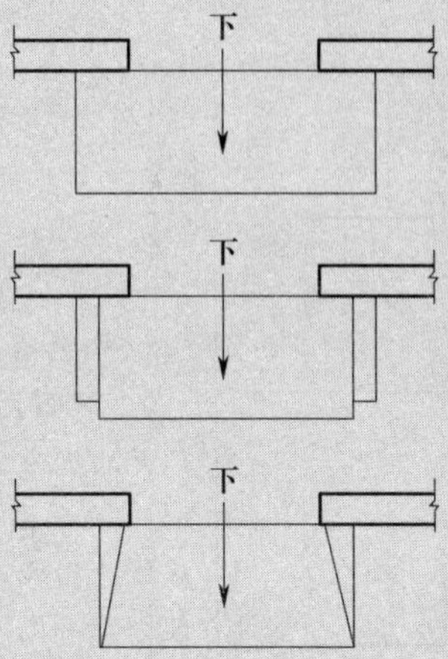	上图为两侧垂直的门口坡道，中图为有挡墙的门口坡道，下图为两侧找坡的门口坡道
7	台阶	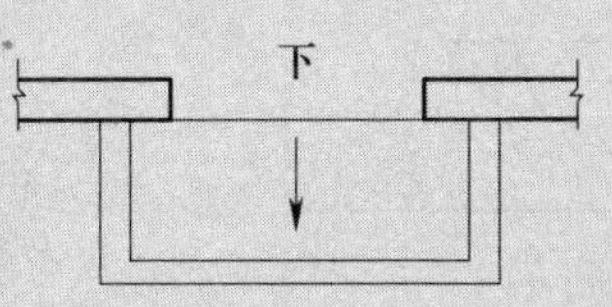	
8	检查口	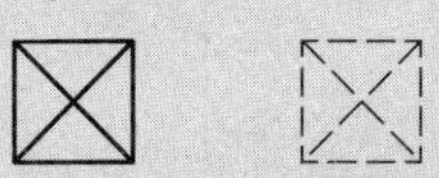	左图为可见检查口，右图为不可见检查口
9	孔洞		阴影部分亦可填充灰度或涂色代替
10	新建的墙和窗	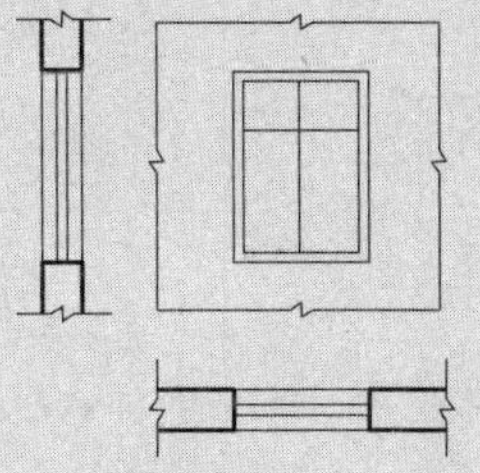	
11	改建时保留的墙和窗	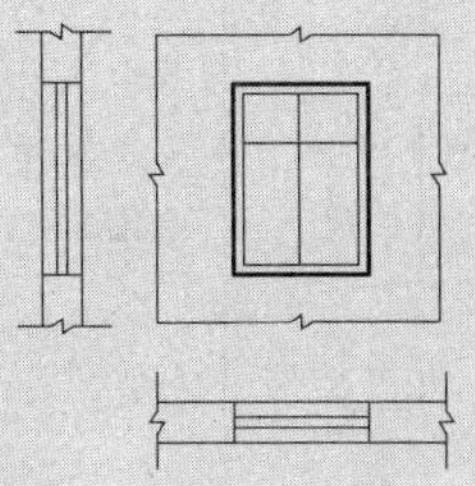	只更换窗，应加粗窗的轮廓线

续表

序号	名称	图例	备注
12	单扇平开或单向弹簧门	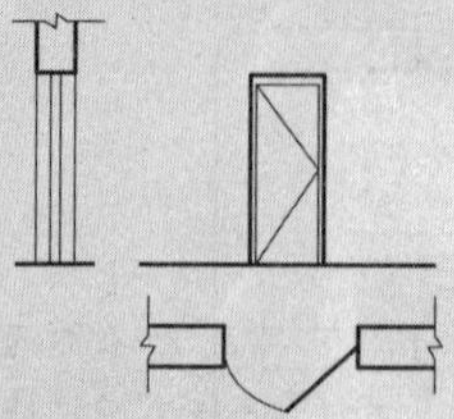	1. 门的名称代号用M表示 2. 平面图中，下为外，上为内，门开启线为90°、60°或45° 3. 立面图中，开启线实线为外开、虚线为内开。开启线交角的一侧为安装合页一侧。开启线在建筑立面图中可不表示，在立面大样图中可根据需要绘出 4. 剖面图中，左为外，右为内 5. 附加纱门应以文字说明，在平面图、立面图、剖面图中均不表示 6. 立面形式应按实际情况绘制
	单扇平开或双向弹簧门	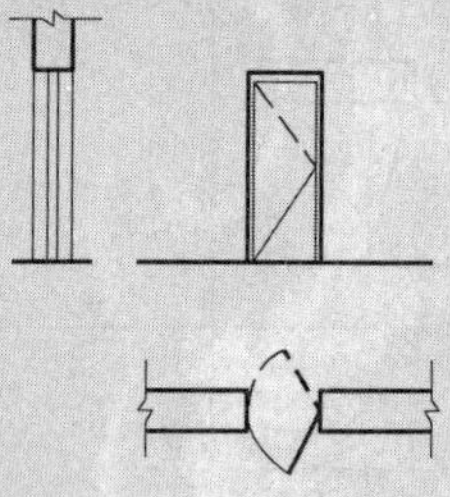	
	双层单扇平开门	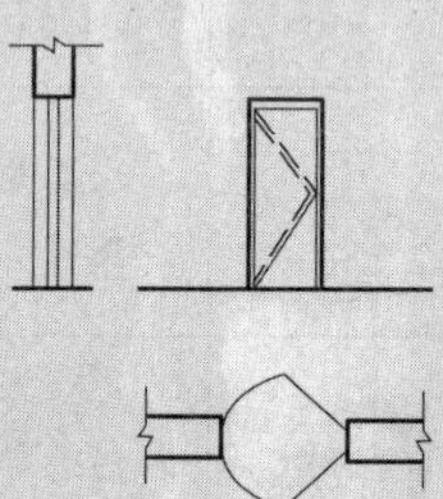	
13	单面开启双扇门（包括平开或单面弹簧）	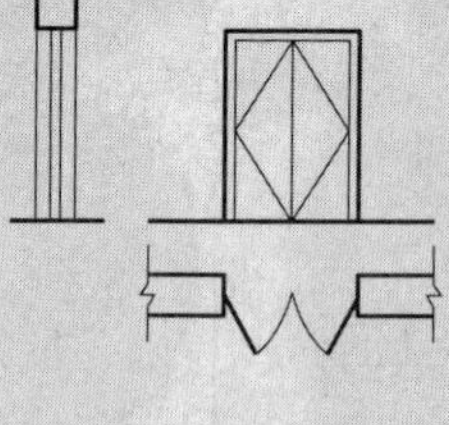	1. 门的名称代号用M表示 2. 平面图中，下为外，上为内，门开启线为90°、60°或45° 3. 立面图中，开启线实线为外开、虚线为内开。开启线交角的一侧为安装合页一侧。开启线在建筑立面图中可不表示，在立面大样图中可根据需要绘出
	双面开启双扇门（包括双面平开或双面弹簧）	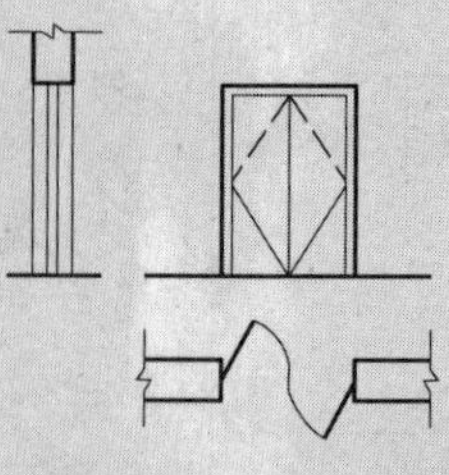	

续表

序号	名称	图例	备注
13	双层双扇平开门	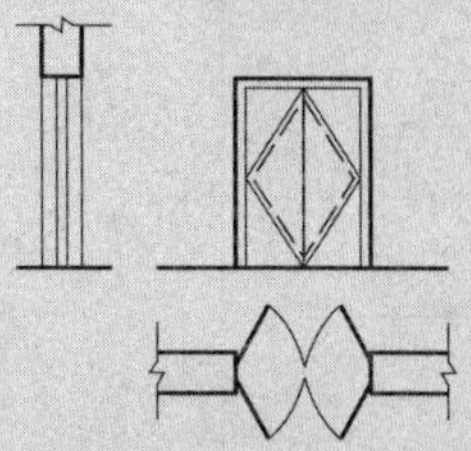	4. 剖面图中，左为外、右为内 5. 附加纱门应以文字说明，在平面图、立面图、剖面图中均不表示 6. 立面形式应按实际情况绘制
14	折叠门	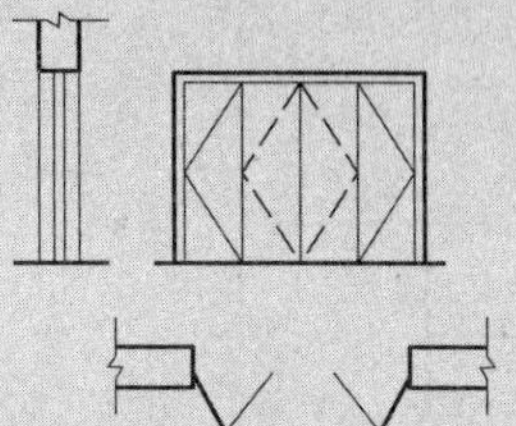	1. 门的名称代号用 M 表示 2. 平面图中，下为外、上为内 3. 立面图中，开启线实线为外开、虚线为内开。开启线交角的一侧为安装合页一侧 4. 剖面图中，左为外、右为内 5. 立面形式应按实际情况绘制
	推拉折叠门	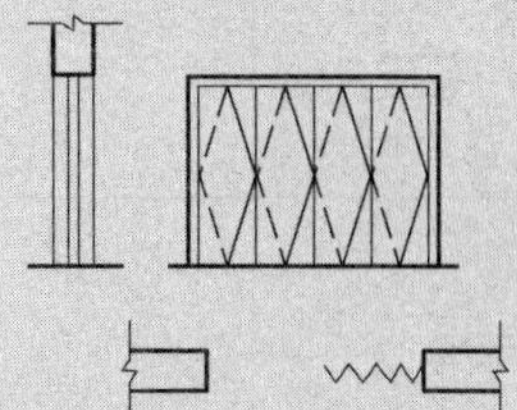	
15	固定窗	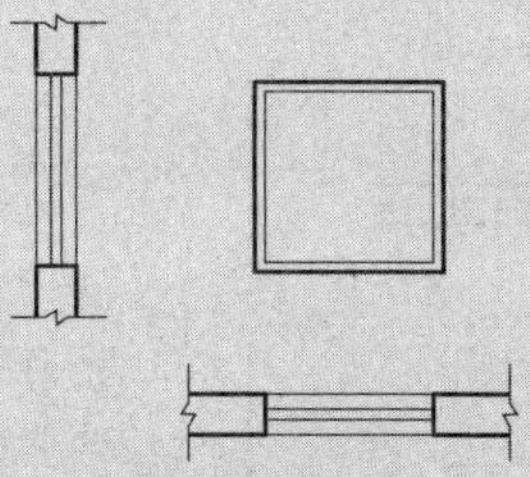	
16	上悬窗	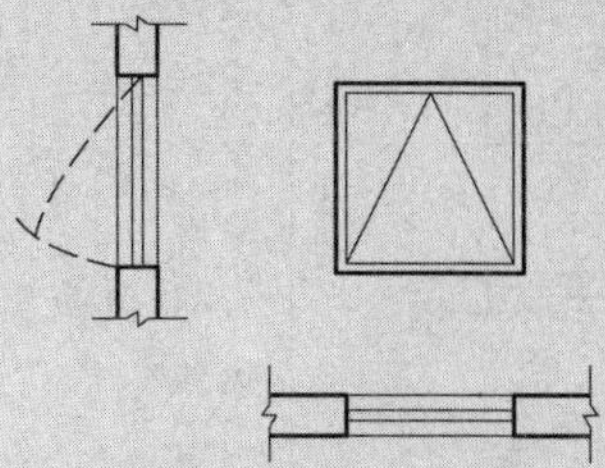	1. 窗的名称代号用 C 表示 2. 平面图中，下为外、上为内 3. 立面图中，开启线实线为外开、虚线为内开。开启线交角的一侧为安装合页一侧。开启线在建筑立面图中可不表示，在门窗立面大样图中需绘出 4. 剖面图中，左为外、右为内，虚线仅表示开启方向，项目设计不表示
	中悬窗	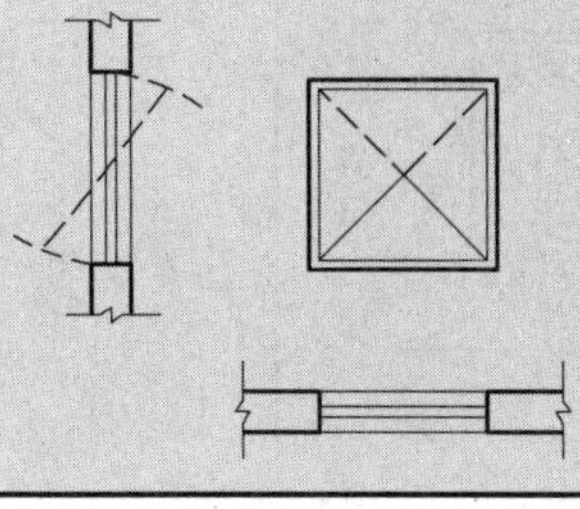	

续表

序号	名称	图例	备注
17	下悬窗	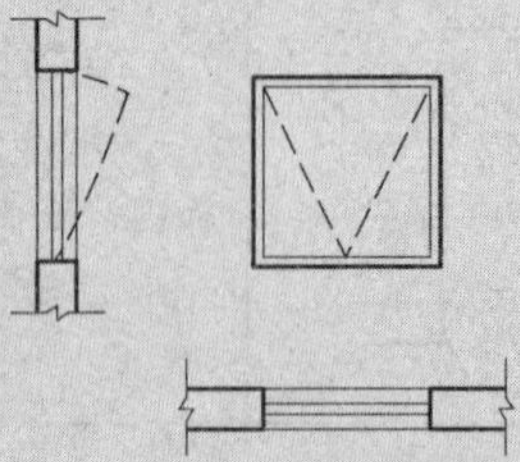	5. 附加纱窗应以文字说明，在平面图、立面图、剖面图中均不表示 6. 立面形式应按实际情况绘制
18	立转窗		
19	内开平开内倾窗		
20	单层外开平开窗	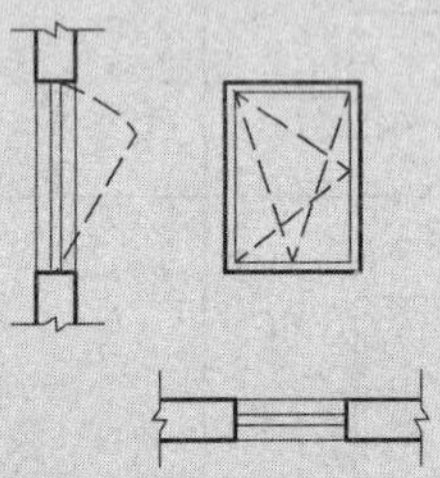	1. 窗的名称代号用C表示 2. 平面图中，下为外、上为内 3. 立面图中，开启线实线为外开、虚线为内开。开启线交角的一侧为安装合页一侧。开启线在建筑立面图中可不表示，在门窗立面大样图中需绘出 4. 剖面图中，左为外、右为内，虚线仅表示开启方向，项目设计不表示
20	单层内开平开窗		

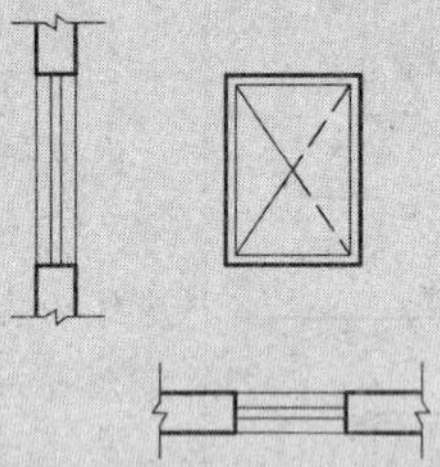

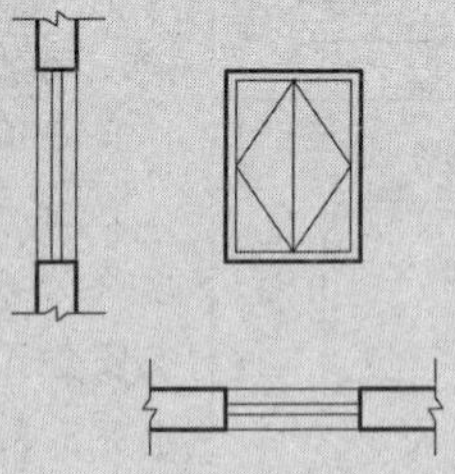

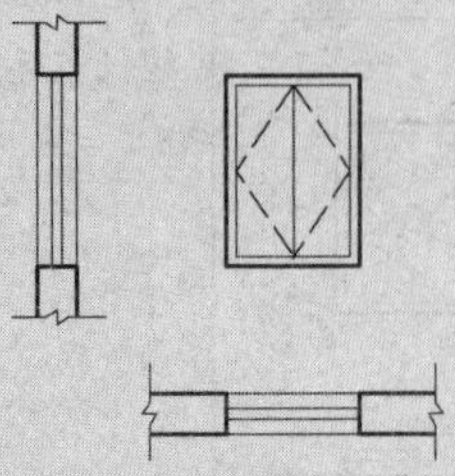

续表

序号	名称	图例	备注
20	双层内外开平开窗	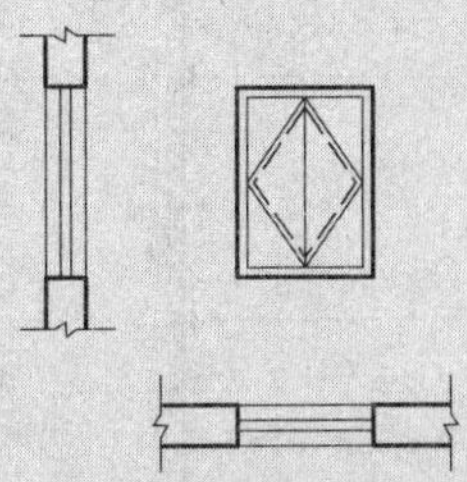	5. 附加纱窗应以文字说明，在平面图、立面图、剖面图中均不表示 6. 立面形式应按实际情况绘制
21	单层推拉窗	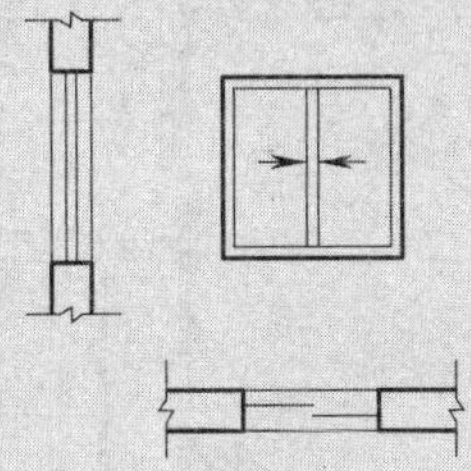	1. 窗的名称代号用 C 表示 2. 立面形式应按实际情况绘制
22	双层推拉窗	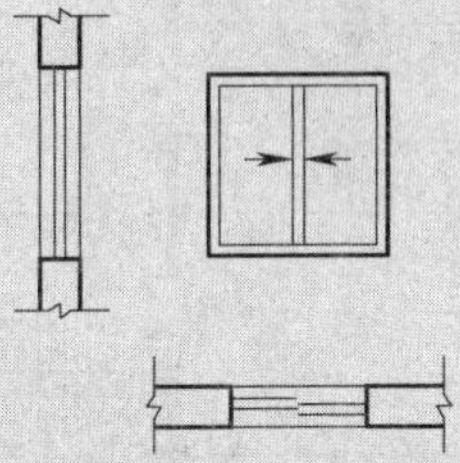	
23	上推窗	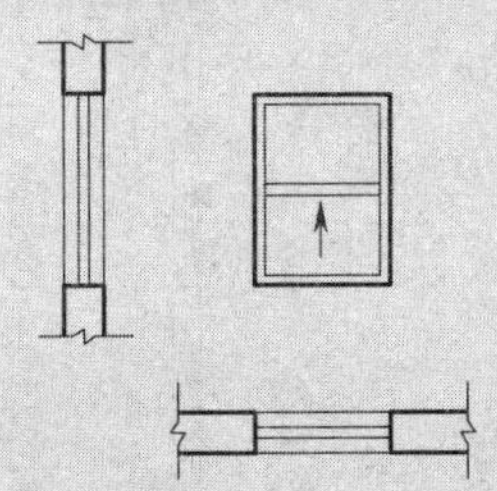	1. 窗的名称代号用 C 表示 2. 立面形式应按实际情况绘制
24	百叶窗	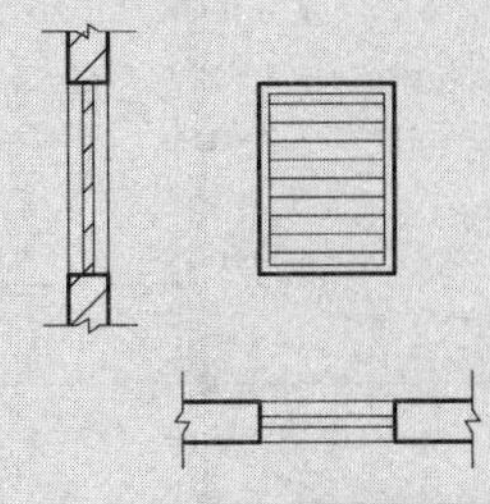	

3. 识读平面图

现以某框架结构办公楼为例，进行平面图的识读。如图 2-2-8 所示为首层平面图，图 2-2-9 所示为标准层平面图，图 2-2-10 所示为屋顶平面图。

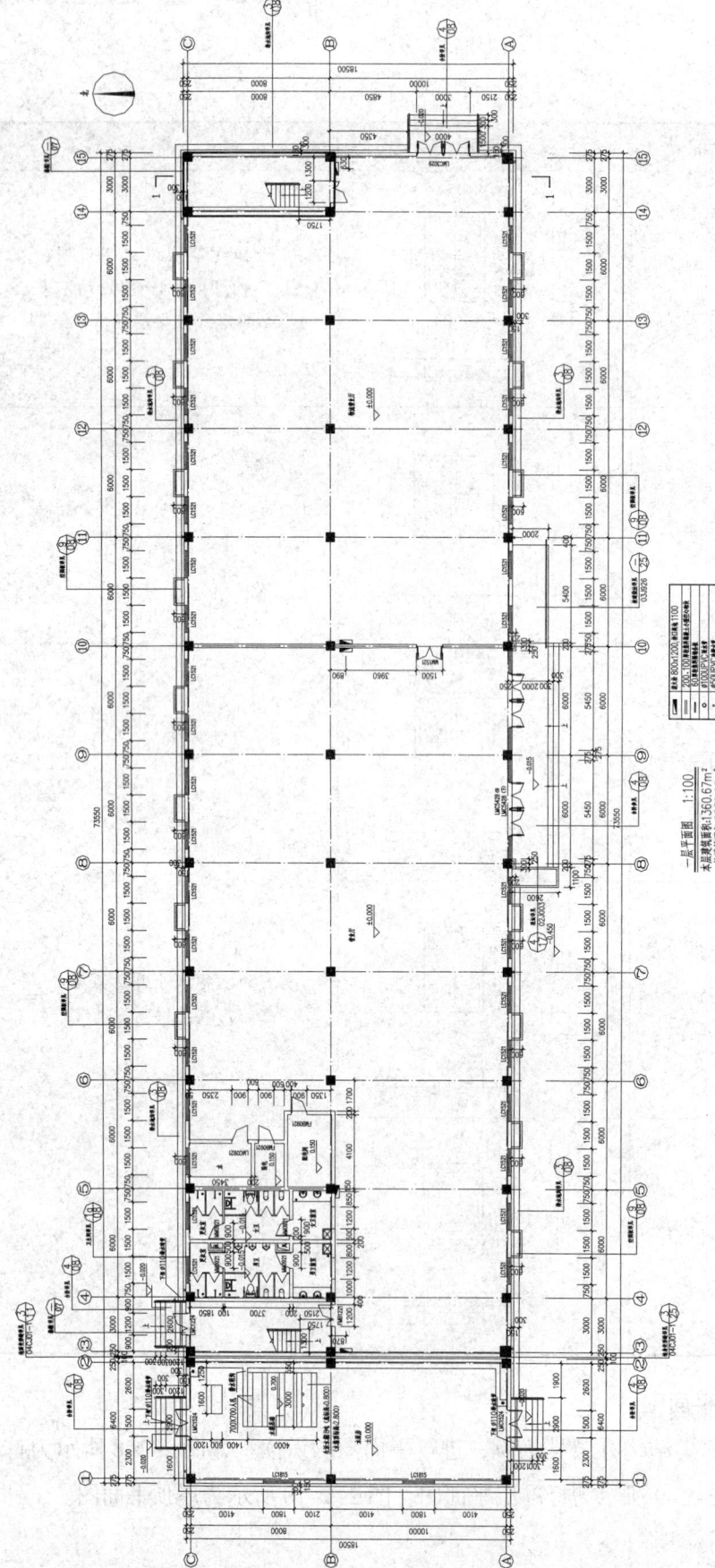

图 2-2-8 某办公楼首层平面图

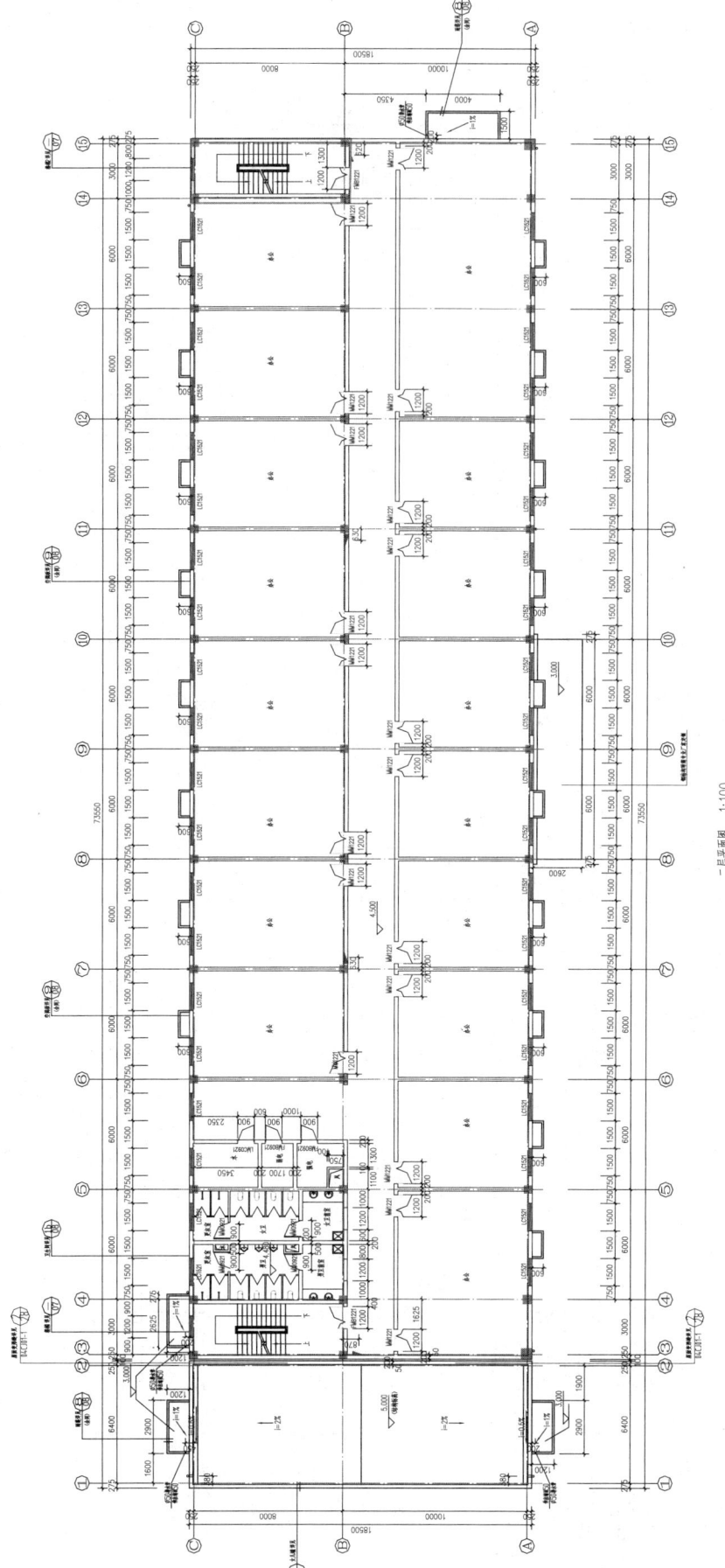

一层平面图 1:100
本层建筑面积:1230.7m²
本层建筑面积:1236.67/m²(不包括阳台)

图2-2-9 某办公楼标准层平面图

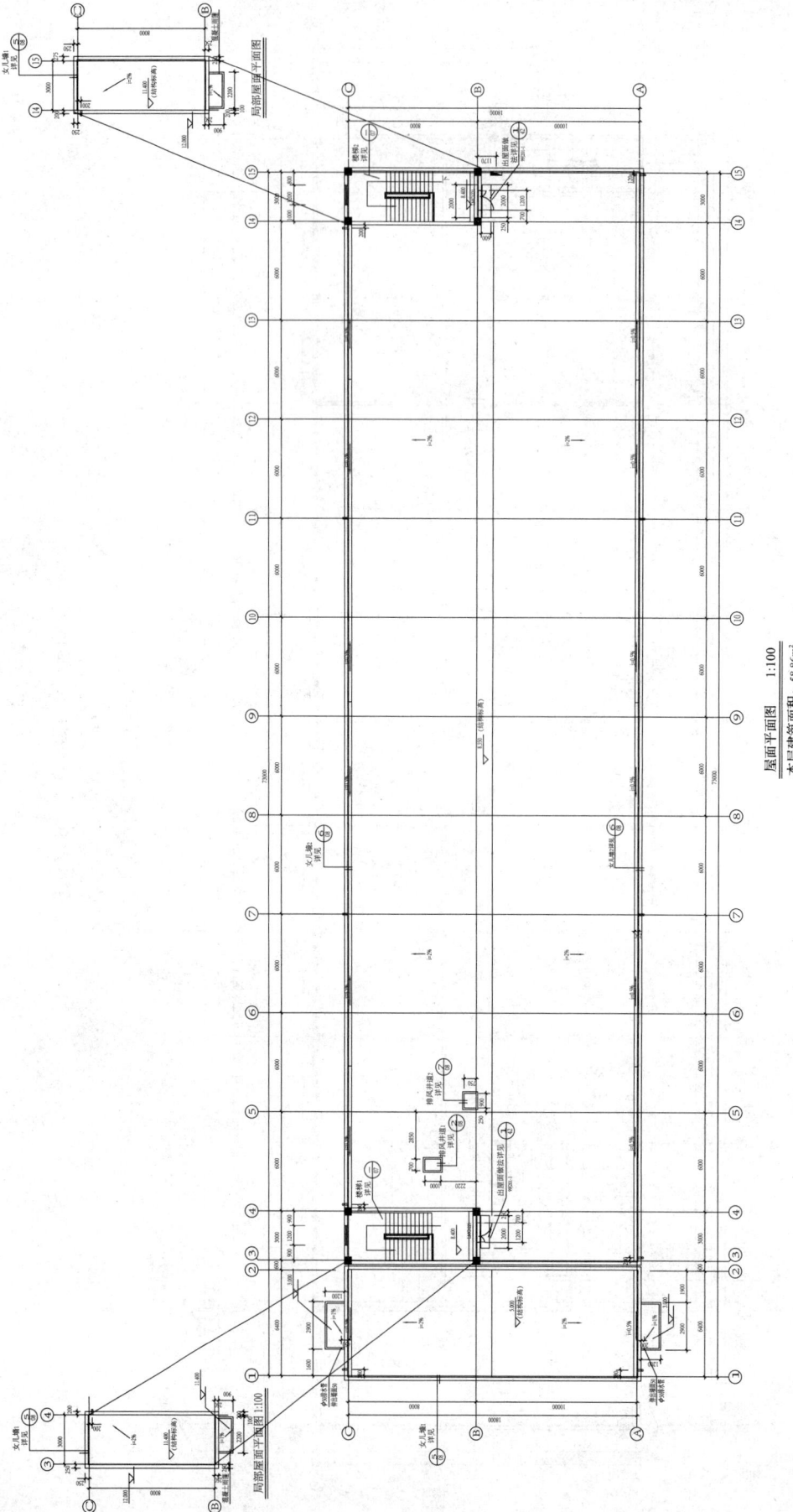

图 2-2-10 某办公楼屋顶平面图

(1)首层平面图识读

图2-2-8为首层平面图，绘图比例是1∶100[①]，图中标注本层建筑面积为1 360.67 m²，总建筑面积为2 650.02 m²。从图中指北针可知房屋朝向，建筑物入口有六处，营业厅主入口位于南面正中，在⑧轴与⑩轴之间，在北侧③轴与④轴之间还有一个次要出入口；物流营业厅在东侧有一出入口；西侧的水泵房在南侧和北侧各有一个出入口；六个出入口处均设有三步台阶，除主出入口外，其余台阶两侧均设有栏杆；主出入口台阶西侧有一花坛，构造做法详见标准图集20J003第17页第4个节点详图，台阶东侧为一坡道，构造做法详见标准图集03J926第25页详图。

因为是框架结构，图中涂黑部分均为框架柱，柱网布置规整，外墙与框架柱的外边线相平齐。通过轴线网和墙体可以看出，平面呈标准的长方形，正面图示有10根轴线，侧面有3根轴线；在②轴与③轴之间有一地面变形缝，缝宽为100 mm，地面变形缝的构造做法详见标准图集04CJ01-1第11页第3个详图。房屋平面外轮廓总长度为73 550 mm，总宽度为18 500 mm。

从平面图中可以读取出在③轴与④轴之间有一个室内平行双跑楼梯。

图中所有墙体均为填充墙，墙体材料主要采用混凝土小型空心砌块，外墙200 mm厚，内墙局部100 mm厚，这些信息可以通过图名右侧的图例表来读取。

内外墙上能够显示出门窗洞口的位置、门窗类型及洞口宽度。如Ⓐ轴线墙体上在①轴与②轴之间有LMC1524，代表铝合金双扇平开门（外开），洞口宽度1 500 mm、高度2 400 mm。又如，④轴与⑤轴之间有LC1521，代表铝合金窗，洞口宽度1 500 mm、高度2 100 mm，同时在两个窗户之间有一空调板，长度1 500 mm、宽度600 mm。

沿建筑物的外侧除出入口处设有台阶（三步，台阶每步宽度为300 mm）、平台（平台表面标高分别为-0.020 m和-0.015 m）和坡道（宽度2 000 mm）外，在建筑物的外墙四周还设有宽度300 mm、与外墙外边线之间距离为150 mm的排水地沟，当遇到出入口处的平台时，在平台下方埋设了直径为110 mm的排水暗管。同时，从图中还可以读取出屋面雨水管的位置，如①轴与③轴右侧的小圆圈，图中一共有10处雨水管；室内营业厅、水泵房地面标高均为±0.000 m，配电间、弱电间地面标高为0.150 m，卫生间地面标高为-0.015 m等。

---

① 编辑成书时图幅尺寸有所改变，比例尺仅作示意，下同。

从平面图中可以读取出水泵房的平面布置情况：水泵房内设有 18 t 的生活水箱，底标高 0.800 m，水箱顶标高 2.800 m；水箱下部设有水箱基础，水箱长 4 000 mm、宽 3 000 mm；水箱上设有 700 mm×700 mm 的入孔，水箱右边线与 2 轴线间的距离为 550 mm；水泵房内还设有排水明沟和两个地漏。

建筑物四周的三道外部尺寸分别显示了外部总尺寸、轴线间距和门窗的定位及宽度尺寸，如外部总长度尺寸为 73 550 mm，轴线间尺寸分别为 6 400 mm、600 mm、3 000 mm、6 000 mm 等，门窗的定位及宽度尺寸如①~②轴间，门的宽度为 1 500 mm，门垛宽度为 2 300 mm 和 2 600 mm 等；外部总宽度尺寸为 18 500 mm，轴线间尺寸分别为 10 000 mm、8 000 mm，门窗的定位及宽度尺寸如Ⓐ~Ⓑ轴间，窗户的宽度为 1 800 mm，窗垛宽度为 4 100 mm 等。

一层平面图中有一处剖切符号，剖切位置在③~④轴间，向西剖视，对应于 1-1 剖面图，该剖切符号只能在首层平面图上标注。图中共有 14 处详图索引，对应的索引详图可以分别从本项目施工图和相应的标准图集中查阅。

（2）楼层平面图识读

图 2-2-9 为二层平面图，比例 1∶100。楼层平面图的表达内容和要求基本与首层平面图相同，但不必再绘出指北针和剖切符号，室外构/配件也只需绘出本层剖切面以下和下一层剖切面以上的内容。

通过各层平面图的轴线和墙体可以看出，外墙上下贯通，没有缩进，只是在南侧和北侧悬挑出雨棚。从二层平面图中还可以读取出室内主要地面标高为 4.500 m，卫生间地面标高 4.480 m，最西侧①轴与②轴之间屋顶标高为 5.000 m。

（3）屋顶平面图识读

图 2-2-10 为屋顶平面图，比例 1∶100，本层建筑面积 58.86 m^2。屋顶平面图内容较少，主要显示屋顶的建筑构/配件和排水组织。从图中可以看出，该建筑屋顶为平屋面，坡度为 2%，内天沟坡度为 0.5%。在屋顶平面图中不仅可以读取出定位轴线及编号、轴线间尺寸，还可以读取出主屋面的标高 8.350 m，突出屋面的楼梯间屋面标高 11.400 m，各雨棚顶面标高 11.400 m、3.000 m 及檐口处的详图索引符号等。

四、建筑立面图

用直接正投影法将建筑物各侧面投射到基本投影面所得到的图样叫作建筑立面图。建筑立面图可以用来反映房屋的高度、层数，屋顶的形式，墙面的做法、门窗的形式、大小和位置，以及窗台、阳台、雨棚、檐口、勒脚、台阶等构造和构/配件各部位的标高。

1. 立面图的名称

立面图的名称可以按照立面的主次命名，也可以按照房屋的朝向命名，还可以按照立面图两端的定位轴线编号来命名。

2. 立面图的图示内容

（1）轴线及编号

立面图的定位轴线和编号只需绘制出建筑物两端的轴线即可。

（2）构/配件投影线

立面图是建筑物某一侧面在投影面上的全部投影，有该侧所有构/配件的可见投影线组成，包括墙、屋顶、门窗、饰面材料、阳台、雨棚、花坛等投影线。

（3）尺寸标注

立面图的尺寸标注以线性尺寸和标高为主。

（4）文字说明

包括图名、比例和注释。

（5）索引符号

如需另画详图或引用标准图集来表达局部构造，应在图中的相应部位以索引符号索引。

3. 识读立面图

以某别墅的南立面为实例，如图 2-2-11 所示，进行建筑立面图识读。

图名为南立面图，比例为 1∶100，从轴线的编号可知，该图是表示①~⑥轴的立面图，以便对照阅读。

了解房屋的外貌和墙体细部构造等情况。从图中可以看到该房屋的整个外貌形状，也可以了解该房屋的屋顶、门、窗、台阶等细部的形式和位置。该建筑的屋顶形式为坡屋顶，标高 11.400 m 处有一老虎窗（又称气窗），立面的形状为矩形，在⑤轴左侧有一室外楼梯，从该图还能看到外墙上门窗洞口的位置及形式。

了解房屋立面各部分的标高及高度关系。从图中可以看到，在立面图的右侧注有标高，从所标注的标高可知，建筑物最高处的标高是 12.000 m，室外地坪标高为 -0.150 m，比室内 ±0.000 m 低 150 mm，即室内外高差为 150 mm。各楼层标高分别为 2.500 m、6.000 m、9.000 m。

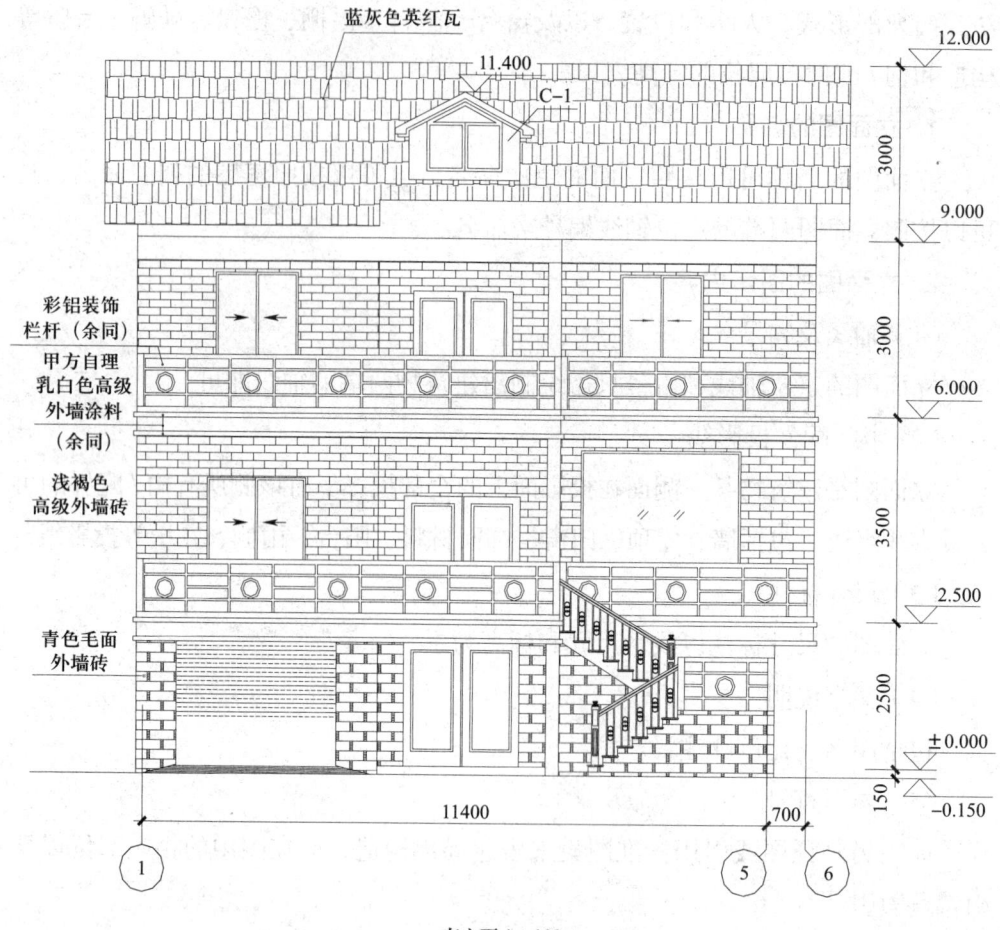

图 2-2-11 某别墅南立面图

该屋面为蓝灰色英红瓦,其他各部分的具体材料、做法可从立面标注和建筑设计说明中查阅。

五、建筑剖面图

建筑剖面图,是指假想用一个或多个垂直于外墙轴线的铅垂剖切面,将房屋剖开所得的投影图,简称剖面图。剖面图用以表示房屋内部的结构或构造形式、分层情况和各部位的联系、材料及其高度等,是与平面图、立面图相互配合的不可缺少的重要图样之一。

1. 建筑剖面图的图示内容

建筑剖面图的比例视建筑的规模和复杂程度选取,一般采用与平面图相同或较大些的比例绘制。

（1）轴线及其编号

在剖面图中，凡是被剖到的承重墙、柱都应标出定位轴线及其编号，以便与平面图对照识读。

（2）梁、板、柱和墙体

建筑剖面图主要是表达各构/配件的竖向位置关系。作为水平承重构件的各种框架梁、过梁、各种楼板、屋面板以及圈梁等，在平面图和立面图中通常是不可见或不直观的构件，但在剖面图中，不仅能清晰地显示这些构件的断面形状，而且可以很容易地确定其竖向位置关系。

（3）门窗

被剖切到的门窗一般都位于被剖切的墙体上，应按图例要求绘制。未被剖切到的门窗，实质是该门窗的立面投影。剖面图中的门窗不用注写编号。

（4）楼梯

楼梯的投影线一般包括剖切和可见两部分。

2. 识读建筑剖面图

以某别墅工程为实例，如图 2-2-12 所示，进行建筑剖面图识读。

在识读建筑剖面图之前，应当首先翻看首层平面图，找到相应的剖切符号，以确定该剖面图的剖切位置和剖视方向。在识读过程中，也不能离开各层平面图，而应当随时对照。

弄清楚图名、比例及剖切平面的位置。如图所示为某框架结构办公楼工程的1-1 剖面图，绘图比例是 1∶100。据一层平面图可知，1-1 剖面是一个剖切面通过入口处和内部楼梯部位（⑭轴与⑮轴之间），剖切后向左进行投射所得的剖面图。

了解被剖切到的墙体、地面、楼面、屋顶等的构造。由于是框架结构，从图中画出的房屋地面至屋顶的结构形式和构造内容可知，图中涂黑部分代表钢筋混凝土现浇梁板、门窗上部过梁、楼梯板及钢筋混凝土女儿墙等。

了解房屋各部位的尺寸。1-1 剖面图左侧和右侧都作了尺寸标注（左侧标注的是层高尺寸，右侧标注的是外墙上门窗洞口高度方向的细部尺寸及层高尺寸）。从 1-1 剖面图中可以看出，建筑共两层（楼梯间局部三层），层高分别为 4.500 m、3.900 m、3.000 m，室内外高差为 450 mm。各轴线的墙体（柱）从室内地坪以下一直剖切至檐口或女儿墙顶，与平面图对照可知，墙体厚为 200 mm。同时在剖面图中还用索引符号索引出女儿墙、空调板、排水沟、坡道、台阶等构/配件的构造做法。

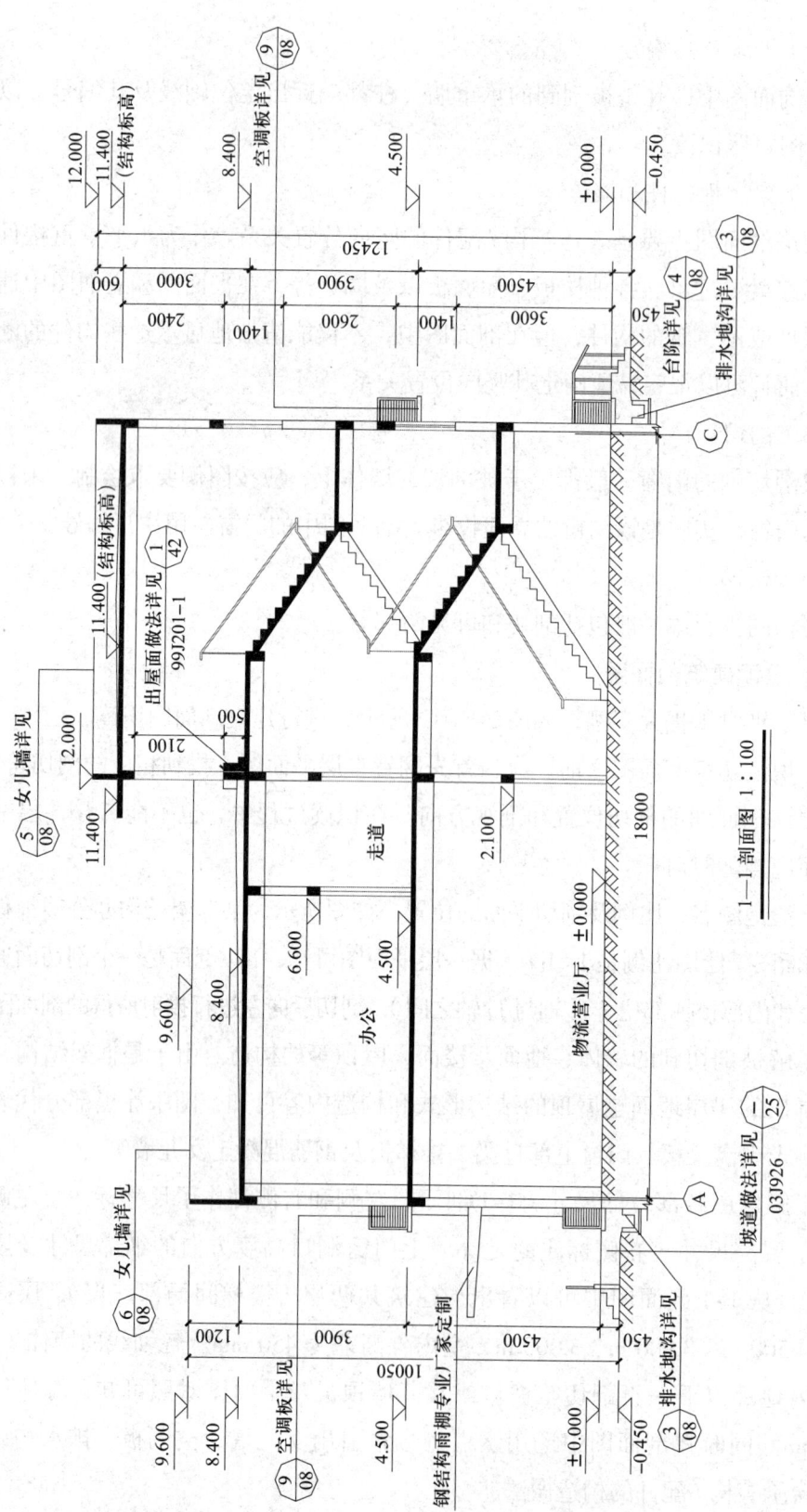

图 2-2-12 某别墅建筑剖面图

了解房屋各部位的标高情况。在剖面图中分别标注了室外标高 −0.450 m，首层室内地坪标高 ±0.000 m，楼层标高 4.500 0 m、8.400 m、11.400 m，女儿墙顶部标高 12.000 m 和 9.600 m，内墙门窗洞口顶部标高 2.100 m 和 6.600 m 等。

六、建筑详图

建筑详图是建筑细部的施工图，是建筑平面图、立面图、剖面图的补充。因为立面图、平面图、剖面图的比例尺较小，建筑物上许多细部构造无法表示清楚，根据施工需要，必须另外绘制比例尺较大的图样才能表达清楚。

建筑详图并非独立的图样，实际上是平面图、立面图、剖面图中的一种或几种的组合，因此图示内容与平面图、立面图、剖图基本相同，所不同的是详图只绘制建筑的局部，且比例较大。

现以某框架结构办公楼工程为例，进行 1 号楼梯详图的识读。如图 2-2-13 所示为 1 号楼楼梯平面详图，图 2-2-14 所示为 1 号楼楼梯剖面详图。

1. 1 号楼梯平面详图

从图中可以看出，1 号楼梯为平行双跑楼梯，楼梯的北侧有一室外入口，南侧有一室内入口。楼梯间轴线间长度为 3 000 mm，轴线间宽度 8 000 mm；楼梯间墙厚为 200 mm；楼梯井净长度 2 800 mm，净宽度 200 mm；梯段板长度为 2 800 mm，梯段板宽度为 1 300 mm；楼梯间四角柱的断面为 500 mm×500 mm；同时还可以读取出其他细部尺寸。

1 号楼梯一层只表达了剖切到的第一个梯段的一部分，并用箭头表达了上行的方向，第一个踏步的边缘与 Ⓑ 轴墙边线的距离为 1 800 mm；1 号楼梯二层平面为平行双跑，第一跑、第二跑各 11 步，共 22 步，上行的第一个梯段只表达了一部分（用折断符号表示），并标注有上行和下行的方向。

踏面宽 280 mm，结合剖面详图，一层踢面高 166.67 mm，二层踢面高 169.57 mm。可以读取出楼层平台及中间休息平台等处的标高，如入口处台阶平台表面标高 −0.020 m，室内地面标高 ±0.000 m，中间休息平台表面标高 2.667 m、6.365 m，楼层平台表面标高 4.500 m、8.400 m 等。可以读出楼梯出屋面入口处局部剖面详图的索引符号；楼梯剖面图的剖切位置符号 A—A，剖切之后向左看。

2. 1 号楼梯剖面详图

根据平面详图中的剖切符号，可知剖面详图的剖切位置和剖视方向。从剖

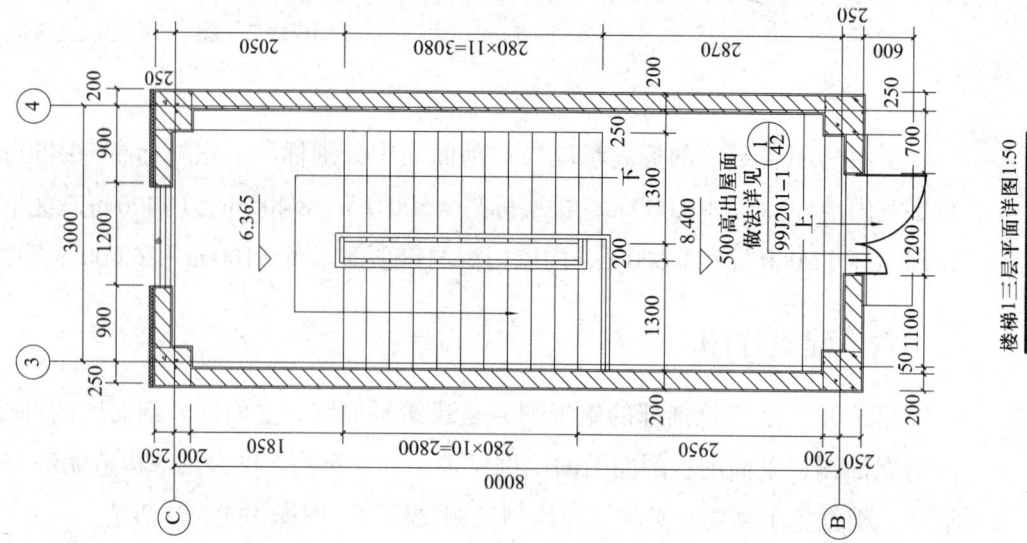

楼梯1三层平面详图1:50

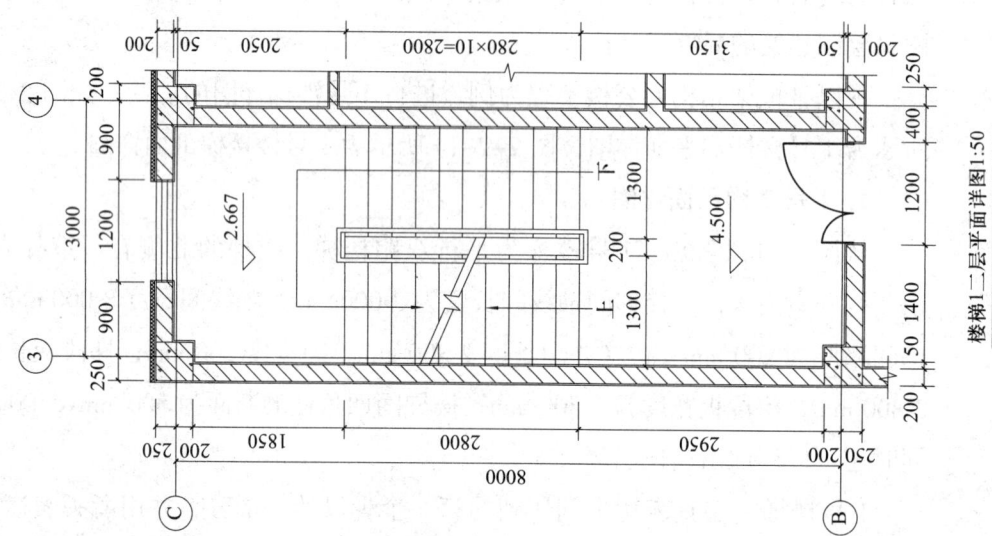

楼梯1二层平面详图1:50

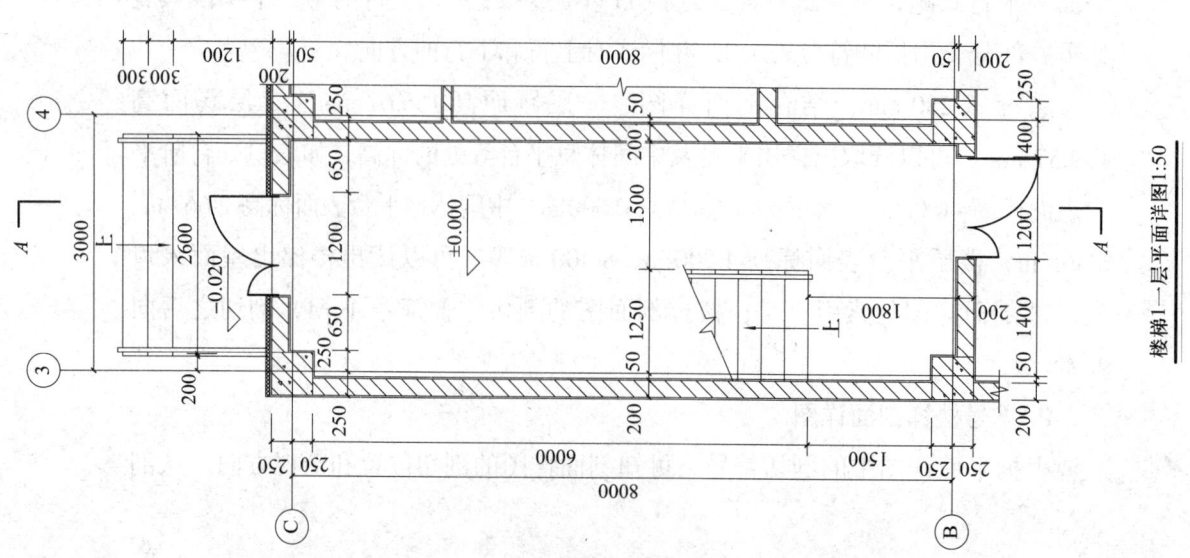

楼梯1一层平面详图1:50

图2-2-13 1号楼楼梯平面详图

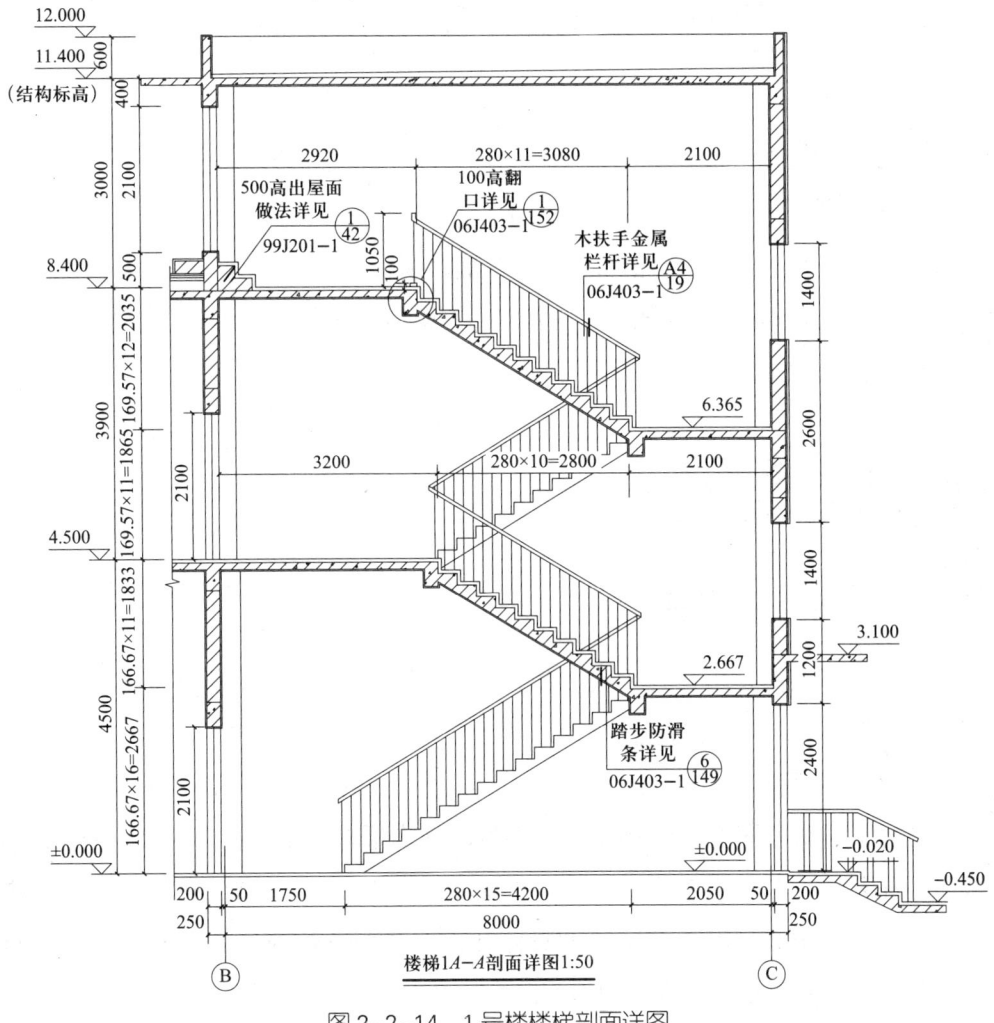

图 2-2-14　1 号楼楼梯剖面详图

面详图中可以读取出剖切到的梯段板、楼层平台、中间休息平台、平台梁及未剖切到的可见部分（梯段板、楼梯栏杆等）。从剖面详图中可以读取出楼梯水平方向的尺寸，如楼梯剖面详图中轴线间尺寸 8 000 mm、细部尺寸墙厚 200 mm、墙边线与 Ⓑ 轴线间尺寸 50 mm、第一个踏步的边缘距离 Ⓑ 轴线 1 750 mm、梯段水平投影尺寸 280 mm×15=4 200 mm（280 mm 代表踏面宽度，15 代表踏面数量）、平台梁左边线距离 Ⓒ 轴 2 050 mm、Ⓒ 轴与墙边线尺寸 50 mm 等，梯段竖直方向的细部尺寸，如 166.67 mm×16≈2 667 mm（166.67 mm 代表踢面高度，16 代表踢面数量）及楼层各部位的标高尺寸，如 4.500 m、8.400 m 等。

培训单元 3　结构施工图

→ 掌握框架柱配筋的平法标注主要内容。
→ 掌握框架梁配筋的平法标注主要内容、集中标注与原位标注的含义。
→ 掌握现浇板配筋平法标注主要内容。

一、柱平法施工图

柱平法施工图是指在柱平面布置图上采用列表注写方式或截面注写方式表达的现浇钢筋混凝土柱的施工图。

1. 列表注写方式

在柱平面布置图上，分别在同一编号的柱中选择一个（有时需要选择几个）截面标注几何参数代号，在柱表中注写柱号、柱段起止标高、几何尺寸（含柱截面对轴线的偏心情况）与配筋的具体数值，并配以各种柱截面形状及其箍筋类型图的方式来表达，如图 2-2-15 所示。

2. 柱表注写内容

（1）柱编号

柱编号由类型代号和序号组成。

（2）柱标高

注写各段柱的起止标高，自柱根部往上以变截面或截面未变但配筋改变处为界分段注写。

（3）柱截面尺寸

对于矩形柱，注写柱截面尺寸 $b \times h$ 及与轴线关系的几何参数代号 b_1、b_2、和 h_1、h_2 的具体数值，须对应于各段柱分别注写，其中 $b=b_1+b_2$，$h=h_1+h_2$。

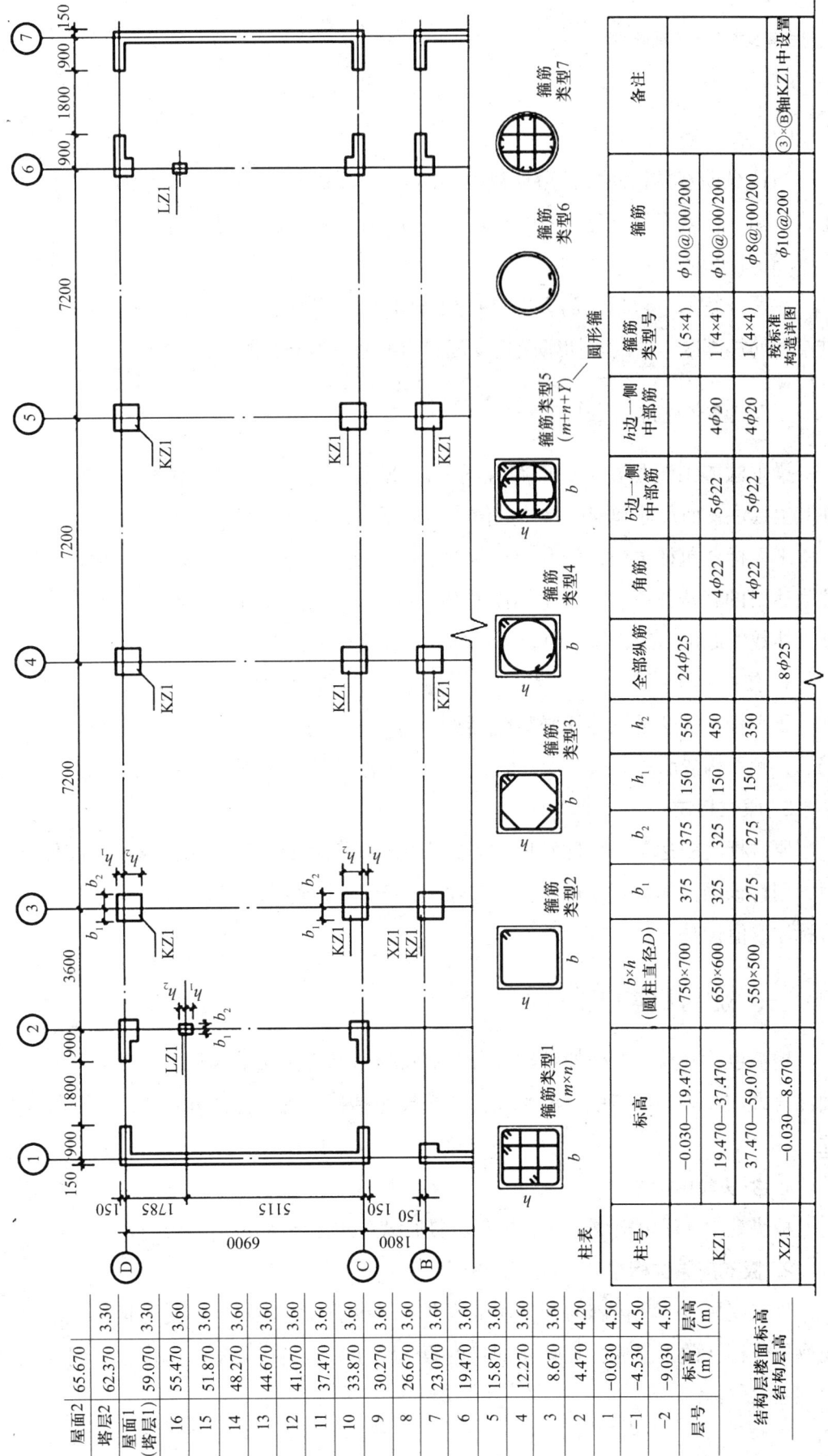

图 2-2-15 柱平法施工图

（4）柱纵筋

当柱纵筋直径相同，各边根数也相同时，将纵筋注写在"全部纵筋"一栏中，否则，柱纵筋分角筋、截面 b 边中部筋和 h 边中部筋三项分别注写。

（5）柱箍筋

注写柱箍筋，包括钢筋级别、直径与间距。当为抗震设计时，用斜线区分柱端箍筋加密区与柱身非加密区长度范围内箍筋的不同间距。

二、梁平法施工图

梁平法施工图是在梁平面布置图上，分别在不同编号的梁中各选一根梁，在其上标注截面尺寸和配筋具体数值表达的现浇钢筋混凝土梁的施工图。

平面标注包括集中标注和原位标注。集中标注表达梁的通用数值，原位标注表达梁的特殊数值。当集中标注的某项数值不适用于梁的某部位时，则将该项具体数值原位标注，施工时，原位标注取值优先。

1. 集中标注

集中标注表达的梁通用数值包括梁编号、梁截面尺寸、梁箍筋、上部通长筋、梁侧面构造筋和标高六项，前五项为必注值，后一项为选注值。

2. 原位标注

原位标注表达梁的特殊数值。当集中标注的某项数值不适用于梁的某部位时，则将该项具体数值原位标注。如梁支座上部纵筋、梁下部纵筋，施工时原位标注取值优先。

三、板平法施工图

楼板也称楼盖，在框架结构中分为有梁楼盖和无梁楼盖两种，一般采用平面注写方式。有梁楼盖中板的平面注写主要包括板块集中标注和板支座原位标注。

1. 板块集中标注

板块集中标注由板块编号、板厚、贯通纵筋和标高高差四部分组成。

2. 板支座原位标注

板支座原位标注内容为板支座上部非贯通纵筋和悬挑板上部受力钢筋。板支座原位标注的钢筋应在配置相同跨的第一跨注写，当在梁悬挑部位单独配置时则在原位标注。

培训项目 3 建筑构造基础知识

培训单元1　建筑物分类及等级划分

→ 了解建筑物的不同分类方式。
→ 掌握常用的建筑物类型和不同建筑类型的特点。
→ 了解建筑物的等级划分标准。
→ 掌握常用的建筑物等级划分。

一、建筑物的分类

建筑物主要是为人们提供日常生活和工作的场所，类型有很多，分类方式各异，常见的分类方式可以归纳为以下几类：按建筑使用用途、按建筑规模大小、按建筑设计使用年限、按建筑主要结构材料类型、按建筑主要结构承重方式、按建筑防火性能、按建筑耐久年限、按建筑层数、按建筑高度等。

1. 按建筑使用用途分类

按建筑使用用途可分为民用建筑、工业建筑、农业建筑和军事建筑。

（1）民用建筑

民用建筑是供人们居住和进行公共活动的建筑的总称。包括居住建筑和公共建筑。

1）居住建筑，供人们居住使用，包括住宅和宿舍。

2）公共建筑，供人们进行各种公共活动。公共建筑包括办公建筑、教育文化建筑、旅游建筑、商业建筑、博览建筑、医疗卫生建筑、体育建筑、纪念性建筑、交通运输建筑、通信建筑、宗教建筑、司法建筑、园林建筑等。

（2）工业建筑

工业建筑是供工业生产使用的建筑，包括厂房、仓库等。

（3）农业建筑

农业建筑是供农业生产使用的建筑，包括粮仓、畜禽饲养场、饲料加工厂、农具农机维修厂等。

（4）军事建筑

军事建筑是供军事上使用的建筑。

2. 按建筑设计使用年限分类

按建筑设计使用年限可分为 1 类 ~4 类建筑。

（1）1 类建筑

1 类建筑是设计使用年限 5 年的临时性建筑。

（2）2 类建筑

2 类建筑是设计使用年限 25 年、易于替换结构构件的建筑。

（3）3 类建筑

3 类建筑是设计使用年限 50 年的普通建筑和构筑物。

（4）4 类建筑

4 类建筑是设计使用年限 100 年的纪念性建筑和特别重要的建筑。

3. 按地上建筑高度或层数进行分类（民用建筑）

按地上建筑高度或层数可分为低层或多层民用建筑，高层民用建筑和超高层民用建筑。

（1）低层或多层民用建筑

低层或多层民用建筑是建筑高度不大于 27.0 m 的住宅建筑、建筑高度不大于 24.0 m 的公共建筑及建筑高度大于 24.0 m 的单层公共建筑。

（2）高层民用建筑

高层民用建筑是建筑高度大于 27.0 m 的住宅建筑和建筑高度大于 24.0 m 的非单层公共建筑，且高度不大于 100.0 m。

高层民用建筑根据其建筑高度、使用功能和楼层的建筑面积又可分为一类高层建筑和二类高层建筑。

（3）超高层民用建筑

超高层民用建筑是建筑高度大于 100.0 m 的民用建筑。

4. 按主要结构材料类型分类

按主要结构材料类型可分为木结构建筑、砖石结构建筑、混凝土结构建筑、钢结构建筑和其他结构建筑。

（1）木结构建筑

木结构建筑是以木材作为结构材料的建筑。我国古代建筑采用较多，现在由于受到自然条件等限制，应用范围较小。

（2）砖石结构建筑

砖石结构建筑是以砖、石材作为结构材料的建筑。烧制黏土砖由于取土会对耕地造成破坏，在我国现阶段已被禁止生产。

（3）混凝土结构建筑

混凝土结构建筑是以钢筋混凝土作为结构材料的建筑。通过钢筋和混凝土两种材料共同工作，很好地解决了结构构件的受力问题，是当前应用比较广泛的一种结构形式。

（4）钢结构建筑

钢结构建筑是以钢材作为结构材料的建筑。现阶段应用广泛，与钢筋混凝土结构相比，钢结构强度更高、抗震性更好，缺点是耐火性和耐腐蚀性较差。

（5）其他结构建筑

利用其他材料作为结构材料的建筑，如膜结构等。

5. 按主要结构承重方式分类

按主要结构承重方式可分为墙承重结构建筑、排架结构建筑、框架结构建筑、剪力墙结构建筑和筒体结构建筑。

（1）墙承重结构建筑

墙承重结构建筑是利用墙体作为主要承重构件的建筑。如砖墙和钢筋混凝土楼板组成的砖混结构。

（2）排架结构建筑

排架结构建筑是利用柱和屋架作为主要承重构件的建筑。

（3）框架结构建筑

框架结构建筑是利用柱、梁、板作为主要承重构件的建筑。

（4）剪力墙结构建筑

剪力墙结构建筑是利用建筑物纵向、横向钢筋混凝土墙体和梁、板作为主要承重构件的建筑。

（5）筒体结构建筑

筒体结构建筑是利用一个或多个由剪力墙围合成的筒体作为主要承重构件的建筑。适用于层数较多的高层建筑。

6. 其他结构建筑

不同类型的承重构件也可以通过组合作为建筑的主要承重构件，如框支剪力墙结构、框架－剪力墙结构、框架－筒体结构、筒中筒结构、束筒结构等。

二、建筑物的等级划分

建筑物除了可以按照不同的方式进行分类外，还可以按照建筑物在某方面的性能或设计要求等进行不同等级标准的划分，如按照耐火性能、防水性能等进行分级。

1. 耐火等级

民用建筑的耐火等级按建筑相应构件的燃烧性能和耐火极限从高到低可分为一、二、三、四级。

不同耐火等级建筑相应构件的燃烧性能和耐火极限不应低于《建筑设计防火规范》（GB 50016—2014）中的规定，用小时（h）表示。

地下或半地下建筑（室）和一类高层建筑的耐火等级不应低于一级。单层、多层重要公共建筑和二类高层建筑的耐火等级不应低于二级。

2. 防水等级

建筑物的地下室和屋面等都对防水有相应的设计要求，根据建筑物的性质、重要程度、地域环境、使用功能要求以及防水层设计使用年限等对建筑物的防水等级进行划分。

（1）地下工程的防水等级

地下工程的防水等级分为一、二、三、四级。一级防水标准不允许渗水，结构表面无湿渍；适用于人员长期停留的场所。二级防水标准不允许渗水，结构表面可有少量湿渍；适用于人员经常活动的场所。三级防水标准允许有少量漏水点，不得有线流和漏泥沙；用于一般战备工程和人员临时活动的场所。四级防水标准允许有漏水点，不得有线流和漏泥沙；用于对渗漏水无严格要求的工程。

（2）屋面工程防水等级分

屋面工程防水等级分为Ⅰ级和Ⅱ级。Ⅰ级适用于重要建筑和高层建筑，设防要求为两道防水。Ⅱ级适用于一般建筑，设防要求为一道防水。

培训单元2　建筑物的构造组成

→ 掌握建筑物的构造组成。
→ 掌握不同建筑构件的设计要求和常见构造做法。
→ 熟悉相关的建筑设计规范要求。

一、基础

1. 地基与基础

（1）地基

建筑物是坐落在地基之上的，地基是建筑物下面能够提供一定承载力的土体或岩体。地基可分为天然地基和人工地基。

天然地基是不需要进行人工加固就能满足一定承载力的天然土体或岩体。可作为建筑地基的常见土层有岩石、碎石、砂土、粉土、黏土等。

人工地基也称为复合地基，是需要进行人工加固后才能形成一定承载力的土体或岩体，常用的加固方法有换土垫层、机械碾压及夯实、深层密实（碎石桩）、深层搅拌（粉喷桩）等。

（2）基础

建筑物的基础是指埋在地面以下，底部与地基相接，能将建筑上部荷载有效地传递给地基的承重构件。可以理解为建筑物的墙或柱子在地下的扩大部分。

建筑物室外设计地面到基础底面的深度被称为基础埋深。基础埋深不宜小于 500 mm。基础埋深不大于 5 m 的基础称为浅基础，基础埋深大于 5 m 的基础称为深基础。

基础埋深与地基情况、地下水位高度、冻土深度、建筑物自身特点等因素有关。一般基础底面应埋在最高地下水位以上或最低地下水位以下 200 mm（地下水位较高时）；如果存在冻胀情况，基础底面应埋在冻土线以下 200 mm。

2. 基础的分类

（1）按照基础的形式分类

按照基础的形式可分为独立基础、条形基础、筏形基础、箱形基础、桩基础等。

1）独立基础。常用于柱承重的结构中，常见的剖面形式有阶形、坡形和杯形等。

2）条形基础。也叫带形基础，可分为墙下条形基础、柱下条形基础和交叉条形基础。墙下条形基础常用于地基承载力较好的墙承式结构；柱下条形基础适用于在软地基上，柱下基础承受荷载较大，如果采用独立基础会产生不均匀沉降的排架结构或框架结构；交叉条形基础也可称为双向柱下条形基础，适用于单柱荷载较大，采用条形基础无法满足地基承载力要求的框架结构。

3）筏形基础。可分为平板式筏形基础和梁板式筏形基础。当建筑物上部荷载较大而地基承载力又较差，采用独立基础或条形基础不能满足要求时，将墙和柱下基础连成一片，就形成了筏式基础。当柱间距较小、等柱距时，可采用平板式筏式基础；柱间距较大时，一般采用梁板式筏形基础。

4）箱形基础。它是由底板、顶板、外墙和纵横内隔墙构成的现浇钢筋混凝土整体空间结构，刚度和整体性好，能有效防止基础的不均匀沉降，适用于荷载较大或上部荷载分布不均匀，对不均匀沉降要求很严格的高层或重型建筑等。

5）桩基础。它是将深入地下土层或持力层中的若干根桩通过顶部承台连接成整体，共同承受上部构件所传递的荷载，是一种深基础。桩基础按施工方法可分为预制桩和灌注桩两种，按桩的受力特点可分为摩擦桩、端承摩擦桩和端承桩。桩基础的特点是承载力高、稳定性好、沉降量小，也比较均匀。

在地质情况比较复杂，理想持力层位置较深，地下水位较高，建筑物使用对不均匀沉降比较敏感，对地基土有特殊要求等情况下可考虑采用桩基础。

（2）按基础的使用材料分类

按基础的使用材料可分为砖基础、石基础、混凝土基础、钢筋混凝土基础等。

1）砖基础取材方便，价格便宜，砖的强度不低于 MU10，砌筑砂浆强度不低于 M5，适用于中小型建筑，其缺点是抗冻性较差，强度和耐久性一般。

2）石基础分为毛石基础和料石基础。毛石基础可灌浆或砌筑施工，石材强度不低于 MU25，毛石大小要进行搭配，分层灌浆或砌筑，砂浆强度不低于 M5，可用于低层、多层建筑基础。

3）混凝土是以水泥为主要胶凝材料，与水、砂和石子等按一定比例混合，浇筑养护而形成的一种人造石材。

素混凝土结构的强度等级不应低于 C15，钢筋混凝土结构的强度等级不应低于 C20。混凝土基础的抗压强度、耐久性和抗冻性都较好，缺点是自重较大，容易产生裂缝。

4）钢筋混凝土是将钢筋和混凝土两种材料结合成整体、共同受力的一种建筑材料。钢筋混凝土基础除了具备混凝土基础的优点外，还可以在同等面积的基础底面情况下节省材料、降低基础的高度，在建筑的基础设计中被广泛采用。

（3）按基础的受力特点和材料性能分类

按基础的受力特点和材料性能可分为无筋扩展基础（刚性基础）和扩展基础（柔性基础）。

1）无筋扩展基础是由砖、毛石、混凝土或毛石混凝土、灰土和三合土等材料制作的，且不需配置钢筋的墙下条形基础或柱下独立基础。一般由抗压强度高、抗拉和抗剪强度较低的刚性材料制作的基础被称为刚性基础，刚性基础的底面宽度受到材料的刚性角限制。

2）扩展基础是通过在混凝土中配置钢筋来满足基础的承载力要求，混凝土和钢筋共同工作，使得基础可以不受材料的刚性角限制，向侧面扩展出一定底面积的基础。扩展基础要求混凝土强度不低于 C20。

二、地下室

地下房间的地面到室外设计地面平均高度大于房间平均净高的 1/2 的称为地下室。地下房间的地面到室外设计地面平均高度大于房间平均净高的 1/3 但不大于 1/2 的称为半地下室。

1. 地下室防水、防潮要求

地下室和半地下室至少有一部分墙体和底板是埋在地下的，根据地下室底板与设计最高地下水位的关系，地下室和半地下室要进行防潮或防水处理。

2. 地下室结构设计要求

建筑物的地下室是由顶板、侧墙和底板围合而成的，同时包括楼（电）梯、坡道、门窗、采光井等建筑构件。

地下室的墙体除了要承受建筑物上部的荷载之外，还要承受周围土体的侧向压力，同时地下室的侧墙还有防水和防潮要求，因此须采用防水钢筋混凝土墙体，厚度不小于 250 mm。

地下室的底板承受地面的恒荷载（如地面自重、固定设备等）和活荷载（如人员、车辆等）。地下室底板一般都有防水、防潮要求，因此须采用防水钢筋混凝土，厚度不小于 250 mm。

3. 地下室防水做法与抗渗等级

地下室是建筑物被埋在地下的部分，为了保证地下室的正常使用，就需要对地下室进行有效的防水处理，以防止地下水及地上滞留水对地下室的渗透。防水处理方法可分为外防水和内防水两种。

（1）地下室防水做法

1）外防水（外贴法）。外防水就是在地下室的底板或侧墙的外侧（迎水面）增加防水处理。可以根据不同防水等级的设防要求，选用铺贴防水卷材、防水板、涂刷防水材料、防水砂浆等做法，与地下室底板和外墙主体结构的防水混凝土一起构成防水屏障，达到规范要求的地下室防水标准，满足地下空间的正常使用。

外防水可以对地下室主体混凝土结构形成一个整体的围护，防水效果较好。其缺点是需要对防水层进行保护，保护层可用半砖或苯板等材料，施工工期较长。

外防水做法常用于新建工程的地下室。

2）内防水（内贴法）。与地下室外防水相反，内防水是将防水材料设置在地下室的底板或侧墙的内侧（非迎水面），同样也需要根据不同防水等级的设防要求与地下室底板和外墙主体结构的防水混凝土一起达到规范要求的防水标准。

内防水由于防水层在主体结构的内侧，一般是在地下室完成后施工，不影响工期。其缺点是对防水材料质量和施工要求较高，要与主体材料结合牢固，以保证防水效果。

内防水常用于改建、修缮等工程。

（2）抗渗等级

混凝土的抗渗性可用抗渗等级来表示。抗渗等级（P）按标准试件在28天龄期所能承受的最大水压来确定，可以划分为P4、P6、P8、P10、P12、≥P12等不同级别。

防水混凝土的抗渗等级要求不得小于P6，结构厚度不应小于250 mm。

4. 地下室构造详图

以常见的新建工程地下室外防水做法为例，地下室外墙和底板构造详图如图2-3-1所示。

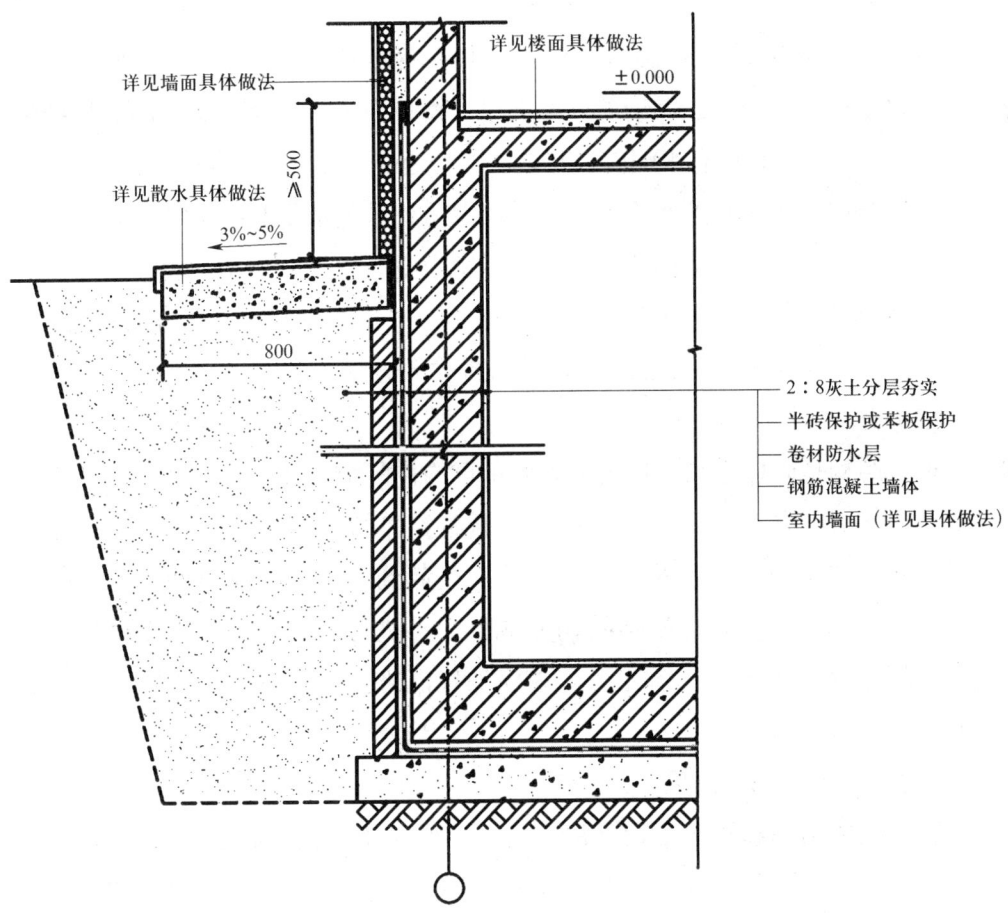

图2-3-1 地下室外墙和底板防水构造详图

三、墙体

墙体是围合和划分建筑物使用空间的主要构件，根据墙体的使用材料来划分，可以分为砖墙、石墙、混凝土墙、金属彩板墙等；按照墙体的不同受力情况来分，可分为承重墙和非承重墙。承重墙是承受上部结构荷载（包括屋面荷载、楼面荷载和自重等）的墙体，非承重墙是不承受上部结构荷载，只起到分隔和围护房间作用的墙体。

1. 常见墙体

（1）砌体结构墙体

砌体结构是以不同材料的砌块和胶结材料砌筑而成的墙体或柱作为主要承载构件的结构，常见的砌块按照尺寸大小可分为小型砌块（115~380 mm）、中型砌块（380~980 mm）和大型砌块（大于980 mm），每种尺寸类型的砌块又包括实心砌块和空心砌块。

砌体结构是低层、多层建筑经常采用的一种结构形式，是以砖墙（砌块）作为主要竖向受力构件，以钢筋混凝土梁、楼板作为水平受力构件的一种结构体系。常用的砌块材料有水泥砖、灰砂砖、普通烧结砖等。

砌体结构的墙体承重方式可分为横墙承重、纵墙承重和纵横墙混合承重三种。横墙承重的特点是结构整体性好，但室内空间较小。纵墙承重的特点是可以获得较大的使用空间，但结构整体性一般。纵横墙承重可以根据使用需求，在满足一定的结构整体性情况下，需要获得较大的使用空间。

（2）框架结构墙体

框架结构是以柱、梁、板作为主要承重构件的结构体系，荷载通过楼板传递给梁，再通过梁传递给柱，通过柱子传递给基础，最后传递给地基。在框架结构中，竖向承重构件是柱子，墙体只是起到围护和分隔空间的作用，不承受荷载，墙体一般是在框架结构完成以后再进行填充施工，所以也称为填充墙，属于非承重墙体。填充墙可采用加气混凝土块、空心砌块等轻质保温材料。

（3）其他结构形式的墙体

除了砌体结构和框架结构，常见的结构形式还有剪力墙结构、筒体结构、框架-剪力墙结构、框架-筒体结构等，这些结构形式一般用于高层或超高层建筑结构中，主要承重构件是钢筋混凝土剪力墙、柱、筒体等，填充墙体也是非承重墙，可采用加气混凝土块、空心砌块等材料。

现阶段除了钢筋混凝土结构，钢结构应用也比较广泛。钢结构是以钢柱、钢梁和钢板等作为主要承重构件的一种结构体系。钢结构的外围护墙体和内部空间分隔墙体可采用压型钢板、加气混凝土砌块等材料。

木结构和石结构也会在一些低层建筑中有所采用。

(4)轻质隔墙

常见的轻质隔墙大致可分为轻质块材隔墙、轻质板材隔墙和轻质骨架隔墙三种。

1)轻质块材隔墙。轻质块材隔墙可采用加气混凝土块、空心砌块等轻质材料现场砌筑,墙厚一般为半砖厚(120 mm、100 mm)。

2)轻质板材隔墙。轻质板材隔墙的板材一般为条板,如轻质混凝土隔墙板、石膏空心板、水泥陶粒板、复合夹芯板等,现场安装,施工速度快。墙体可直接落在楼板上。

3)轻质骨架隔墙。轻质骨架隔墙由骨架和面层两部分组成,按骨架使用材料又可分为木质骨架隔墙和金属骨架隔墙两种。施工顺序是先立骨架,后贴面板。

面层可有多种材料选择,如木板、石膏板、水泥板、铝塑复合板等。

面层与龙骨的固定可采用粘贴、卡扣、射钉、螺钉固定等方式。

(5)其他常见材料墙体

1)玻璃墙。玻璃墙可分为玻璃砖墙和玻璃板墙两种。玻璃墙体一般不作为承重墙体,仅作为分隔房间使用。

2)金属墙。金属墙是以金属材料作为房间围护和分隔材料的墙体。金属墙体一般也不承重,用在建筑外墙上的大面积金属墙体也被称为金属幕墙。常用的金属墙体材料有彩色钢板、铝板、铝塑板等。金属板墙的优点是自重轻、强度高、安装方便,缺点是防火、隔热、隔声性较差。

2. 墙身构件

(1)室外散水

散水是墙身的室外配件,是为了快速排除墙体周边的雨水,保护地面下的墙身、基础、地基等免受侵蚀而设置的建筑构件。散水常用材料为混凝土,宽度一般为600~1 000 mm,排水坡度3%~5%,散水外沿高出室外地坪20~50 mm。

混凝土散水应设伸缩缝,间距宜为4~6 m。散水与墙身交接处也应留缝,缝宽为15~20 mm,缝内填充柔性密封材料。室外散水构造详图如图2-3-2所示。

(2)墙身防潮层

防潮层是为了防止地下水分进入建筑墙身而设置的阻断材料层。

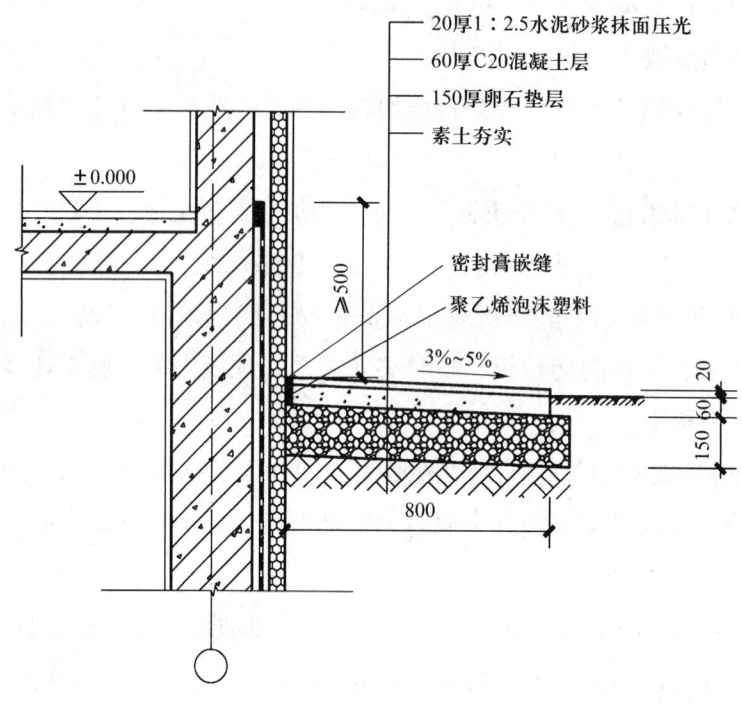

图 2-3-2 室外散水构造详图

1）墙身防潮层的位置。如果建筑地面是不透水材料，防潮层一般设在地面以下 60 mm 处，同时应高出室外地面 150 mm。如果墙体两侧的室内地面有高差，则应在地面较高一侧的墙体设置竖向防潮层。墙身防潮层位置详图如图 2-3-3 所示。

如果建筑地面是透水材料，防潮层则设置在地面以上或与室内地面平齐的位置。

2）墙身防潮层的做法。常见的做法有以下几种：

①防水砂浆防潮层。用 1:2 水泥砂浆掺 3%~5% 防水剂配制成防水砂浆，在防潮层位置抹 20~30 mm 厚，或用防水砂浆砌筑三皮砖作为防潮层。

②细石混凝土防潮层。在防潮层位置浇筑 60 mm 厚配筋细石混凝土（加防水剂）。

③油毡防潮层。先抹 1:2 水泥砂浆 20 mm 厚找平，上铺防潮油毡作为防潮层。有抗震设防要求的建筑，其墙身水平防潮层不应采用油毡防潮层。

（3）勒脚

勒脚是建筑外墙与室外地面或散水接触的防潮加强（加厚）部分，主要作用是防止落到散水部位的屋面雨水反溅墙面以及其他地面水侵蚀墙身。勒脚要满足防潮、坚固耐用和美观等要求，常见做法有抹灰勒脚、贴面勒脚等。如果墙体材料

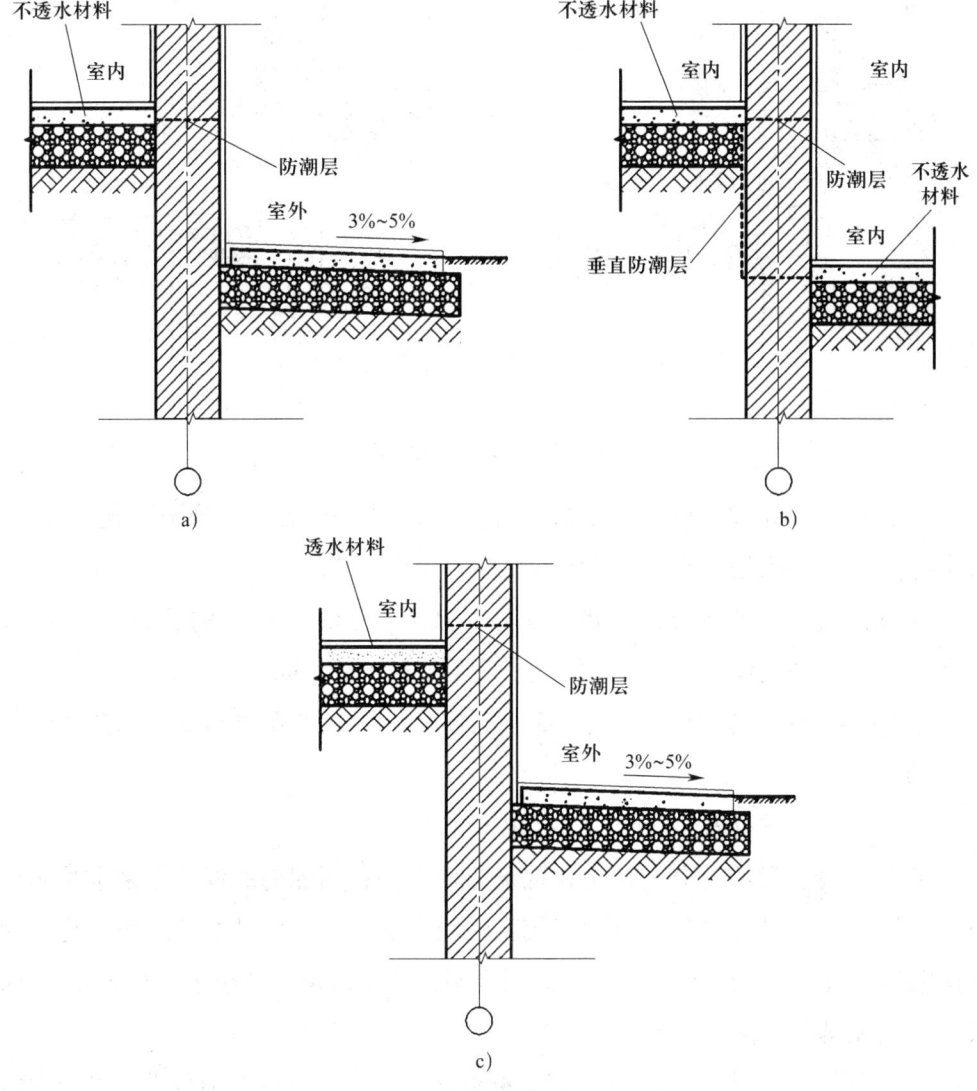

图 2-3-3 墙身防潮层位置详图

a）室内地面垫层为不透水材料　b）墙体两侧室内地面有高差　c）室内地面垫层为透水材料

采用的是不透水的石材或混凝土等材料，则对勒脚部分可不进行防潮特别处理。

勒脚应与散水、墙身防潮层共同构成一个墙身防潮体系，勒脚的高度可以根据室内外高差和设计具体情况进行确定，常见高度 600～900mm。勒脚构造详图如图 2-3-4 所示。

（4）门窗洞口

1）门窗过梁。过梁是设置在砌块墙体的门窗洞口上方，承载洞口上部墙体所传来荷载的承重构件。常见的有平拱砖过梁、钢筋砖过梁、弧拱砖（石）过梁、钢筋混凝土过梁等。

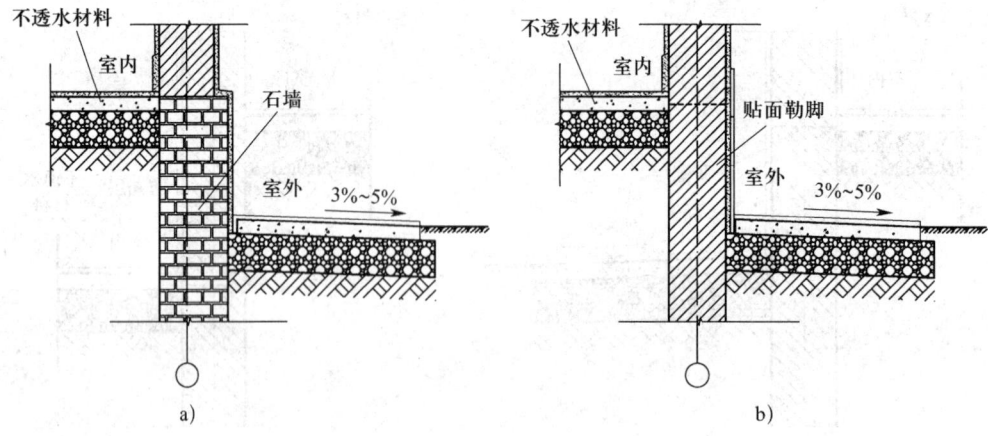

图 2-3-4 勒脚构造详图

平拱砖过梁是将砖侧砌,灰缝上宽下窄,通过砖之间的挤压形成拱效应。平拱砖过梁的特点是节省钢筋,但承载能力较小,跨度不宜大于 1 200 mm。

钢筋砖过梁是先预支好模板,在底面做不小于 30 mm 厚的配筋水泥砂浆,上面砌砖的一种过梁做法。过梁跨度一般不超过 1 500 mm。

弧拱砖(石)过梁是利用砖(石)材料砌筑而成的弧拱承受上部荷载的一种过梁做法。

上述的三种过梁做法现阶段都已很少采用。

钢筋混凝土过梁可分为预制和现浇两种,是利用配筋的混凝土来承受洞口上部的荷载,承载能力强,可用于较宽的门窗洞口,适应性好,应用广泛。钢筋混凝土过梁一般与墙体同宽,梁高根据洞口宽度确定,不小于 120 mm。钢筋混凝土过梁详图如图 2-3-5 所示。

2)窗台。窗台是洞口下面托着窗框的平直部分。以窗框为分界,可分为内窗台和外窗台,内窗台可排除室内窗户冷凝水,保护室内墙面,也可以摆放一定的物品。外窗台的主要作用是排除沿窗户流下来的雨水,保护外墙面。

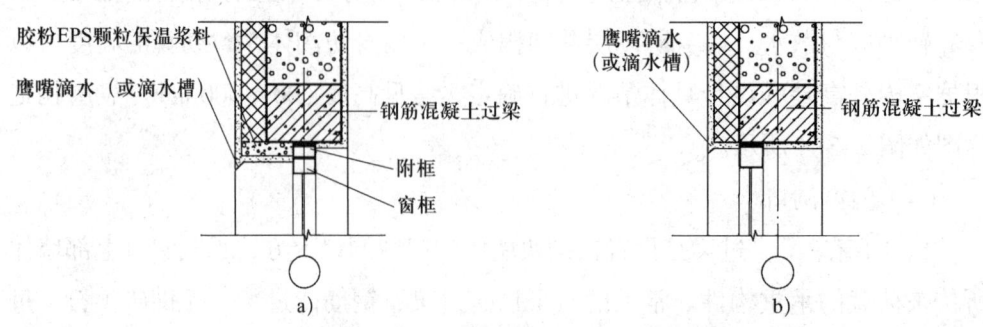

图 2-3-5 钢筋混凝土过梁详图

外窗台的做法可分为出挑和不出挑两种。不出挑窗台的宽度与墙体平齐，窗台长度与洞口尺寸一致。出挑窗台可采用挑砖或混凝土，出挑 60 mm，常见厚度 60～120 mm，窗台长度一般超出洞口宽度 120 mm 左右。

外窗台面层可采用水泥砂浆抹灰或贴面处理，排水坡度 3%～5%，出挑窗台下应做滴水处理。内窗台可根据后期装修标准选用不同的材料，窗台面一般不找坡。窗台详图如图 2-3-6 所示。

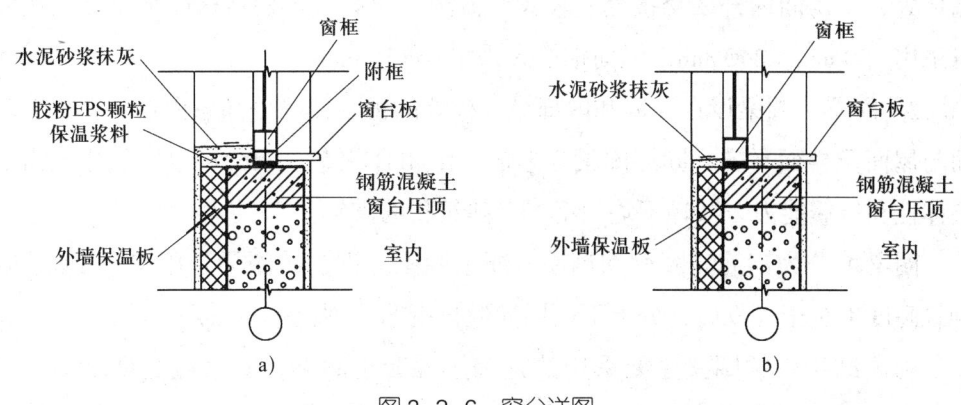

图 2-3-6　窗台详图

公共建筑临空外墙的窗台距离楼地面的净高不能小于 800 mm，否则应设防护设施，防护设施的高度应不小于 800 mm。

住宅建筑临空外墙的窗台距离楼地面的净高不能小于 900 mm，否则应设防护设施，防护设施的高度应不小于 900 mm。

3）窗楣和窗套。窗楣和窗套都是窗洞口突出墙面的装饰性构件，窗楣是指窗户上部的装饰构件，窗套指是窗户立边的装饰构件。窗楣和窗套详图如图 2-3-7 所示。

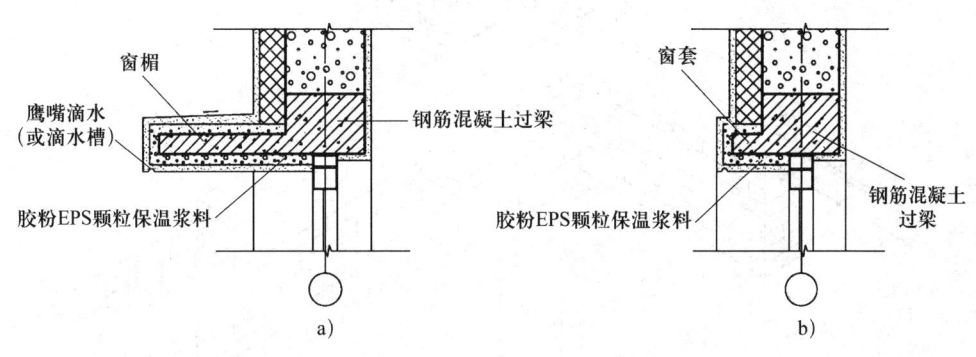

图 2-3-7　窗楣和窗套详图
a）窗楣　b）窗套

（5）构造柱和圈梁

在抗震设防地区，为增加砌体结构的整体性和稳定性，在砌筑的过程中会设置一定的构造柱和圈梁，并通过拉结钢筋将砌块和构造柱、圈梁连在一起，提高建筑物的抗震能力。

1）构造柱。构造柱是建筑物的一种抗震构造措施，不是承重柱。构造柱的设置部位一般在外墙四角及对应转角，楼、电梯四角及楼梯梯段上、下端对应墙体处，大房间内外墙交接处、较大门窗洞口两侧等。构造柱的最小截面尺寸可采用 180 mm × 240 mm，纵向钢筋宜采用 $4\phi12$ mm。

2）圈梁。圈梁设在外墙和内部纵、横墙的每层楼面处和屋面处，圈梁上表面与屋面及楼面平齐，同层圈梁应形成一个闭合状态。圈梁可以增强建筑物的整体性和抗震能力，减轻不均匀沉降对建筑物的破坏。

圈梁可分为钢筋砖圈梁和钢筋混凝土圈梁。钢筋砖圈梁是用 M5 水泥砂浆砌筑高度不少于 5 皮砖，分上下两层配通长钢筋，现已很少采用。

砌体结构中的圈梁主要采用的是钢筋混凝土圈梁，圈梁截面高度不小于 120 mm，基础圈梁截面高度不小于 180 mm，配筋不小于 $4\phi12$ mm。构造柱与圈梁示意图如图 2-3-8 所示。

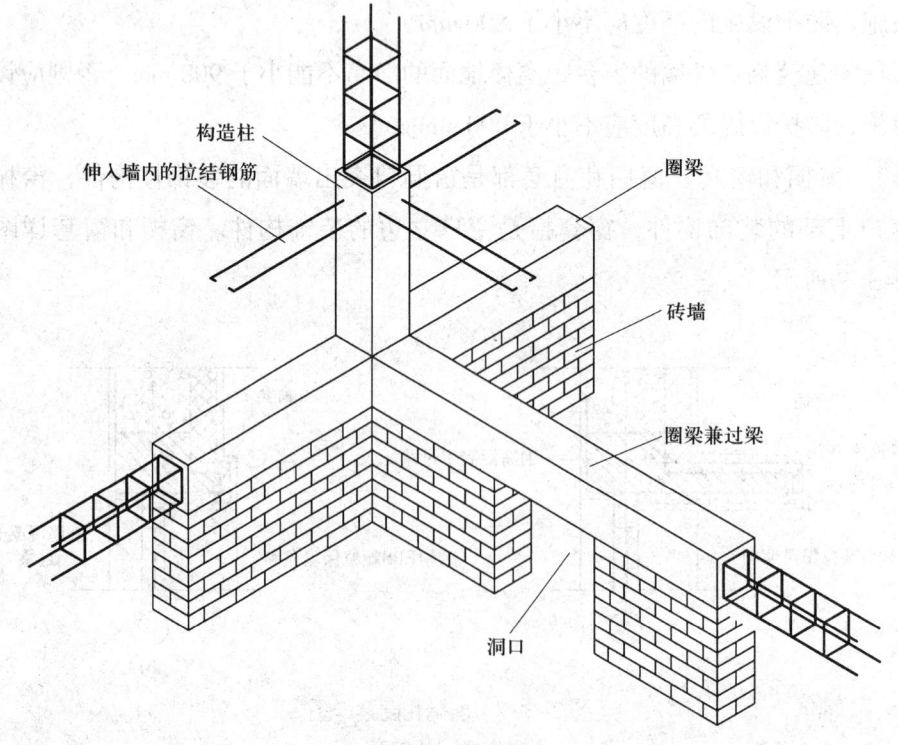

图 2-3-8 构造柱与圈梁示意图

四、楼（地）面

1. 楼（地）面设计要求

（1）楼面的组成和设计要求

楼面是指建筑物底层以上的所有楼层中能供人员活动使用的水平面。楼面由顶棚、结构层（楼板）、附加层、面层等组成。

1）顶棚。顶棚是附着在楼面的下层空间顶部装饰面，可分为直接式顶棚和悬挂式顶棚两种。直接式顶棚就是将装饰材料直接涂刷或粘贴在结构楼板的下面；悬挂式顶棚也称为吊顶，是通过结构板底的吊筋将装饰材料悬挂在楼板下面的一种装饰做法。

2）结构层。楼面结构层是指楼层的主要水平承载构件，常见的有钢筋混凝土现浇楼板、预制钢筋混凝土楼板以及压型钢板混凝土组合楼板等。

3）附加层。附加层是指当楼面有防水、防潮、保温等特殊要求时，需要在结构层之上增设相应的构造处理而增加的构造层次。

4）面层。面层是楼面的装饰层，应满足平整、耐磨、易清洗、健康环保等要求，可采用水泥砂浆、面砖、石材等多种材料，可根据设计需要进行选择。

（2）地面的组成和设计要求

地面是指建筑物的最底层与建筑下部土壤直接接触的供人员活动使用的室内水平面。地面由基层、垫层、附加层和面层等组成。

1）地面的基层是素土夯实，夯实后的素土用来承受垫层传递的荷载。

2）垫层材料可采用混凝土垫层、碎石垫层、灰土垫层、砂垫层等，主要作用是承受地面荷载，通过夯实的素土层传递给地基。

3）地面的附加层，设计要求同楼面附加层。

4）地面的面层，设计要求同楼面面层。

2. 楼（地）面构造做法

在建筑构造设计中，一般以面层材料来作为楼面、地面做法的名称，如水泥砂浆地面、大理石地面、木地板地面、陶瓷地砖地面等。以楼面、地面的面层标高作为建筑完成面的标高，一般把人员经常出入的首层平面定为 ±0.000 m，上面楼层的标高为正，下面楼层的标高为负。需要做防水处理的房间（如卫生间等），地面应向地漏方向找坡，非浴区排水坡度不宜小于0.5%，浴区排水坡度不宜小于1.5%。完成面的标高比同楼层相邻房间的楼面、地面标高低5~15 mm。地面构造做法详图如图2-3-9所示,楼面构造做法详图如图2-3-10所示。

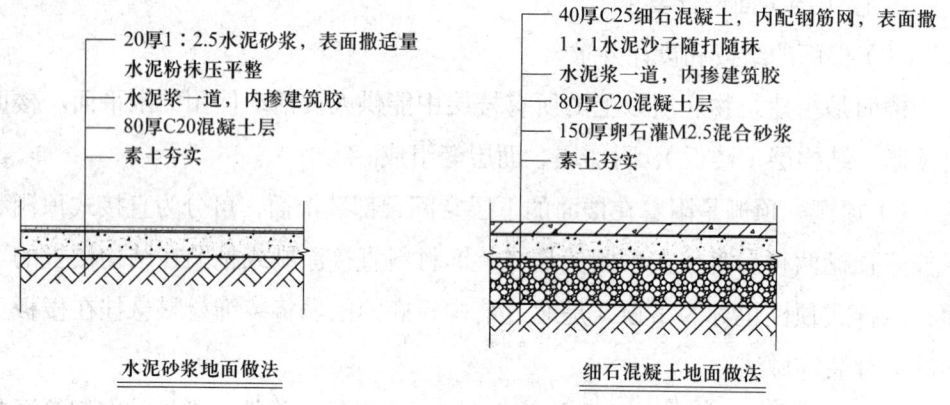

图2-3-9 地面构造做法

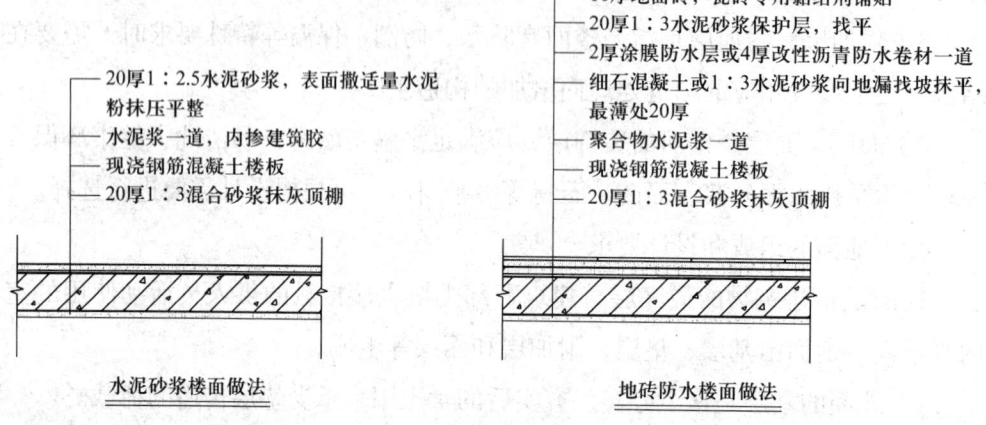

图2-3-10 楼面构造做法

3. 阳台

(1) 阳台的分类

阳台可以看作是楼板的延伸,是楼板的一部分。

1) 钢筋混凝土阳台根据施工方式可分为现浇式和装配式两种。现浇式阳台是在现场预支模板,绑扎钢筋后现场浇筑混凝土一次成型的阳台。装配式阳台是将阳台构件在工厂预制,经工地现场组装完成的阳台。现浇式阳台的优点是整体性好,缺点是施工工期会较长;装配式阳台的优点是施工周期短,缺点是整体性较差。

2) 根据阳台的结构形式可分为挑板式阳台和挑梁式阳台。挑板式阳台是通过楼板悬挑出建筑主体而形成的阳台;挑梁式阳台是在阳台的两侧伸出挑梁,在挑梁上再布置楼板而形成的阳台。

3）根据阳台的三面围合情况可分为封闭阳台和非封闭阳台。封闭阳台是阳台的三个面都用墙体或玻璃等围合成一个封闭空间；非封闭阳台是阳台至少有一个面是开敞的，形成一个开敞或半开敞空间。

（2）阳台的设计要求

非封闭阳台应考虑防水处理和排水设施，完成面应向地漏方向找坡。非封闭阳台的完成面标高宜比相邻室内房间的楼面完成标高低 15~20 mm。

阳台临空处应设防护栏杆（板），栏杆应坚固耐久。常见的栏杆（板）有金属栏杆、木栏杆、混凝土栏板、玻璃栏板、组合栏杆（板）等。

栏杆临空高度在 24 m 以下时，栏杆高度不应低于 1.05 m；临空高度在 24 m 及以上时，栏杆高度不低于 1.1 m。

阳台栏杆离地面 0.10 m 高度内不宜留空，儿童活动场所的栏杆应采用防攀爬构造。当用垂直杆件作为栏杆时，垂直杆件的净距不应大于 0.11 m。

4. 雨棚

雨棚是设在建筑物的人员出入口上方的楼板，主要有防雨、防晒、防坠物以及丰富建筑立面造型等作用。

（1）雨棚的分类

根据雨棚的结构形式可分为悬挑式、悬挂式和支承式雨棚。

（2）雨棚的设计要求

1）钢筋混凝土悬挑雨棚可作为楼板的延伸，分为挑梁式和挑板式两种。挑出长度一般为 900~1 500 mm。雨棚由于处于室外环境，需要考虑雨棚的防水和排水问题。面积小的雨棚可以考虑自由落水，面积较大的雨棚应考虑有组织排水，可按屋面排水进行设计。

2）悬挂式雨棚大多采用轻质高强结构材料的雨棚构件，通过预埋件焊接、底部支撑、顶部拉结等方式将雨棚固定在建筑主体上。钢结构雨棚是采用较多的一种悬挂式雨棚，根据雨棚使用材料可分为钢结构玻璃雨棚、钢结构铝板雨棚、钢结构 PC（聚碳酸酯）板雨棚、钢结构彩钢板雨棚等。

3）挑出建筑物的距离较大，需要在室外通过增加墙体或柱子来实现支承的雨棚，被称为支承式雨棚。这种雨棚一般体量比较大，造型庄严雄伟，在一些体量较大的建筑上经常会被采用。支承式雨棚的屋面应采用有组织排水处理，防水处理同屋面。

五、屋面

1. 屋面的设计要求

（1）安全要求

屋面作为承重构件，要承受结构自重、设备、雨、雪、温差变形以及检修、施工等荷载，必须满足一定的强度和刚度，保证在正常使用的情况下不产生破坏。

（2）防水要求

屋面直接与雨水、雪水等接触，为防止建筑物在使用的过程中出现漏水、渗水等现象，需要对屋面进行防水设计。

屋面防水工程应根据建筑物的重要程度和类别，以及使用功能要求等来确定防水等级，并应按相应等级进行防水设防。屋面防水等级分为Ⅰ级和Ⅱ级。Ⅰ级防水适用于重要的建筑和高层建筑，按两道防水设防。Ⅱ级防水适用于一般建筑，按一道防水设防。

（3）保温、隔热要求

建筑物作为日常生活、工作的场所，应能提供相对舒适的室内环境。屋面是与大气直接接触的建筑物顶面，大量的热量会通过屋面进行交换，为防止室内温度过低或过高，需要在屋面设计中采取一定的保温或隔热措施，以保证建筑内部空间的正常使用。

屋顶保温材料可采用导热系数小（热阻大）的材料来阻止或减缓室内热量的向外传递。屋顶的隔热可采用增加隔热材料、设置通风间层、蓄水种植、反射遮阳等措施来阻止或减少室外热量传入室内。

（4）防火要求

建筑材料按照燃烧性能分级，可分为 A 级（不燃材料）、B1 级（难燃材料）、B2 级（可燃材料）、B3 级（易燃材料）。

屋面的保温和隔热等材料的选用应满足防火设计的要求。当屋顶基层采用耐火极限不小于 1 h 的不燃烧体材料时，屋顶保温层材料不低于 B2 级；其他情况下屋顶保温材料的燃烧性能不应低于 B1 级。

（5）美观要求

屋顶作为建筑物构成的一部分，要满足建筑造型、艺术等多方面的美观要求，展现建筑性格和地方文化特点，通过采用不同的建筑处理手法，来取得良好的艺术效果。

（6）其他要求

屋顶设计除了要满足以上设计要求外，还应根据建筑的实际使用需要，满足如消防疏散、隔声、环境协调等多方面的设计要求。

2. 屋面的分类

（1）按照屋面的坡度进行分类，可分为平屋面（一般屋面坡度不大于5%）和坡屋面（一般屋面坡度大于10%）。

平屋面的排水坡度一般为2%～3%，可采用结构找坡和材料找坡两种方式。当采用结构找坡时，坡度不应小于3%；当采用材料找坡时，宜采用质量轻、吸水率低和有一定强度的材料，坡度宜为2%。

（2）按照屋面的排水方式分类，可分为无组织排水屋面和有组织排水屋面。

无组织排水是雨水直接从屋檐滴落至地面，构造简单，其缺点是会溅湿底层墙面。适用于低层建筑或檐高不大于10 m的屋面。

有组织排水是通过屋面找坡将雨水进行收集，通过排水设施将雨水排至地面或地下管沟（网）。其优点是可以防止雨水溅湿墙面，缺点是成本较高。有组织排水是被广泛采用的一种屋面排水方式。

有组织排水还可分为外排水和内排水，外排水是屋面雨水通过有组织收集，在建筑物的外部通过沿外墙设置的雨水管将雨水排至地面或管沟（网）；内排水是屋面雨水经过有组织收集，在建筑物的内部通过沿墙或柱设置的雨水管将雨水排至地下管沟（网）。

（3）按照屋面是否保温分类，可分为保温屋面和非保温屋面。

（4）按照屋面是否上人分类，可分为上人屋面和非上人屋面。

（5）按照屋面材料分类，可分为钢筋混凝土屋面、瓦屋面和金属屋面等。

3. 平屋面的构造层次

屋面工程设计应遵循"保证功能、构造合理、防排结合、优选用材、美观耐用"的原则。根据屋面的设计要求，以防水保温平屋面为例，主要构造层次包括结构层、防水层和保温层，辅助层次包括找平层、找坡层、结合层、隔汽层、保护层、隔离层等。

屋面根据保温层和防水层的上下位置关系可分为正置式屋面和倒置式屋面。正置式屋面的做法是将保温层放在防水层之下，在保温层的下面设置隔汽层。倒置式屋面的做法是将保温层放在防水层之上，保温层应选用憎水性的保温材料。

（1）非上人屋面

非上人屋面是指屋面仅留有铁爬梯或检修上人孔等设施，在正常使用情况下，不提供人员平时活动使用的屋面。非上人正置式保温防水平屋面的具体构造自下到上包括以下层次：顶棚层、结构层、找坡层、找平层、结合层、隔汽层、保温层、保护层（保护保温层）、结合层、防水层、隔离层、保护层（保护防水层）等。

正置式保温防水非上人平屋面构造详图如图2-3-11所示。

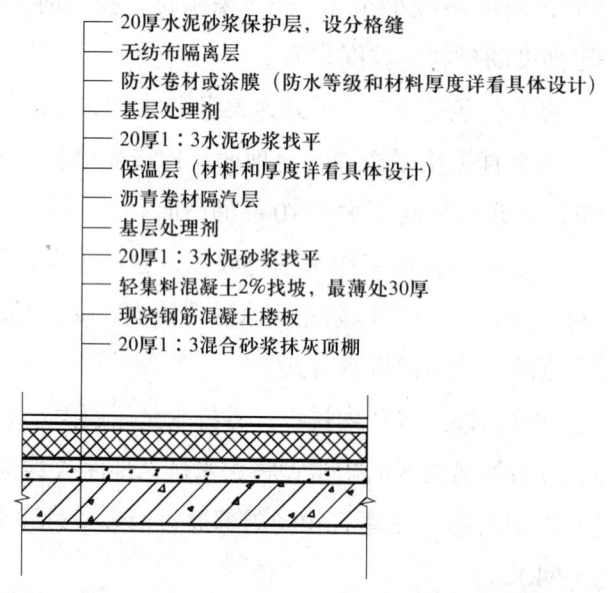

图2-3-11　正置式保温防水非上人平屋面构造详图

（2）上人屋面

上人屋面是将建筑物的楼梯间通至屋面，人员可以将屋面作为室外活动场地使用的屋面。上人屋面与非上人屋面的区别是面层做法不一样，其他构造层次基本相同。

正置式保温防水上人平屋面的具体构造层次为（自下到上）：顶棚层、结构层、找坡层、找平层、结合层、隔汽层、保温层、保护层（保护保温层）、结合层、防水层、隔离层、面层等。面层材料可采用混凝土板、地砖、石材等。正置式保温防水上人平屋面构造详图如图2-3-12所示。

（3）倒置式屋面

倒置式屋面是将保温层放在防水层之上，保温层应选用憎水保温材料。

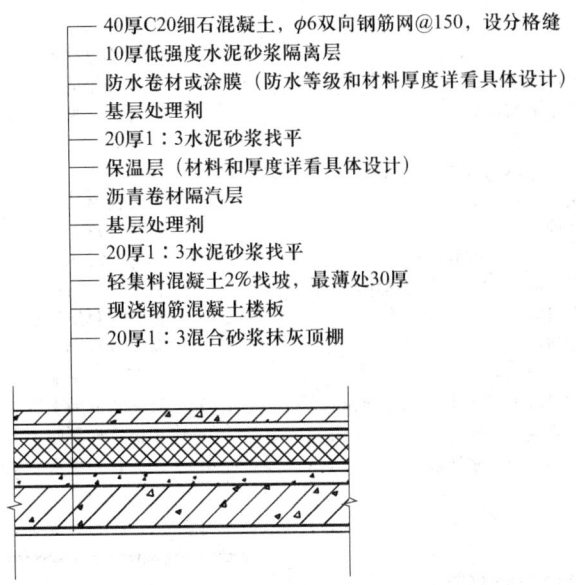

图 2-3-12　正置式保温防水上人平屋面构造详图

以倒置式保温防水上人平屋面为例，构造层次如下（自下而上）：顶棚层、结构层、找坡层、找平层、结合层、防水层、保护层（保护防水层）、保温层、隔离层、面层等。倒置式保温防水上人平屋面构造详图如图 2-3-13 所示。

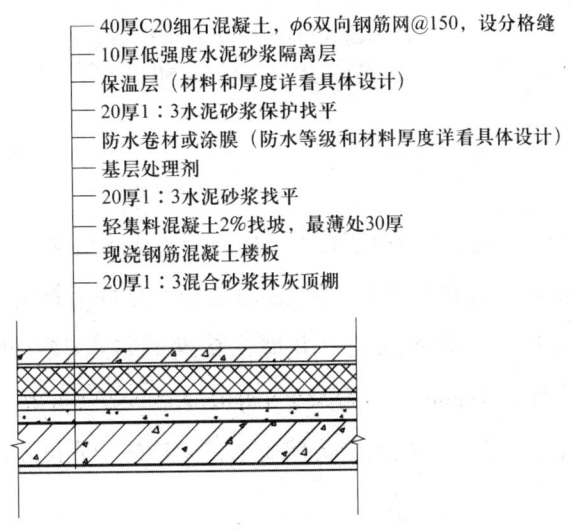

图 2-3-13　倒置式保温防水上人平屋面构造详图

（4）通风隔热屋面

为了防止室外热量通过屋面传入室内，可通过采取屋面铺设隔热材料层、加强通风处理、增加屋面蓄水层、铺贴屋面反射材料、增加屋面绿化种植等措施，到达屋面隔热效果。蓄水屋面、种植屋面构造详图如图 2-3-14 所示。

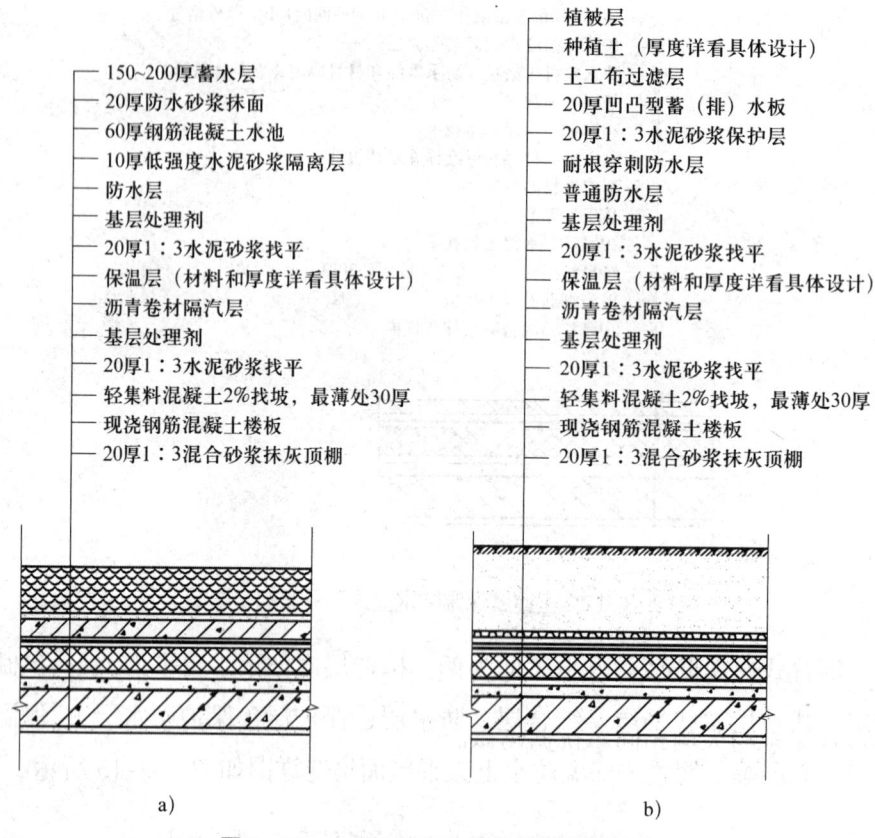

图 2-3-14 蓄水屋面、种植屋面构造详图
a) 蓄水屋面详图 b) 种植屋面详图

4. 屋面附属构件

（1）女儿墙

女儿墙是指建筑物屋顶周围的矮墙，可以看作是建筑物墙体在屋面的延伸。主要起到便于屋面防水处理、保证人员活动安全、立面装饰等作用。

女儿墙泛水是指屋面防水层与女儿墙交接处的防水构造处理。女儿墙泛水的最小高度应不小于 250 mm。

上人屋面的女儿墙还应满足安全防护要求，防护栏杆高度不应小于 1 200 mm。

（2）天沟

天沟是在屋面上为组织排水而设计的屋面下陷沟槽。按照雨水管设置在室内和室外划分，可分为天沟内排水和天沟外排水。天沟净宽不应小于 300 mm，分水线处最小深度不应小于 100 mm，沟内排水纵坡不应小于 1%，沟底水落差不应大于 200 mm。

女儿墙、天沟构造详图如图 2-3-15 所示。

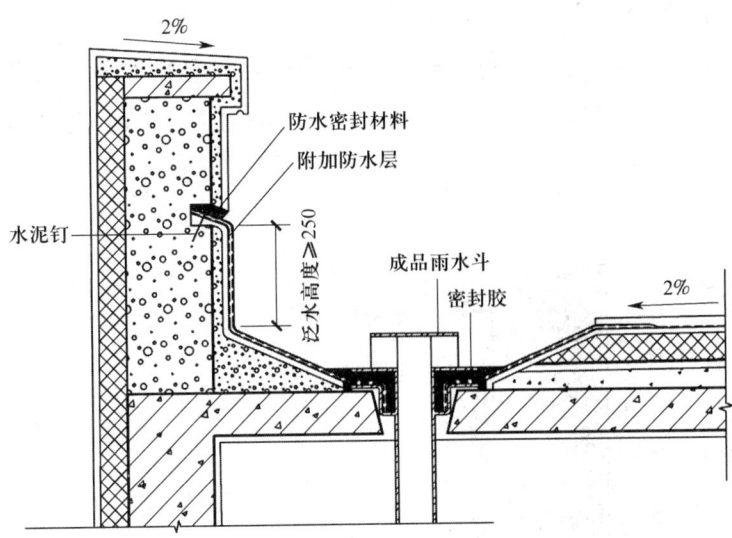

图 2-3-15 女儿墙、天沟（直落式水落口）构造详图

（3）檐沟

檐沟是挑出到建筑外墙体之外的有组织排水沟槽，屋面一般不设女儿墙。排水设计要求与天沟相同。挑檐沟做法详图如图 2-3-16 所示。

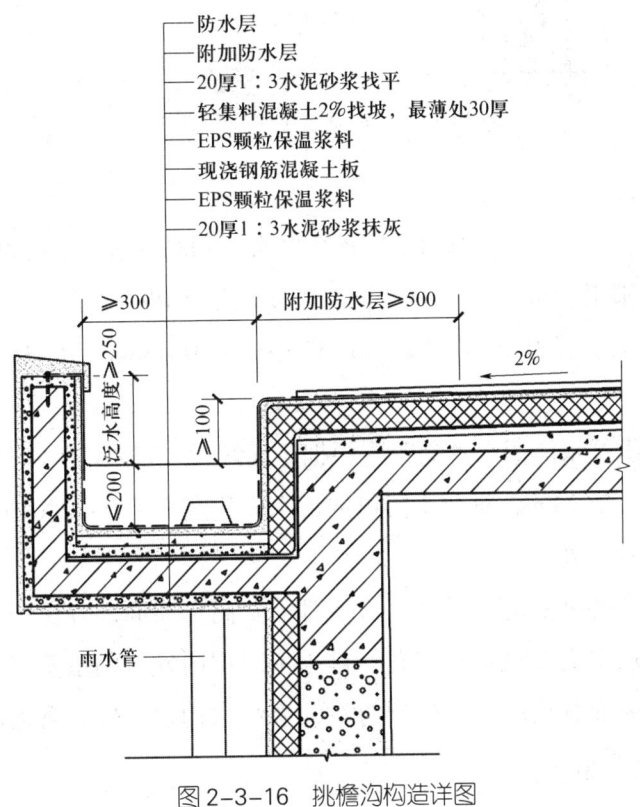

图 2-3-16 挑檐沟构造详图

（4）水落口

水落口是为了将汇集到檐沟或天沟内的雨水排至雨水管而在檐沟或天沟内开设的洞口。水落口可分为直落式（图2-3-15）和侧流式（图2-3-17）两种。

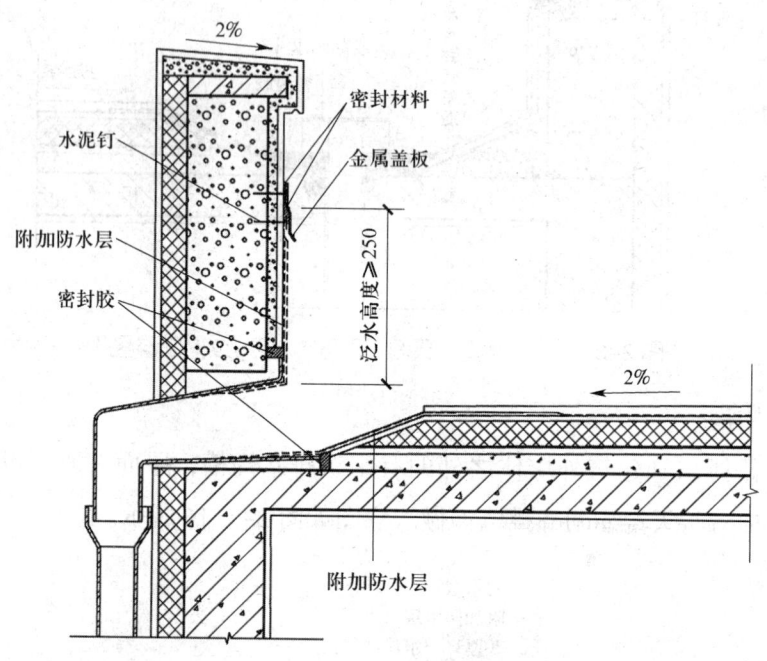

图2-3-17 侧流式水落口构造详图

（5）雨水管

屋面汇集到檐沟、天沟内的雨水经过水落口进入雨水管，排至地面或地下排水管道。雨水管可以选用铸铁管、聚氯乙烯（PVC）管、不锈钢管、铝合金管等，常用的管径有 $\phi 50$ mm、$\phi 75$ mm、$\phi 100$ mm、$\phi 150$ mm 等几种规格。

屋面有组织排水的雨水管间距应根据屋面坡度、排水能力等因素综合考虑，一般间距不宜大于24 m，每个水落口的汇水面积宜为 $150 \sim 200$ m^2。

（6）出屋面管道

建筑物内的各种竖向通风井、管道都需要高出屋面，以保证一定的通风效果。屋面保温层也需要设置排气孔，排出保温层内残留的水蒸气，保证屋面的保温效果。出屋面管道的防水处理与女儿墙泛水构造类似。管道出屋面构造详图如图2-3-18所示。

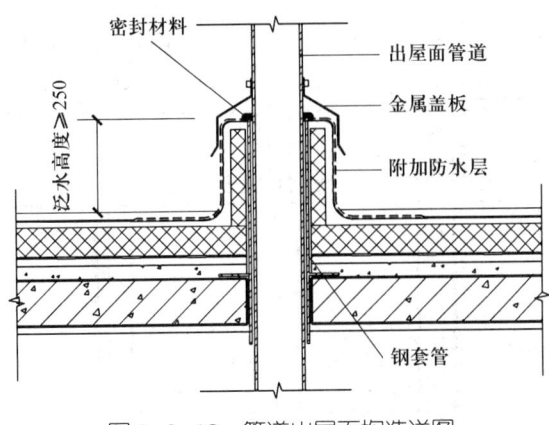

图 2-3-18 管道出屋面构造详图

六、门窗

1. 门窗的设计要求

门窗是通过在建筑物墙体洞口上安装固定或可开启的围护材料而形成的建筑构件。

门窗应满足一定的功能要求，如门应满足交通、防火、疏散、通风、隔声、采光等要求，窗应满足采光、防火、保温、通风、隔声、瞭望等要求。

与自然环境直接接触的建筑物外窗，基本性能除应满足采光、通风、保温、隔声和防火等要求外，还应满足气密性、水密性和抗风压性能要求。

2. 门的构造和尺度

（1）门的构造

门是由门框、门扇、亮子和附件组成，门的构造如图 2-3-19 所示。包括门框、门扇和亮子等的一整套门也称为一樘门。

1）门框也被称为门樘，是将门扇和亮子固定在墙体上的主要构件。门框的施工安装可分为立口和塞口两种方法。立口是先架立好门框，再砌墙施工。塞口则是先施工留好门洞口，再安装门框。

2）门扇是门的活动开启扇，由两侧边挺、下冒头、中冒头、上冒头、贴面板（门芯板）等组成。按照门的构造形式划分，常见的有镶板门、夹板门等。

镶板门是最常见的一种门扇，是将门芯面板镶嵌在门扇的骨架之中，门芯板可以采用木板，也可采用玻璃等其他材料，可用于建筑物的内门和外门。

夹板门是采用小规格的木料块做成门扇骨架，在骨架的两侧贴面板，面板可采用胶合板、纤维板等多种材料，一般用于建筑物的内门。

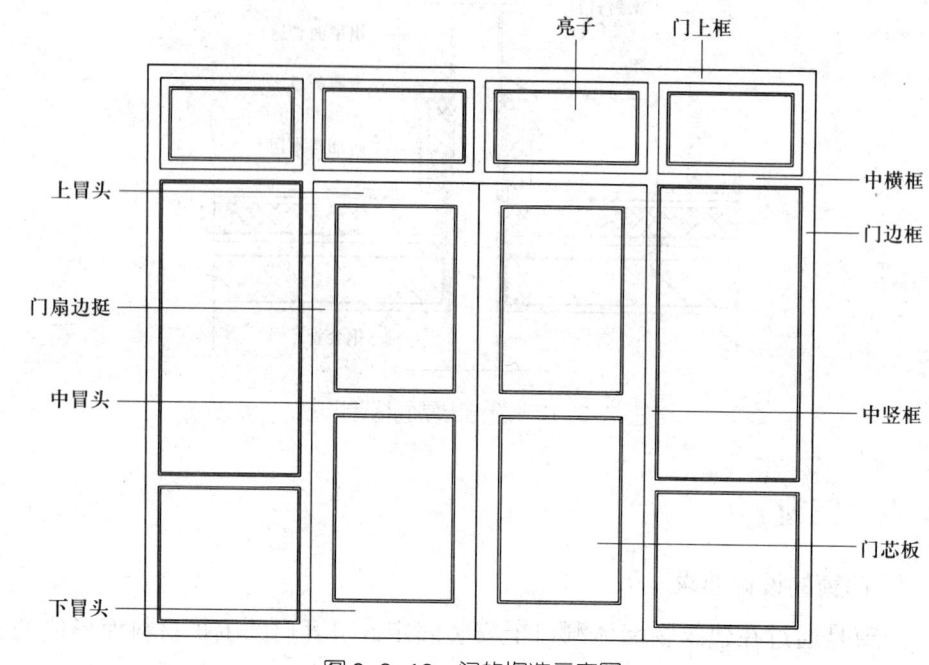

图 2-3-19 门的构造示意图

3）亮子是门扇上面为了通风或采光而设置的固定扇或开启扇。一般门洞口高度在 2 100 mm 以上才考虑设置亮子。

4）门的附件包括门锁、闭门器、地弹簧、把手、合页、门碰头等。

（2）门的尺度

一般民用建筑的门洞口高度不宜低于 2 100 mm，亮子 300 ~ 600 mm，单扇门一般宽 700 ~ 1 000 mm，双扇门宽 1 200 ~ 1 800 mm，2 100 mm 以上门宽可做成多扇门。

门洞宽度的最小尺寸应符合以下规定：

住宅建筑的公共外门洞口最小尺寸为 1 200 mm（门净宽约 1 100 mm），入户门洞口最小宽度 1 000 mm，卧室、起居室门洞口最小宽度 900 mm，厨房门洞口最小宽度 800 mm，卫生间及阳台门洞口最小宽度 700 mm。

公共建筑的疏散门净宽不小于 900 mm（洞口宽度约 1 000 mm）。高层医疗建筑的首层疏散门净宽不小于 1 300 mm，其他高层公共建筑的首层疏散门净宽不小于 1 200 mm。人员密集的公共场所、观众厅等的疏散门净宽不应小于 1 400 mm。

3. 常见门的分类

（1）按照门的开启方式分类

按照门的开启方式可分为平开门、推拉门、旋转门、弹簧门、卷帘门、折叠门、伸缩门、翻门等。

1）平开门。应用最为广泛，有内开和外开之分，还有单扇和双扇之分。平开门的优点是在门的一侧安装有铰链，开启角度灵活，构造简单，缺点是开启时占用空间。在民用建筑和厂房设计中，疏散使用的门应采用平开门，向疏散方向开启，不应采用推拉门、卷帘门、旋转门和折叠门。

2）推拉门。也是经常采用的一种门，特点是门扇是在轨道上滑行，滑轨可以安装在门扇的上方（悬挂式）或下方（下滑式），可以做成单扇、双扇或多扇，开启的时候不占用空间。推拉门的密封性能一般。

3）旋转门。由中间的垂直旋转门扇和两侧的弧形固定门扇组成。根据门扇驱动方式可分为手动旋转门和自动旋转门。根据中间旋转扇的门型划分，常见的有两翼旋转门、三翼旋转门和四翼旋转门等。

4）弹簧门。弹簧门通过安装弹簧铰链，使门扇在开启后能够自动关闭，适合于人流量来往频繁但又需要门扇自动关闭的活动场所。根据弹簧门的开启方向可分为单面弹簧门和双面弹簧门。

5）卷帘门。卷帘门是通过在门的两侧设置滑槽，将由金属页片等材料组成的门板通过顶部滚轴控制来实现上下开启的一种门。卷帘门开启较慢，造价较高，但可以做成较大的门扇，适用于不经常使用的较宽、较大门洞。

6）折叠门。折叠门将两个或多个门扇通过铰链链接在一起，开启后可以折叠在门洞的一侧或两侧。折叠门的特点是可以适应较大的洞口，门扇占用空间小，适用于室内房间分隔和大空间划分等。根据折叠方向可分为单侧折叠门和两侧折叠门，根据门扇固定方式可分为侧挂式折叠门和滑轨式折叠门。

7）伸缩门。伸缩门大多用于室外，通过电动机来驱动由铝合金或不锈钢等专用材料组成的门体在地面滑轨上来回伸缩以实现门的关闭和开启。伸缩门适用于各种工矿企业和民用建筑等的室外大门。

8）翻门。沿水平轴开启的门，沿水平轴向上开启的门被称为上翻门，沿水平轴向下开启的门被称为下翻门。在室内设计中上翻门和下翻门都会有采用，多用于壁柜等储物空间。

（2）按照门所使用的材料分类

按照门所使用的材料可分为木门、玻璃门、塑料门、金属门等。

（3）按照门的使用功能分类

按照门的使用功能可分为防盗门、隔声门、保温门、防火门等。

4. 窗的构造和尺度

（1）窗的构造

窗的构造与门类似，也是由窗框、窗扇、亮子和附件组成，窗的构造如图 2-3-20 所示。

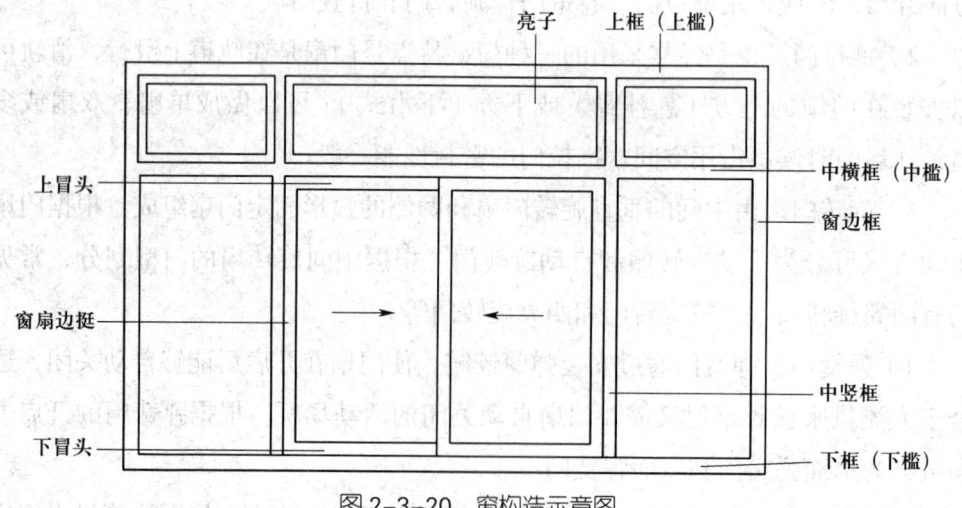

图 2-3-20　窗构造示意图

1）窗框是将窗扇和窗亮固定到墙体上的构件，一般由边框、上框、中框（横、竖）和下框组成。窗框的施工安装也可分为立口和塞口两种方法。

2）窗扇由边挺、上冒头、下冒头、玻璃等组成。

3）窗的亮子是指窗户开启扇上面的固定扇或开启扇，辅助采光和通风使用。

4）窗的附件包括插销、把手、合页（铰链）等。

（2）窗的尺度

窗口的大小主要取决于采光、通风、保温、视线和立面效果等多方面的要求。窗地面积比是房间窗洞口的面积与房间的地面面积比值，是用来估算房间的天然采光水平是否满足要求的一个常用指标。

窗户的大小除了要满足窗地面积比的设计要求外，还应能够满足最小采光系数的要求。窗洞口的大小没有一个固定值，一般应综合考虑采光、通风、视线和立面效果、建筑模数等多方面因素确定。

5. 常见窗的分类

（1）按照开启方式分类

按照窗的开启方式可分为平开窗、推拉窗、立转窗、悬窗、固定窗等。

1）平开窗。在窗扇的一侧装有铰链，构造简单，开启灵活，应用广泛。可分为外开式和内开式两种。平开窗的优点是开启角度可控，密封性、抗渗性、保温性、隔声性良好，缺点是内开的窗扇会占用室内空间，外开窗扇容易受到室外风影响而受损。

2）推拉窗。通过窗扇在窗框的滑轨上来回滑动控制窗扇的开启。推拉窗的优点是受力状态好，不易损坏，不占用室内空间，经济美观，缺点是密封性一般，可开启面积受限。推拉窗的应用也比较广泛。

3）立转窗。在窗扇的中间装有竖向转轴，窗扇通过沿竖向转轴水平旋转实现开启和关闭。立转窗的优点是开启面积比较大，开启灵活，便于清洗，利于通风，缺点是密封性和加工要求高，后期维护成本高，窗户开启也占用部分室内空间。

4）悬窗。悬窗也称为翻窗，窗扇沿水平轴旋转，实现窗户的开启和关闭。根据水平轴的位置和开启方向，可分为上悬（翻）窗、中悬（翻）窗、下悬（翻）窗。

5）固定窗。固定窗是窗框上直接镶嵌透光材料的窗户或是窗扇直接固定在窗框上而不能开启的窗户。一般仅用于采光或观望，多用于采光窗、观察窗、窗的亮子等。

（2）按照窗所使用的材料分类

按照窗所使用的材料可分为木窗、铝合金窗、塑料窗、金属窗等。

（3）按照窗的使用功能分类

按照窗的使用功能可分为隔声窗、防火窗、保温窗等。

七、楼梯、电梯

在非单层建筑中，解决上下楼层的竖向交通主要依靠楼梯、升降电梯、自动扶梯等，坡道、台阶及爬梯可以作为竖向交通的辅助。

在建筑物使用过程中，除了应解决好上下交通问题之外，还需考虑在紧急情况下的人员疏散问题。楼梯是现阶段非单层建筑解决人员疏散的主要工具。电梯、自动扶梯通常不能作为疏散工具使用。

1. 楼梯的组成

楼梯由梯段、休息平台、栏杆扶手、楼梯井组成。

（1）梯段

梯段是楼梯解决竖向交通的主要构件，是按一定角度倾斜的楼板，通过两端分别与中间平台和楼层平台的衔接，形成连续的上下交通通道。根据梯段板的构造形式可分为板梁式梯段和板式梯段两种。

作为交通工具使用的楼梯的梯段宽度应根据建筑物的使用特征，按每股人流［550+（0~150）］mm确定，不能少于两股人流。梯段的宽度还应满足疏散的要求，疏散宽度按疏散人数确定，并应满足规范的最小宽度要求。

每个梯段的踏步数不应少于3级，也不应超过18级。

（2）休息平台

休息平台包括楼层平台和中间平台。为了便于人员上下交通过程中的停留、休息，在梯段的起始位置（楼层平台）和两个楼层之间（中间平台）设置休息平台。中间休息平台的个数应根据层高、梯段踏步数、梯段（平台）下净高等多个因素确定。

当楼梯的梯段改变方向时，休息平台的最小净宽不能小于梯段的净宽，且不应小于1 200 mm。

（3）栏杆扶手

栏杆扶手是便于人员上下交通而设置的防护设施。竖向的杆件称为栏杆，横向的杆件称为扶栏，用于供人员把扶的横向构件也称为扶手。楼梯的栏杆扶手高度应从踏步前缘计算不宜小于900 mm，当水平段长度大于500 mm，高度应不小于1 050 mm。

住宅、托儿所、幼儿园、中小学及其他少年儿童专用活动场所，楼梯栏杆必须采取防攀爬构造，如采用垂直杆件的栏杆，其净距不应大于110 mm。幼儿使用的楼梯，采用垂直杆件作为栏杆时，杆件净距不应大于90 mm。

（4）楼梯井

楼梯井是梯段和休息平台围合而成的一个上下相通的中空孔洞。楼梯井的宽度一般为60~200 mm。对于托儿所、幼儿园、中小学及其他少年儿童专用活动场所的楼梯，楼梯井宽度大于200 mm时，必须采取防坠落措施。幼儿使用的楼梯，楼梯井净宽度大于110 mm时，必须采取防攀滑措施。

2. 常见楼梯的分类

（1）按照楼梯的梯段形式分类

按照楼梯的梯段形式分类，可分为单跑楼梯、两跑楼梯、多跑楼梯、交叉楼梯、弧形楼梯、螺旋楼梯等。

1）单跑楼梯是上下楼层之间只有一个梯段。单跑楼梯的导向性好，用于多层建筑，需要设置平面折返通道，增加交通面积。常见的有直行单跑楼梯、折行单跑楼梯等。单跑楼梯的踏步数应不超过 18 步。

2）两跑楼梯是上下楼层之间有两个梯段，两个梯段之间设有休息平台。常见的有直行两跑楼梯、折行两跑楼梯、平行两跑楼梯等。

直行两跑楼梯和折行两跑楼梯的特点是导向性较好，适用于解决局部的上下层交通，如跃层住宅的内部楼梯、二层商业网点的上下联系楼梯等，可有效节省面积，是经常采用的一种楼梯形式。

3）多跑楼梯是上下楼层之间有多个梯段，梯段之间设有休息平台。常见的有直行多跑楼梯、折行多跑楼梯、平行多跑楼梯等。

直行多跑楼梯和折行多跑楼梯适用于局部较高的上下层之间的交通联系，对于连续的上下层交通并不经济。

平行多跑楼梯适用于层高较高的建筑。当平行双跑楼梯不足以满足层高要求时，可采用平行多跑楼梯，但应注意楼梯休息平台和梯段下的净高应满足规范要求。

4）交叉楼梯也称为剪刀楼梯，是两部楼梯或梯段呈剪刀形布置。交叉楼梯是两部上下方向相反的楼梯交叉叠在一起，可以是两部直行单跑楼梯交叉，也可以是两部直行双跑楼梯交叉（在中间休息平台处两部楼梯可以相通）。交叉楼梯可以节省空间，常用于人员比较密集的场所。

如果在两部楼梯的交叉部位增加上下贯通的防火隔墙，就变成两部互不相通的楼梯，在高层住宅建筑中常有采用。

5）弧形楼梯的梯段是弧形，踏步按照一条弧线布置，可以是单个梯段，也可以是两个或多个梯段相互衔接。弧形楼梯造型优美，具有一定的导向性，但施工难度较直行楼梯大。弧形楼梯的扇形踏步距离内侧扶手中心 250 mm 处的宽度不应小于 220 mm。

6）螺旋楼梯可看作是一种特殊的弧形楼梯，是楼梯的踏步围绕位于圆心点的一根单柱悬挑布置，造型轻盈，节省空间，但不宜作为疏散楼梯使用。

（2）按照楼梯间的平面形式分类

楼梯间是指周边有耐火构 / 配件（墙体）围护的楼梯。按照楼梯间的平面形式分类，可分为开敞楼梯间、封闭楼梯间、防烟楼梯间。

1）开敞楼梯间是楼梯三面有墙体围护，一面敞开的楼梯间，常用于建筑高度不大于 21 m 的住宅建筑和部分单层、多层公共建筑。

2）封闭楼梯间是四面都有耐火构配件（墙体）围护，并在墙体上开有疏散门的楼梯间。封闭楼梯间常用于建筑高度大于21 m、小于33 m的住宅建筑、医院、旅馆、商店、图书馆、展览馆、会议中心、歌舞娱乐场所、放映游艺场所、6层及以上其他公共建筑，以及与上述类似功能的公共建筑等。高层建筑的裙房以及建筑高度不大于32 m的二类高层公共建筑也应采用封闭楼梯间。

3）防烟楼梯间是为了防止烟气进入楼梯间而在楼梯间的前面增加了防烟前室、开敞式阳台或凹廊等设施的楼梯间，通向楼梯间和防烟前室、开敞式阳台或凹廊等设施的门均应为乙级防火门。防烟楼梯间常用于建筑高度大于33 m的住宅和一类高层建筑及建筑高度超过32 m的二类高层建筑等。

（3）按楼梯材料分类

按楼梯材料分类，可分为钢筋混凝土楼梯、钢楼梯、木楼梯等。

（4）按照楼梯的室内外位置分类

按照楼梯的室内外位置分类，可分为室内楼梯和室外楼梯。

3. 楼梯的构造

常见的钢筋混凝土楼梯可分为预制装配式钢筋混凝土楼梯和现浇钢筋混凝土楼梯。

（1）预制装配式钢筋混凝土楼梯

在砌体结构中，混凝土楼梯不设平台梁，在梯段的两侧设承重墙，楼梯踏步板直接搭在两侧的承重墙上，称为墙承式楼梯；梯段单侧设承重墙，楼梯踏步板单侧搭在承重墙上，称为墙悬臂式楼梯。

混凝土楼梯设平台梁，梯段的两端搭在平台梁上，称为梁承式楼梯。梁承式楼梯的梯段又可分为梁板式梯段和板式梯段两种。梁板式梯段是梯段两侧设有斜梁，梯段斜梁的两端搭在平台梁上，踏步板搭在梯斜梁上。板式梯段是整个梯段是一块预制板，板的两端搭在平台梁上。

（2）现浇钢筋混凝土楼梯

常见的现浇钢筋混凝土楼梯以梁承式楼梯居多，梯段分为梁板式梯段和板式梯段两种。板式梯段结构简单，底面平整，应用较广泛；梁板式梯段主要用于多股人流、梯段宽度较大的梯段。现浇梁承式楼梯（板式梯段）详图如图2-3-21所示，现浇梁承式楼梯（梁板式梯段）详图如图2-3-22所示。

除了梁承式楼梯，还有悬臂梁楼梯、扭板式楼梯等。

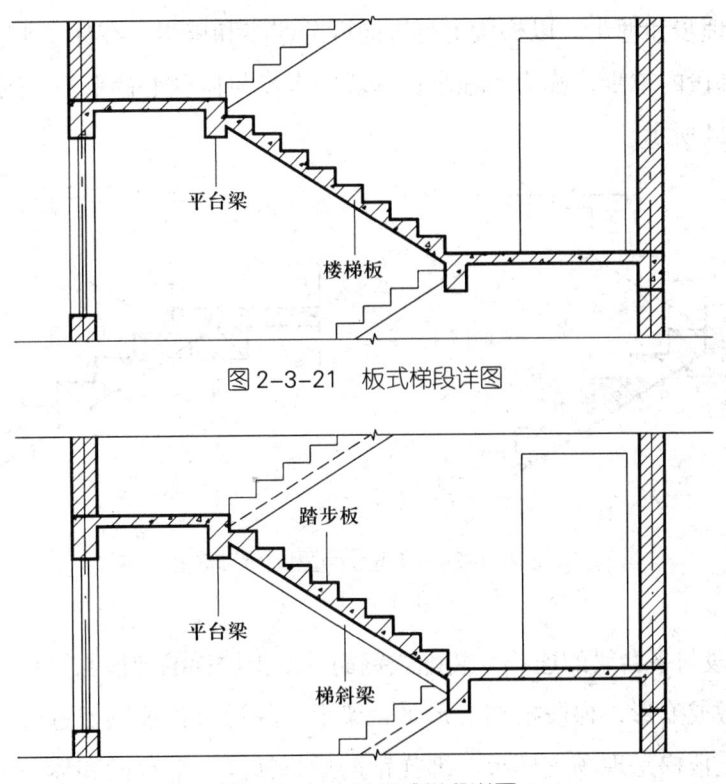

图 2-3-21　板式梯段详图

图 2-3-22　梁板式梯段详图

4. 楼梯细部构造

（1）梯段与平台梁节点处理

1）齐步和错步。楼梯休息平台处上行的第一个踏步和下行的第一个踏步平齐称为齐步，如果相互错开了一步或多步则称为错步，如图 2-3-23 所示。

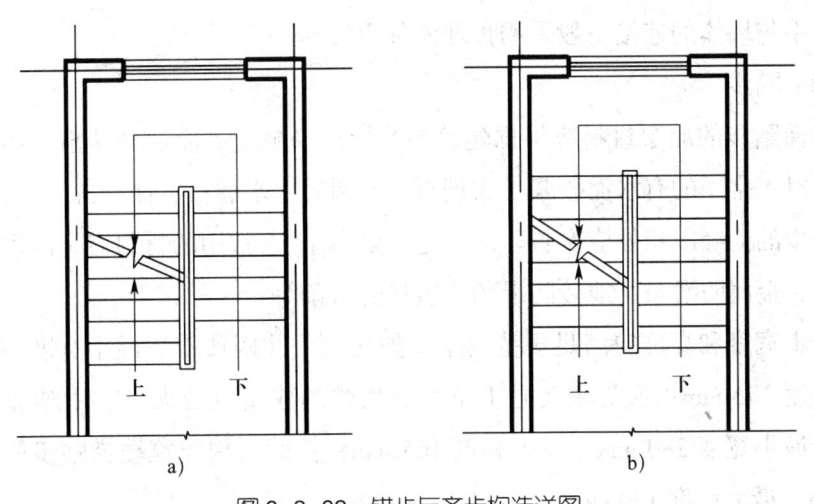

图 2-3-23　错步与齐步构造详图
a）错步　b）齐步

2）不埋步和埋步。以梯段上行方向区分起步和末步，在休息平台处用平台梁代替了梯段的末步，称为不埋步；梯段的末步与休息平台平齐，则称为埋步，如图2-3-24所示。

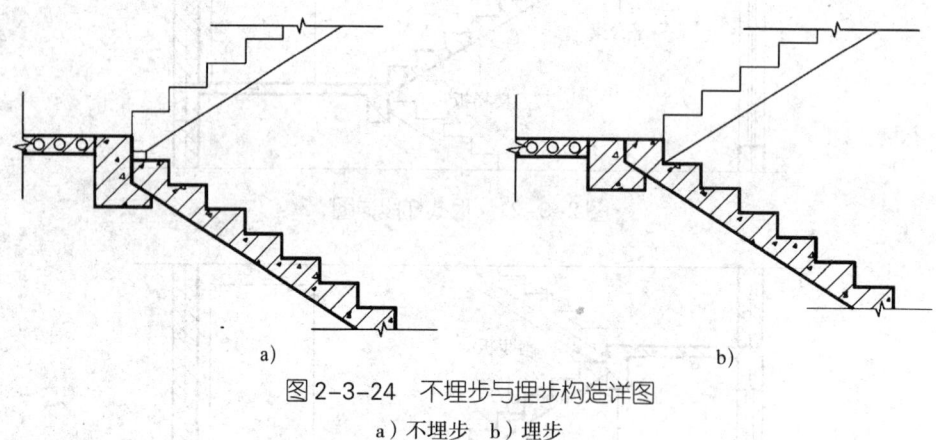

图2-3-24　不埋步与埋步构造详图
a）不埋步　b）埋步

3）梯段与平台梁的连接。装配式钢筋混凝土楼梯的梯段与平台梁的连接是将平台梁做成L形，梯段搭在L形平台梁上，并通过预埋钢板进行焊接。现浇钢筋混凝土楼梯是现场支模板、绑扎钢筋后将梯段、平台梁和休息平台浇筑成一个整体。

（2）栏杆扶手

木质栏杆与扶手之间的连接通常采用榫接，金属栏杆和扶手之间的连接通常采用焊接或铆接。

栏杆与踏步、平台的连接通常采用预埋铁件焊接或膨胀螺栓连接。

扶手与墙体的连接一般采用预埋铁件焊接。

（3）踏步

楼梯踏步的面层材料应根据建筑装修标准来确定，应选择防滑、耐磨、美观的材料，常用的有水泥砂浆、大理石、花岗岩、水磨石、面砖等。

踏步的前缘阳角处应设置防滑措施（防滑条），常用的材料有金刚砂嵌入式防滑条、金属防滑条、地砖防滑条、塑料防滑条等。

踏步宽度和高度应满足规范要求，如住宅公共楼梯踏步最小宽度260 mm，最大高度175 mm；人员密集且上下交通繁忙的建筑以及大学、中学建筑楼梯的踏步最小宽度280 mm，最大高度165 mm；托幼机构建筑楼梯踏步最小宽度260 mm，最大高度130 mm。

楼梯踏步最小宽度和最大高度见表2-3-1。

表 2-3-1 楼梯踏步高度   m

楼梯类别		最小宽度	最大高度
住宅楼梯	住宅公共楼梯	0.260	0.175
	住宅套内楼梯	0.220	0.200
宿舍楼梯	小学宿舍楼梯	0.260	0.150
	其他宿舍楼梯	0.270	0.165
老年人建筑楼梯	住宅建筑楼梯	0.300	0.150
	公共建筑楼梯	0.320	0.130
托儿所、幼儿园楼梯		0.260	0.130
小学楼梯		0.260	0.150
人员密集且竖向交通繁忙的建筑和大学、中学楼梯		0.280	0.165
其他建筑楼梯		0.260	0.175
超高层建筑核心筒内楼梯		0.250	0.180
检修及内部服务楼梯		0.220	0.200

资料来源：《民用建筑设计统一标准》（GB 50352—2019）。

5. 电梯、自动扶梯

（1）电梯

1）电梯的分类。电梯主要是用于垂直交通使用，一般不能作为疏散工具使用。按照电梯主要载运对象分类，可分为载客电梯和载货电梯；按照电梯日常使用功能分类，可分为普通电梯和专用电梯；按照电梯运行速度分类，可分为低速电梯、中速电梯和高速电梯。

2）电梯的组成。电梯的土建部分主要由机房、井道和底坑组成，电梯运行部分主要由电动机、控制柜、限速器、轿厢、配重、导轨、缓冲器、电梯门等组成。

机房一般位于电梯井道之上，安装有电梯的驱动电机和控制柜、限速器等，机房大小应根据电梯型号确定。无机房电梯是将机房设备安装在井道的侧壁。

电梯的型号规格按照额定载质量划分，常用额定载质量有 630 kg、800 kg、1 000 kg、1 350 kg、1 600 kg、2 000 kg、2 500 kg 等。

底坑处于井道的最下面，一般深度为 1 500～2 000 mm，底部装有缓冲器。

电梯的轿厢入口和内部净高不应小于 2 000 mm，电梯门一般宽 800～1 500 mm，常见的开启方式有中分式、旁开式等。

3）消防电梯。消防电梯是在建筑物发生火灾的情况下，专供消防员使用的电梯。消防电梯应能每层停靠，载质量不小于 800 kg，电梯从首层至顶层的运行时间不宜大于 60 s，电梯井的底坑应设置排水设施。消防电梯平时可以兼作客梯。

消防电梯应设前室，前室的门口宜设挡水设施。

（2）自动扶梯

自动扶梯载客量大，可以用在室内，也可以用在室外。自动扶梯常见宽度有 600 mm、800 mm、1 000 mm，常用的倾角为 27.3°、30°、35°，常用运行速度为 0.5 m/s。

自动扶梯可单台设置，也可以两台或多台并列设置。

八、其他建筑构件

1. 室外台阶与坡道

（1）室外台阶和坡道的设计要求

室外台阶和坡道常置于建筑物的入口处，用于解决室内外的高差和出入口的无障碍要求。

室外踏步宽不宜小于 300 mm，踏步高不宜大于 150 mm，也不宜小于 100 mm。入口平台应比室内 ±0.000 m 地面低 20 mm，排水坡度 1% ~ 3%。

低层、多层无障碍住宅、公寓和小型公共建筑的入口平台的宽度不应小于 1 500 mm，大、中型公共建筑和中、高层建筑不应小于 2 000 mm。

室外无障碍出入口的坡道净宽度不应小于 1 200 mm，坡度一般为 1/12，坡段高度每升高 750 mm 应设休息平台，宽度不小于 1 500 mm。

（2）室外台阶与无障碍坡道的构造

室外台阶和坡道由素土夯实、垫层和面层三部分组成，如图 2-3-25 所示。

对于踏步数较少的台阶和坡段高度较小的坡道，垫层可采用细石混凝土垫层或碎石垫层；对于踏步数较多的台阶和坡段高度较大的坡道，可做成钢筋混凝土台阶、坡道。

台阶和坡道的面层应选用防滑、耐磨材料，常用的材料有水泥砂浆、石材、防滑地砖等。

2. 变形缝

变形缝包括温度缝、沉降缝和防震缝。

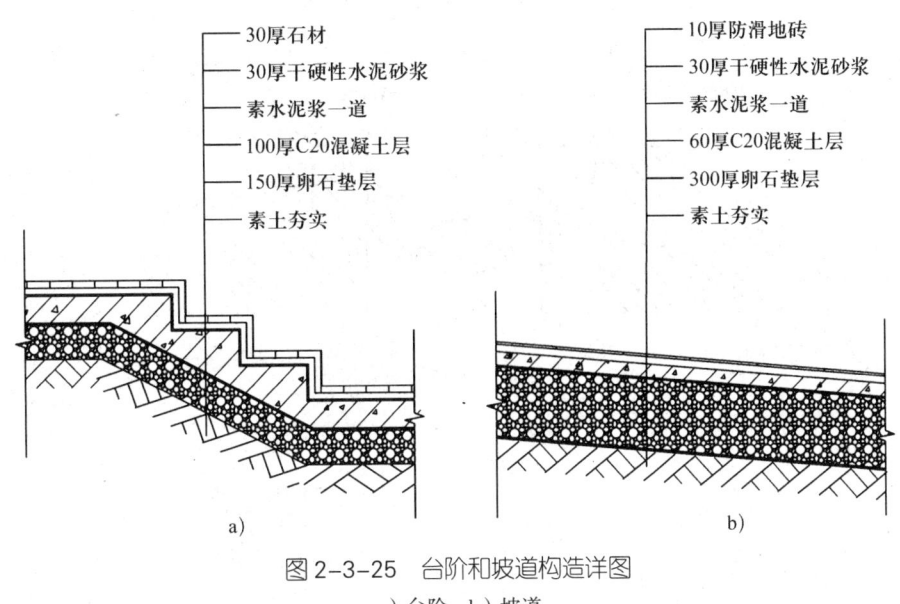

图 2-3-25 台阶和坡道构造详图
a) 台阶 b) 坡道

（1）温度缝

温度缝也称伸缩缝，是为防止因温度变化（热胀冷缩）导致建筑构件破坏而在建筑物的适当部位预留的一道构造缝。

温度缝要求建筑物基础不必断开，基础以上部分要完全断开。缝宽一般为 20~30mm。

（2）沉降缝

沉降缝是为防止因地基不均匀沉降导致建筑构件破坏而在建筑物的适当位置预留的一道垂直构造缝。缝宽应根据地基性质和房屋高度等因素确定。

沉降缝要求建筑物从基础到屋面要全部断开，保证沉降缝两侧单元可以自由沉降。

（3）防震缝

防震缝是在抗震设防地区，为防止地震造成建筑物破坏，将建筑物划分成若干独立单元而预留的构造缝。

防震缝基础可以不断开，基础以上部分应断开。缝宽应根据结构形式、设防烈度和建筑高度等因素确定。

伸缩缝应保证建筑物能在横向自由变形，沉降缝应保证建筑物能在竖向自由沉降，防震缝应保证建筑物在地震作用下不发生碰撞破坏。三种缝的构造基本相同，在设计过程中经常将三缝合并设置，三缝合一的变形缝宽度一般不小于 100mm。变形缝构造详图分别如图 2-3-26~图 2-3-29 所示。

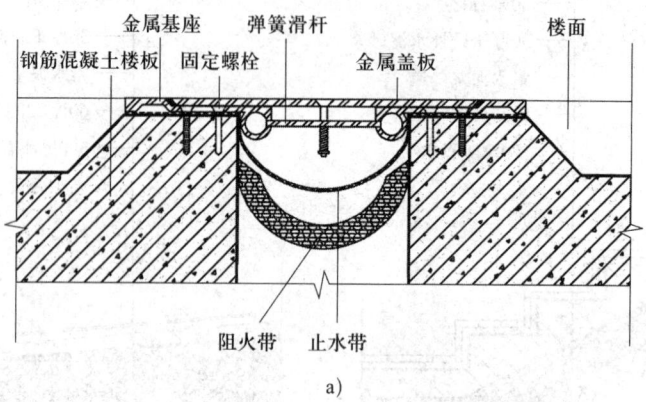

图 2-3-26 楼面变形缝构造详图

a）楼面变形缝（平缝） b）楼面变形缝（角缝）

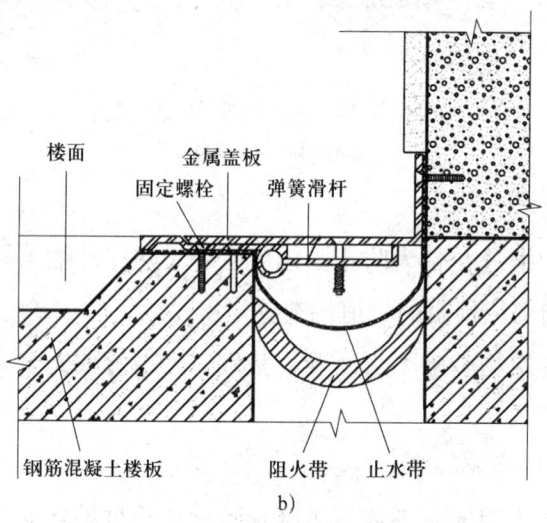

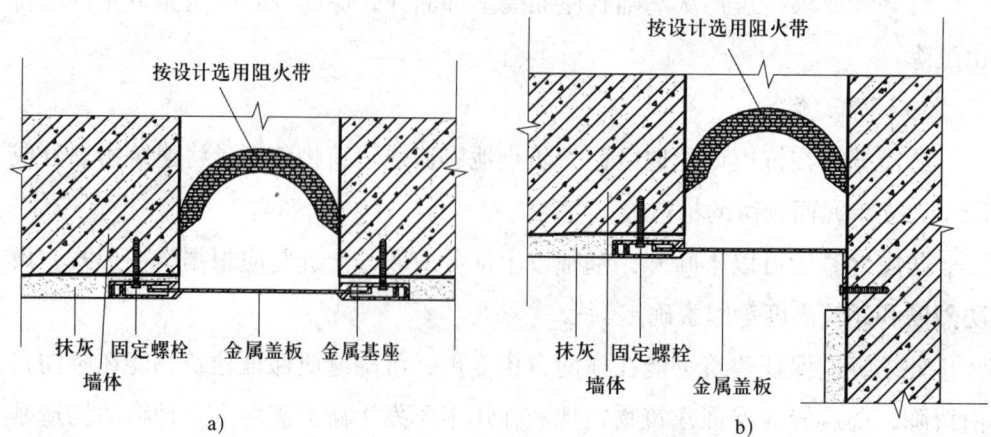

图 2-3-27 内墙面、顶棚变形缝构造详图

a）内墙面、顶棚变形缝（平缝） b）内墙面、顶棚变形缝（角缝）

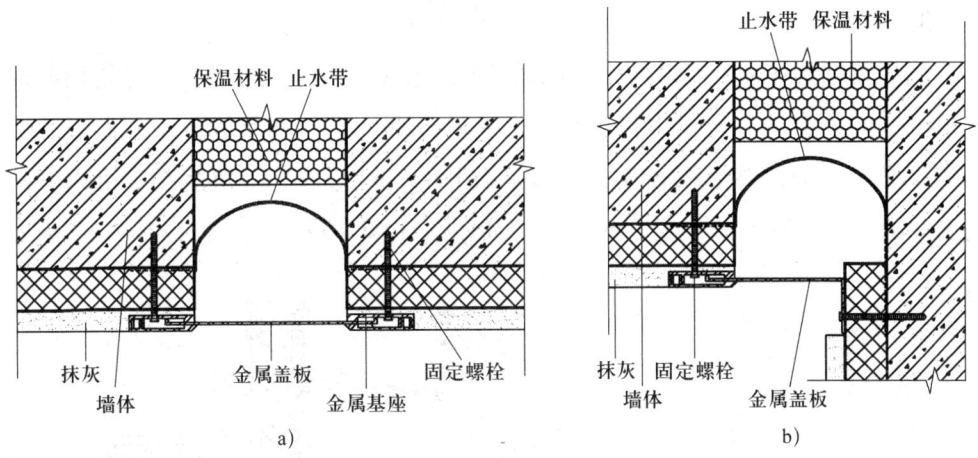

图 2-3-28 外墙面变形缝构造详图
a) 外墙面变形缝（平缝） b) 外墙面变形缝（角缝）

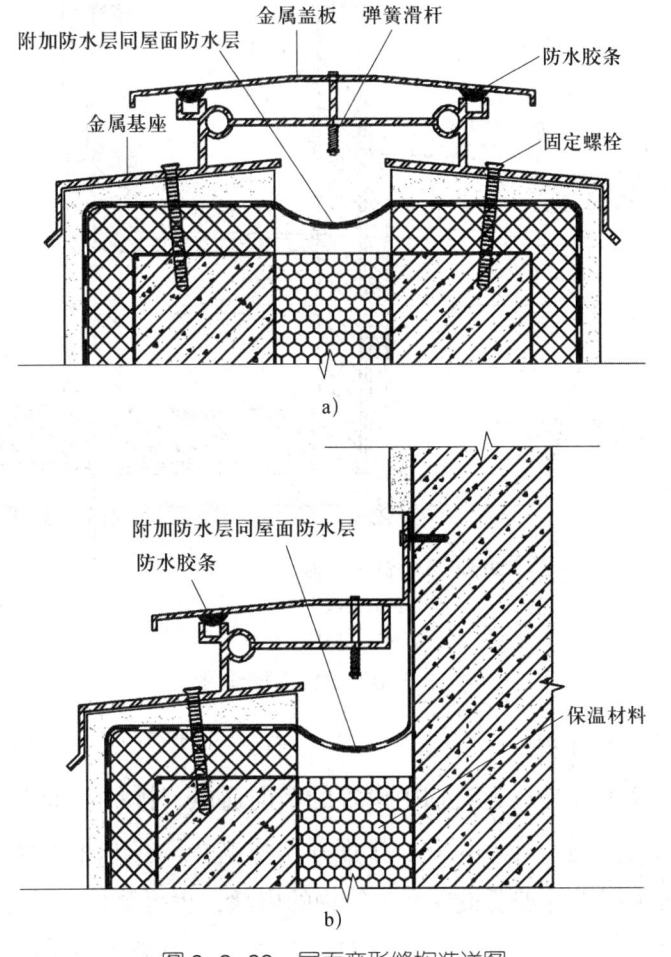

图 2-3-29 屋面变形缝构造详图
a) 屋面变形缝（平缝） b) 屋面变形缝（角缝）

3. 窗井

窗井是在地下室外墙的外侧留出的用于给地下室窗户通风、采光使用的局部下沉空间。窗井一般上方带有顶盖,井底标高应低于窗台标高,并做好防水和排水设计。当窗井面积较大,上方是敞开的,就形成了下沉庭院,可以理解为窗井的一种特殊形式。窗井构造详图如图 2-3-30 所示。

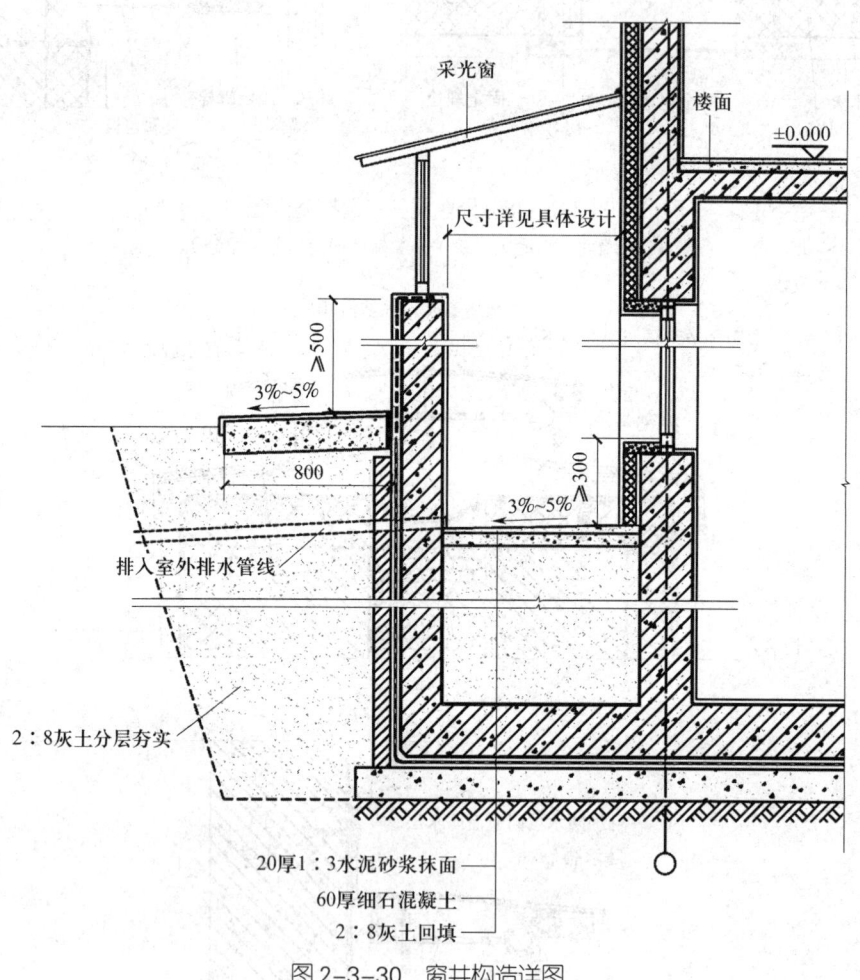

图 2-3-30 窗井构造详图

4. 管道(检修)井

管道(检修)井是在建筑物中设置的竖向通风、排烟、布置各种管线以及便于日常检修的井道,如新风井、排烟井、强电井、弱电井、水管井、暖气井等。管道井可根据设计需要设置在建筑物的内部,也可紧贴建筑外墙设置。

管道井的尺寸应根据具体设计情况进行确定,管道井的检查门应采用丙级防火门。管道井在每层楼板处应采用不低于楼板耐火极限的防火材料进行封堵。

培训项目 4 建筑结构基础知识

培训单元 1　建筑结构概述

→ 了解建筑结构基本概念。
→ 了解建筑结构的分类。
→ 了解各种结构的特点。

一、建筑结构的概念

建筑结构是指建筑物中用来承受荷载和其他间接作用（如温度变化、地基不均匀沉降等）的体系，通常又称为建筑物的承重骨架。在房屋建筑中，组成建筑结构的构件有梁、板、柱、墙、基础等。

建筑结构有很多种分类方法，一般可按照结构所用材料、结构承重体系等进行分类。

二、按所用材料分类

建筑结构根据其承重结构所用材料的不同，可分为混凝土结构、砌体结构、钢结构、木结构等。

1. 混凝土结构

混凝土结构是指以混凝土为主要建筑材料的结构，包括素混凝土结构、钢筋混凝土结构和预应力混凝土结构，其中钢筋混凝土结构应用最为广泛。其主要优点是承载力高、耐久性好、耐火性好、整体性好、抗震性能好、易于就地取材、具有良好可模性等，主要缺点是自重大、抗裂性差、耗费模板、户外受季节条件限制、补强维修工作难等。

2. 砌体结构

砌体结构是指由块体和砂浆砌筑而成的以墙、柱作为建筑物主要受力构件的结构，包括砖砌体结构、石砌体结构和砌块砌体结构，广泛应用于多层民用建筑。其主要优点是就地取材、有很好的耐火性和较好的耐久性、保温隔热性能好、施工方便、造价低廉等，主要缺点是自重大、强度较低、抗震性能差、砌筑工程量大等。

3. 钢结构

钢结构是指用钢板、热轧型钢（工字钢、H型钢、角钢等）和薄壁型钢通过焊接连接、铆钉连接和螺栓连接等方式连接而成的结构，广泛用于工业建筑和高层建筑中。其主要优点是轻质高强、材质均匀、抗震性好、施工速度快等，主要缺点是易锈蚀、耐久性和耐火性差、造价高等。

4. 木结构

木结构是单纯由木材或主要由木材承受荷载的结构，通过各种金属连接件或榫卯手段进行连接和固定的结构。其主要优点是体积密度小、导热系数小、加工方便、有一定的强度和韧性，主要缺点是易燃、易腐、易蛀和材质不均匀等。

三、按结构承重体系分类

结构体系是指结构抵抗外部作用的构件的组成方式，建筑按照结构承重体系可分为砖混结构、框架结构、剪力墙结构、框架–剪力墙结构、筒体结构、排架结构。

1. 砖混结构

砖混结构是指由砌体和钢筋混凝土材料制成的构件所组成的结构，通常房屋的楼（屋）盖由钢筋混凝土的梁板组成，竖向承重构件采用砌体材料。主要用于层数不多的住宅、宿舍、旅馆等民用建筑。

2. 框架结构

由梁和柱为主要构件组成的承受竖向和水平作用的结构称为框架结构。框架结构体系的最大特点是承重结构和围护、分隔构件完全分开，墙只起围护、分隔作用。框架结构在水平荷载作用下表现出抗侧移刚度小、水平位移大的特点，属于柔性结构，随着房屋层数的增加，水平作用逐渐增大，会由于侧移过大不能满足使用要求。

框架结构在建筑上能够提供较大的空间、平面布置灵活，常用于综合办公楼、医院、教学楼、住宅等建筑。

3. 剪力墙结构

由剪力墙组成的承受竖向和水平作用的结构称为剪力墙结构。现浇钢筋混凝土剪力墙结构整体性好，刚度大，在水平荷载作用下侧向变形小，承载力要求也容易满足，适合于建造高层建筑。

剪力墙结构中剪力墙间距不能太大，平面布置不灵活，不能满足公共建筑大空间的使用要求，一般应用在住宅和旅馆建筑中。

4. 框架-剪力墙结构

在框架结构中设置部分剪力墙，使框架和剪力墙两者结合起来，取长补短，共同承受竖向和水平作用，就组成了框架-剪力墙结构。如果把剪力墙布置成筒体，又可称为框架-筒体结构体系。

在框架-剪力墙结构中，由于剪力墙刚度大，剪力墙将承担大部分水平力，是抗侧力的主体，整个结构的侧向刚度大大提高；框架则承担竖向荷载，提高了较大的使用空间，同时也承担了少部分水平力。

框架-剪力墙结构既保留了框架结构建筑平面布置灵活、使用方便的优点，又具有剪力墙结构抗侧刚度大、抗震性能好的优点，被广泛应用于高层办公楼和旅馆建筑中。

5. 筒体结构

筒体是指由若干片剪力墙围合而成的封闭井筒式结构，其受力类似于固定于基础上的筒形悬臂构件。筒体结构的主要形式有框筒结构、核心筒结构、筒中筒结构、框架-核心筒结构和多重筒体结构。筒体结构抗侧刚度大，整体性好，建筑平面布置灵活，能够提供很大的可以自由分割的使用空间，适用于30层以上甚至100 m以上的超高层办公楼建筑。

6. 排架结构

排架结构是指由屋架、柱和基础组成，且柱与屋架铰接、与基础刚接的结构。排架结构常采用装配式体系，可以用钢筋混凝土或钢结构建造，广泛用于单层工业厂房建筑。

培训单元 2　建筑结构设计基本知识

- ➔ 掌握结构设计的基本要求。
- ➔ 掌握结构功能的极限状态和结构安全等级。
- ➔ 熟悉荷载的分类和各种荷载代表值。
- ➔ 了解结构设计实用表达式。

一、结构设计的基本要求

任何建筑结构都是在规定时间内为了满足所要求的功能而设计的，建筑结构在规定的设计使用年限内，应满足下列功能要求。

1. 安全性

建筑结构在正常施工和使用条件下，能承受可能出现的各种荷载和其他作用，在偶然事件发生时能保持整体稳定而不倒塌。

2. 适用性

建筑结构在保证安全性外，在正常使用条件下具有良好工作性能，如不发生过大变形或振幅，以免影响使用，也不发生足以令用户不安的裂缝。

3. 耐久性

建筑结构在正常使用和正常维护下具有足够的耐久性能，如混凝土不发生严重风化、脱落，钢筋不发生严重锈蚀，以免影响建筑结构的使用寿命。

结构的安全性、适用性和耐久性总称为结构的可靠性。

二、结构功能的极限状态

整个结构或结构的一部分在承载力、变形、裂缝、稳定等方面超过某一特定状态就不能满足设计规定的某一功能要求,这一特定状态就称为结构在该功能方面的极限状态。结构功能的极限状态分为承载能力极限状态和正常使用极限状态两类。

承载能力极限状态对应于结构或构件达到了最大承载能力,出现疲劳破坏,产生不适于继续承载的变形或因结构局部破坏而引发的连续倒塌。超过承载能力极限状态,结构的安全性就得不到保证。

正常使用极限状态对应于结构或构件达到正常使用的某项规定或耐久性能状态。

三、结构安全等级

建筑物的重要程度是根据其用途决定的。不同用途的建筑物发生破坏后引起的生命财产损失是不一样的。根据结构破坏可能产生后果(危及人的生命、造成经济损失、产生社会影响等)的严重程度,建筑结构划分为三个安全等级,见表2-4-1。

表2-4-1 建筑结构安全等级

安全等级	破坏后果	建筑物类型
一级	很严重	重要的房屋
二级	严重	一般的房屋
三级	不严重	次要的房屋

四、荷载的分类和代表值

建筑结构在施工和使用期间要承受各种作用,除了自重、雪、风、人群等直接作用,还有温度变化、地基不均匀沉降、地面运动等间接作用。通常在建筑工程中将直接作用在结构上的外力称为荷载。

1. 荷载的分类

按随时间的变异情况不同,荷载可分为三类。

（1）永久荷载

在结构使用期间，其值不随时间而变化，或者其变化值与平均值相比可忽略不计的荷载，例如结构自重、土压力、预应力等。

（2）可变荷载

在结构使用期间，其值随时间而变化，且变化值与平均值相比不可忽略的荷载，比如楼面活荷载、屋面活荷载、风荷载、雪荷载等。

（3）偶然荷载

在结构使用期间不一定出现，但一旦出现，其量值很大且持续时间很短的荷载，如爆炸力、撞击力等。

2. 荷载的代表值

在结构设计时，应根据不同的设计要求采用不同的荷载数值，即荷载代表值。永久荷载采用标准值为代表值，可变荷载采用标准值、组合值、频遇值或准永久值为代表值。

培训单元 3　板和梁的构造要求

➔ 掌握板的一般构造要求。
➔ 掌握梁的一般构造要求。

在建筑结构中，板和梁是最常见的受弯构件。

一、板的一般构造要求

板按受力性质不同可分为单向板和双向板。当钢筋混凝土板仅两对边支承，或者四边支承，荷载主要沿短边方向传递，称为单向板。当板四边支承，荷载沿长边方向和短边方向都传递荷载，称为双向板。

1. 板的截面形式和厚度

板的截面形式一般有矩形板、槽形板、空心板等，如图 2-4-1 所示。

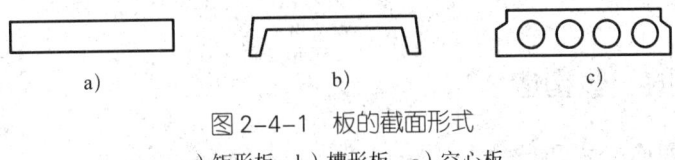

图 2-4-1　板的截面形式
a）矩形板　b）槽形板　c）空心板

板的截面尺寸必须满足承载力、刚度和裂缝控制要求，板的厚度 h 可根据高跨比 h/l（l 为梁的跨度）来估算，如简支钢筋混凝土单向板的高跨比不大于 30，双向板高跨比不大于 40，最小板厚不小于表 2-4-2 规定的数值。

表 2-4-2　现浇钢筋混凝土板的最小厚度　　　　mm

板的类别		最小厚度
单向板	屋面板、民用建筑楼板	60
	工业建筑楼板	70
	行车道下的楼板	80
双向板		80
悬臂板（根部）	悬臂长度不大于 500	60
	悬臂长度为 1 200	100
无梁楼板		150

2. 板的钢筋

单向板中通常布置两种钢筋，即受力钢筋和分布钢筋。受力钢筋沿板的跨度方向在受拉区布置，分布钢筋在受力钢筋的内侧与受力钢筋垂直布置。

（1）受力钢筋

受力钢筋的作用是承担板中弯矩作用产生的拉力。受力钢筋的直径常采用 $\phi 6 \sim \phi 12$ mm。板中钢筋间距一般在 70~200 mm，当板厚 $h \leqslant 150$ mm，钢筋间距不宜大于 200 mm；当板厚 $h > 150$ mm，钢筋间距不宜大于 $1.5h$，且不宜大于 250 mm。

（2）分布钢筋

分布钢筋的作用是将板上的荷载均匀传递给受力钢筋，抵抗因混凝土收缩和温度变化而在垂直于受力钢筋方向所产生的拉力，固定受力钢筋的正确位置。

板中单位宽度上的分布钢筋，其截面面积不应小于单位宽度上受力钢筋截面面积的 15%，且不宜小于该方向板截面面积的 0.15%。分布钢筋间距不应大于 250 mm，直径不宜小于 $\phi 6$ mm。对于集中荷载较大的情况，分布钢筋的截面面积应适当增加，其间距不宜大于 200 mm。

二、梁的一般构造要求

1. 梁的截面形式和尺寸

梁的截面形式主要有矩形、T形、I字形等，如图 2-4-2 所示。

图 2-4-2 梁的截面形式

梁的截面尺寸除应满足强度条件外，还应满足刚度条件和方便施工的要求。截面高度 h 可根据高跨比 h/l（l 为梁的跨度）来估算，如简支梁的高度 $h=(1/12 \sim 1/8)l$，悬臂梁的高度 $h=l/6$，连续主梁的高度 $h=(1/12 \sim 1/8)l$，连续次梁的高度 $h=(1/18 \sim 1/12)l$。为了施工方便，梁高一般按 50 mm 模数递增，对于截面高度大于 800 mm 的梁，按 100 mm 模数递增。

梁截面宽度 b 可用梁的高宽比 h/b 估算，如矩形截面梁高宽比一般取 2.0~3.5，T形截面梁高宽比一般取 2.5~4.0。框架结构的主梁截面宽度不宜小于 200 mm，一般梁宽在 300 mm 以上时以 50 mm 为模数。

2. 梁的钢筋

在钢筋混凝土梁中，通常配有纵向受力钢筋、箍筋、弯起钢筋和架立钢筋，如图 2-4-3 所示。

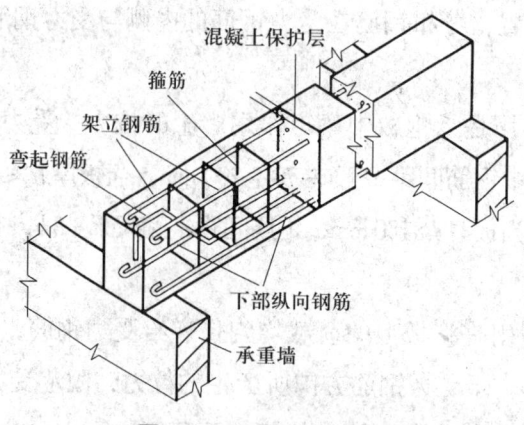

图 2-4-3 梁中的钢筋

(1) 纵向受力钢筋

纵向受力钢筋的作用主要是承受由弯矩在梁内产生的拉力。纵向受力钢筋直径：当梁高 $h \geqslant 300$ mm 时，不应小于 $\phi 10$ mm；当梁高 $h \leqslant 300$ mm 时，不应小于 $\phi 8$ mm。通常采用 $\phi 12 \sim \phi 25$ mm，一般不宜大于 $\phi 28$ mm。

梁内纵向受力钢筋根数一般不应少于 2 根，且深入支座范围内的钢筋不应少于 2 根，当钢筋根数较多必须排成两排时，上下排钢筋应当对齐，以利于浇筑和捣实混凝土。梁的上部纵向钢筋的净距不应小于 30 mm 和 $1.5d$（d 为纵向钢筋的最大直径），梁的下部纵向钢筋的净距不应小于 25 mm 和 $1.0d$，各层钢筋之间的净距不应小于 25 mm 和 $1.0d$。

(2) 箍筋

箍筋的主要作用是承担剪力和固定纵筋位置，并和纵向钢筋一起形成钢筋骨架。

1) 箍筋的布置。按承载力计算不需要箍筋的梁，当梁截面高度 $h>300$ mm 时，应沿梁全长设置箍筋；当 $h=150 \sim 300$ mm 时，可仅在构件端各 1/4 跨度范围内设置箍筋；当构件中部 1/2 跨度范围内有集中荷载作用时，则应沿梁全长设置箍筋；当 $h<150$ mm 时，可不设置箍筋。

2) 箍筋的形式和肢数。箍筋的形式有封闭式和开口式两种。对 T 形截面梁，当不承受动荷载和转矩时，在承受正弯矩的区段内可以采用开口式箍筋，除上述情况外，一般梁中均采用封闭式箍筋，箍筋的两个端头应做成 135° 弯钩。箍筋肢数分为单肢、双肢和四肢，如图 2-4-4 所示。

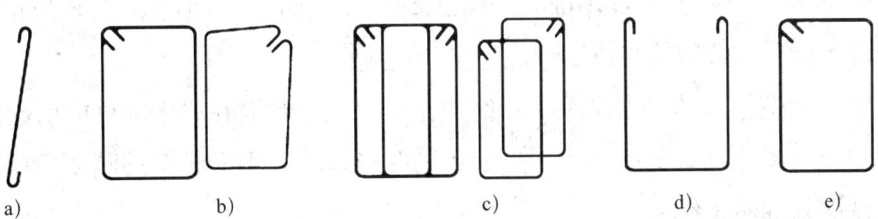

图 2-4-4 箍筋的肢数和形式

a) 单肢箍筋 b) 双肢箍筋 c) 四肢箍筋 d) 开口式箍筋 e) 封闭式箍筋

3) 箍筋直径。为了使箍筋与纵向钢筋联系形成的骨架具有一定刚度，箍筋的直径不能太小。对于梁高 $h>800$ mm 的梁，其箍筋直径不宜小于 $\phi 8$ mm；对于梁高 $h \leqslant 800$ mm 的梁，其箍筋直径不宜小于 $\phi 6$ mm；梁中配有计算需要的受压钢筋时，箍筋直径不应小于纵向受压钢筋最大直径的 25%。

4）箍筋的间距。梁中箍筋的间距在满足计算要求的同时，还应符合最大间距的要求，这是为了防止箍筋间距过大，出现不与箍筋相交的斜裂缝，并控制斜裂缝的宽度。箍筋最大间距见表2-4-3。

表2-4-3 梁中箍筋最大间距 S_{max} mm

梁高 h	$150<h \leqslant 300$	$300<h \leqslant 500$	$500<h \leqslant 800$	$h>800$
$V \leqslant 0.7f_tbh_0$	200	300	350	400
$V > 0.7f_tbh_0$	150	200	250	300

（3）弯起钢筋

弯起钢筋的弯起段用来承受弯矩和剪力产生的主拉应力，弯起后的水平段可承受支座处的负弯矩，跨中水平段来承受弯矩产生的拉力。

弯起钢筋的数量和位置由计算确定，一般由纵向受力钢筋弯起而成，当纵向受力钢筋较少，不足以弯起时，也可设置单独的弯起钢筋。

弯起钢筋的弯起角度：当梁高 $h \leqslant 800$ mm 时，采用45°；当梁高 $h>800$ mm 时，采用60°。

（4）架立钢筋

架立钢筋的作用是确保箍筋的正确位置和形成钢筋骨架，还可以承受由于混凝土收缩和温度变化产生的拉力。架立钢筋布置在梁的受压区外缘两侧，平行于纵向受拉钢筋，如在受压区有受压纵向钢筋时，受压钢筋可兼作架立钢筋。

架立钢筋的直径：当梁的跨度小于4 m 时，不宜小于 $\phi 8$ mm；当梁的跨度等于 4~6 m 时，不宜小于 $\phi 10$ mm；当梁的跨度大于6 m 时，不宜小于 $\phi 12$ mm。

（5）梁侧构造钢筋与拉筋

梁侧构造钢筋的作用是承受温度变化、混凝土收缩在梁中部可能引起的拉力，防止混凝土在梁的中部产生裂缝，同时可以增强钢筋骨架的刚度，抵抗偶然出现的附加转矩作用。

当梁的腹板高度 $h_w \geqslant 450$ mm 时，在梁的两个侧面应沿高度配置纵向构造钢筋，每侧纵向构造钢筋（不包括梁上、下部受力钢筋及架立钢筋）的截面面积不应小于腹板截面面积 bh_w 的0.1%，且间距不宜大于200 mm。梁的腹板高度 h_w 的取值如下：对于矩形截面，取截面有效高度；对于T形截面，取截面有效高度减去翼缘高度；对于工字形截面，取腹板净高。

拉筋是指同时拉住主筋和箍筋的钢筋，主要是为提高钢筋骨架的整体性而起拉结作用。拉筋直径：当梁宽 $b \leqslant 350$ mm 时，拉筋直径为 $\phi 6$ mm；当梁宽 $b>350$ mm 时，拉筋直径为 $\phi 8$ mm。拉筋间距为非加密区箍筋间距的 2 倍，当设有多排拉筋时，上下两排拉筋竖向错开设置。

三、混凝土保护层、截面有效高度和配筋率

1. 混凝土保护层

为了防止钢筋锈蚀、防火和保证钢筋与混凝土的黏结，梁、板构件中的钢筋都应具有足够的混凝土保护层。混凝土保护层厚度是指最外层钢筋外边缘至混凝土表面的距离。构件中钢筋的混凝土保护层最小厚度见表 2-4-4。

表 2-4-4　钢筋的混凝土保护层最小厚度　　　　mm

环境类别	板、墙、壳	梁、柱、杆
1	15	20
2a	20	25
2b	25	35
3a	30	40
3b	40	50

注：1. 表中混凝土保护层厚度是指最外层钢筋外边缘至混凝土表面的距离，适用于设计使用年限为 50 年的混凝土结构。
2. 构件中受力钢筋的保护层厚度不应小于钢筋的公称直径。
3. 设计使用年限为 100 年的混凝土结构，最外层钢筋的保护层厚度不应小于表中数值的 1.4 倍。
4. 混凝土强度等级不大于 C25 时，表中保护层厚度数值应增加 5 mm。
5. 钢筋混凝土基础应设置混凝土垫层，其受力钢筋的混凝土保护层厚度应从垫层顶面算起，且不应小于 40 mm。

2. 截面有效高度

在计算梁、板受弯构件承载力时，因为混凝土开裂后拉力完全由钢筋承担，梁、板能发挥作用的截面高度应为受压混凝土边缘至受拉钢筋截面重心的距离，称为截面有效高度，用 h_0 表示。

3. 配筋率

梁内纵向受拉钢筋配置的多少用配筋率 ρ 表示。

$$\rho = \frac{A_s}{bh_0}$$

式中　A_s——纵向受拉钢筋的截面面积；
　　　b——梁的截面宽度；
　　　h_0——梁截面有效高度。

培训单元 4　柱的构造要求

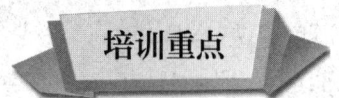

→ 了解受压柱材料的选用原则、截面形式和尺寸。
→ 掌握柱中钢筋的构造。

钢筋混凝土受压构件（柱）按纵向力与构件截面形心相互位置的不同，可分为轴心受压构件和偏心受压构件，如图 2-4-5 所示。当纵向力 N 的作用线与构件截面形心轴线重合时为轴心受压构件，常见的钢筋混凝土轴心受压构件如等跨柱网房屋的柱。当纵向力 N 的作用线与构件截面形心轴线不重合时为偏心受压构件，如多层房屋的边柱、角柱和单层工业厂房柱等。

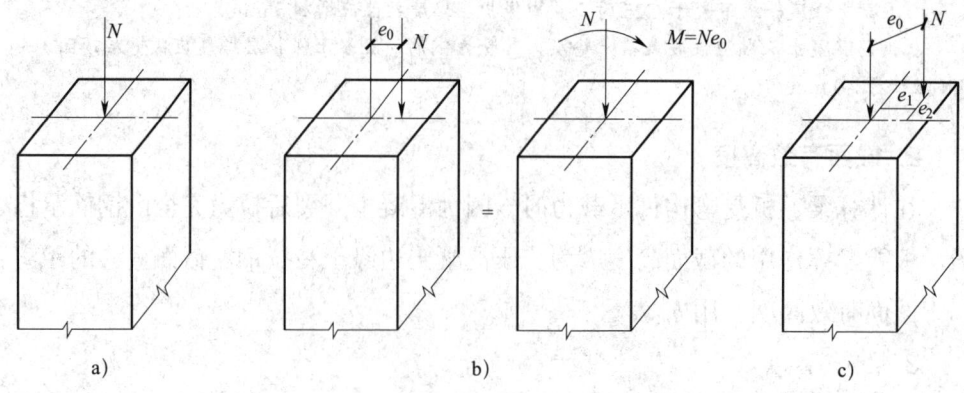

图 2-4-5　受压构件
a）轴心受压　b）单向偏心受压　c）双向偏心受压

一、材料选用、截面形式和尺寸

1. 混凝土强度等级

受压构件宜采用较高强度等级的混凝土，一般设计中常用的混凝土强度等级为 C25—C40，必要时也可采用更高强度等级的混凝土。

2. 截面形式和尺寸

钢筋混凝土受压构件截面一般采用正方形或矩形截面，有特殊要求也采用圆形或多边形，装配式厂房常采用工字形截面。为了避免构件长细比过大，柱截面尺寸一般不宜小于 250 mm × 250 mm，长细比应控制在 $l_0/b \leq 30$、$l_0/h \leq 25$、$l_0/d \leq 25$。其中 l_0 为柱的计算长度，b 为柱的短边长，h 为柱的长边长，d 为圆形柱的直径。当柱截面的边长在 800 mm 以下时，一般以 50 mm 为模数；边长在 800 mm 以上时，以 100 mm 为模数。

二、柱中钢筋

柱中钢筋有纵向受力钢筋和箍筋两种。纵向受力钢筋的作用是承受弯矩、协助混凝土承受压力以及承受混凝土收缩和温度变形引起的拉应力，防止构件突然的脆性破坏。箍筋的作用是保证纵向钢筋的位置正确，防止纵向钢筋压屈，从而提高柱的承载能力。对于偏心受压柱，箍筋的主要作用是承受柱中剪力。

1. 纵筋

纵向受力钢筋的直径不宜小于 ϕ12 mm，全部纵向钢筋的配筋率不宜大于 5%；柱中纵向钢筋的净间距不应小于 50 mm，且不宜大于 300 mm；圆柱中纵筋不宜少于 8 根，不应少于 6 根，且宜沿周边均匀布置；在偏心受压柱中，垂直于弯矩作用平面的侧面上纵向受力钢筋及轴心受压柱中各边的纵向受力钢筋，其中距不宜大于 300 mm；钢筋混凝土受压柱全部纵向钢筋的最小配筋率不得小于 0.6%，一侧纵向配筋率不得小于 0.2%。

2. 箍筋

柱中箍筋直径不应小于 $d/4$（d 为纵向钢筋直径），且不应小于 ϕ6 mm；箍筋间距不应大于 400 mm 及构件截面的短边尺寸，且不应大于 15d；柱及其他受压构件中的周边箍筋应做成封闭式；当柱截面短边尺寸大于 400 mm 且各边纵向钢筋多于 3 根，或当柱截面短边尺寸不大于 400 mm 但各边纵向钢筋多于 4 根时，应设置复合箍筋，如图 2-4-6 所示；柱中全部纵向受力钢筋配筋率大于3%时，箍筋直径不应小于 $\phi 8$ mm，间距不应大于 $10d$，且不应大于 200 mm；箍筋末端应做成 $135°$ 弯钩，且弯钩末端平直段长度不应小于 $10d$。

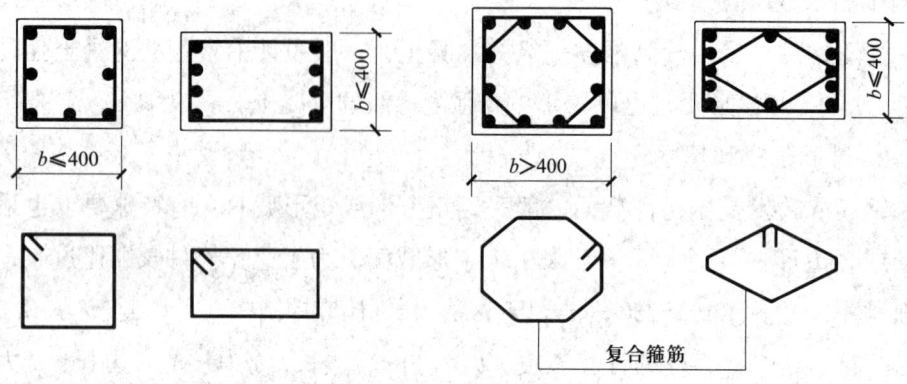

图 2-4-6 柱中箍筋形式

培训单元 5　预应力混凝土结构基本知识

→ 了解预应力混凝土结构的基本概念。
→ 掌握预应力混凝土的特点和主要用途。
→ 掌握施加预应力的方法。
→ 了解预应力损失的概念。

一、预应力混凝土概述

1. 预应力混凝土的概念

在正常使用条件下，普通钢筋混凝土结构受弯构件的受拉区极易出现开裂现象，使构件处于带裂缝工作阶段。为保证结构的耐久性，裂缝宽度一般限制在 0.2～0.3 mm，此时钢筋应力仅为 150～250 MPa。可见，普通钢筋混凝土构件若配置高强度钢筋，则高强钢筋无法发挥其应有的作用。

为了充分利用高强度钢材，对钢筋通过张拉或其他方法建立预加应力，使构件产生预压应力，当构件在荷载作用下其受拉区产生拉应力时，首先要抵消预压应力，而后混凝土受拉，最后才出现裂缝。这就能使钢筋混凝土构件不产生裂缝，或推迟裂缝的开展，减小裂缝宽度。

预应力混凝土构件是指在构件承受荷载之前，预先对外荷载作用时的受拉区混凝土施加压应力的构件，如图 2-4-7 所示。

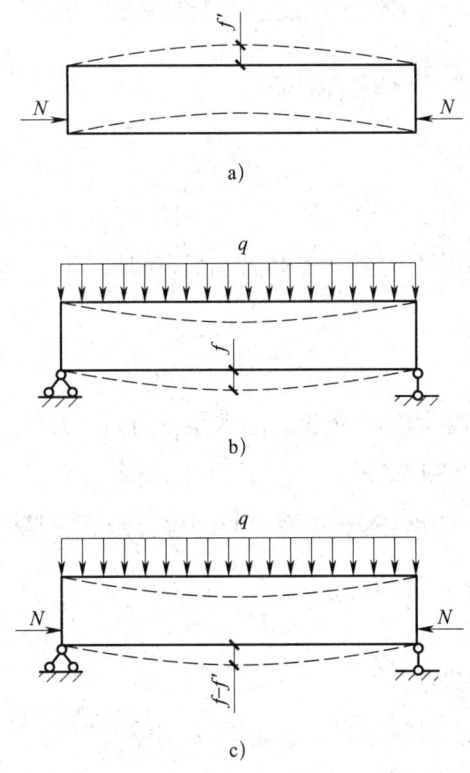

图 2-4-7 预应力混凝土简支梁
a）预应力作用下 b）外荷载作用下 c）预应力和外荷载共同作用下

2. 预应力混凝土结构的特点

预应力混凝土结构与普通混凝土结构相比，有如下特点。

（1）能充分发挥高强度钢筋、高强度混凝土的性能，减轻自重。

（2）采用预应力可以提高构件的抗裂度，结构的耐久性好。

（3）刚度较大。

（4）设计和施工都比较复杂，对材料质量要求严格，施工中要使用专门的机具，并要求施工人员具有一定的施工经验，质量控制比较复杂，施工费用也高。

3. 预应力混凝土结构的主要用途

（1）大跨度结构，如大跨度桥梁、体育馆、大跨度的屋盖、高层建筑的转换层等。

（2）对抗裂有特殊要求的结构，如压力容器、压力管道、水工或海洋建筑、冶金及化工厂的车间等。

（3）高耸建筑结构，如水塔、烟囱、电视塔等。

（4）大量制造的预制构件，如预应力空心楼板、预应力预制桩等。

二、预应力混凝土结构材料

1. 混凝土

预应力混凝土结构所用的混凝土，需满足强度高、收缩、徐变小、快硬、早强的要求，强度等级不应低于 C30，当采用钢绞线、钢丝、热处理钢筋时，不宜低于 C40。

2. 预应力筋

预应力混凝土结构所用的钢筋，需满足强度高，具有一定的塑性、良好的加工性能，与混凝土之间有较好的黏结强度的要求。

目前我国用于预应力混凝土结构中的钢材有钢筋、钢丝、钢绞线三大类。

三、预应力

1. 施加预应力的方法

施加预应力的方法有很多种，一般多采用张拉钢筋的方法，根据张拉钢筋与浇注混凝土的先后顺序不同，可以分为先张法和后张法。

（1）先张法

先张法是指在浇注混凝土前张拉预应力钢筋的方法。首先在台座或钢模上张拉预应力钢筋至设计规定的拉力，用夹具临时固定钢筋，然后浇注混凝土，待混凝土达到设计强度的 75% 及以上时切断钢筋，预应力钢筋回缩时挤压混凝土，使混凝土获得预压应力。先张法预应力是依靠预应力钢筋和混凝土之间的黏结力来传递的。

（2）后张法

后张法是指在混凝土达到规定强度后，再张拉预应力钢筋的方法。首先预留孔道并浇注混凝土，待混凝土达到设计强度的75%及以上后，在孔道中穿预应力钢筋并张拉预应力钢筋至设计规定的拉力。张拉完毕，在张拉端用锚具锚住预应力钢筋，对孔道进行压力灌浆，也可不灌浆形成无黏结预应力混凝土结构。后张法预应力是依靠构件两端的锚具来保持预应力的。

2. 预应力损失

预应力损失是指预应力钢筋张拉后，由于材料特性、张拉工艺等原因，预应力值从张拉开始直到安装使用各个过程中不断降低的现象。

产生预应力损失的因素有：

（1）张拉端锚具变形和钢筋内缩引起的预应力损失。

（2）预应力钢筋与孔道壁之间的摩擦引起的预应力损失。

（3）混凝土加热养护时，受张拉的钢筋与承受拉力设备之间的温差引起的预应力损失。

（4）预应力钢筋的应力松弛引起的预应力损失。

（5）混凝土的收缩和徐变引起的预应力损失。

（6）环形构件采用螺旋式预应力钢筋时由局部挤压变形引起的预应力损失。

培训单元 6　钢结构连接

→ 了解钢结构连接构造。

钢结构由钢板或型钢等构件组合而成，选择合理的连接方案是钢结构设计中的重要环节。

钢结构的连接方法有焊接连接、螺栓连接和铆钉连接三种，如图2-4-8所示。

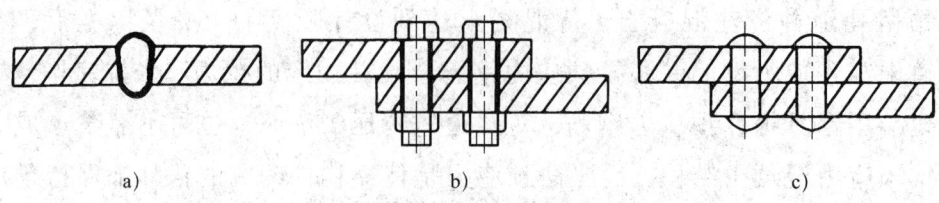

图 2-4-8 钢结构连接方法
a）焊接连接　b）螺栓连接　c）铆钉连接

一、焊接连接

焊接是目前钢结构应用最广泛的连接方法，优点是构造简单、操作方便、省工省料、不削弱截面，缺点是焊件中产生焊接应力和焊接变形、低温冷脆。

1. 焊接方法

钢结构常用的焊接方法有电弧焊（包括手工电弧焊、自动或半自动电弧焊）及气体保护焊。

2. 焊缝的形式

焊缝的基本形式有两种：对接焊缝和角焊缝。

（1）对接焊缝

采用对接焊缝，板件边缘需加工成各种形式的坡口，如图 2-4-9 所示。

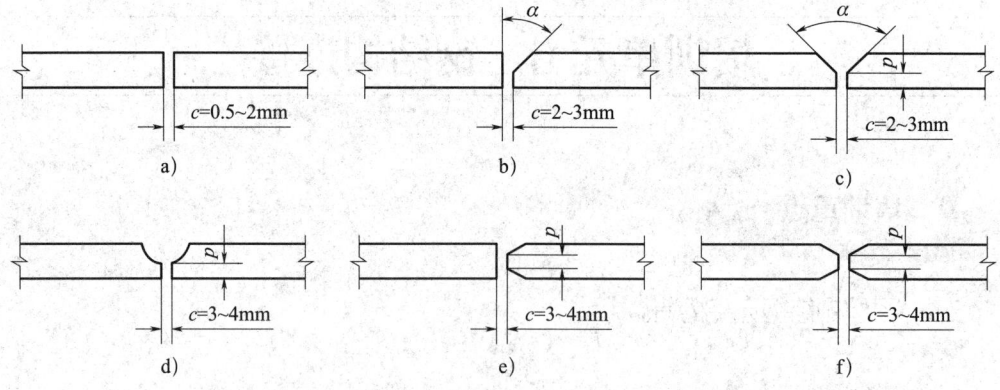

图 2-4-9 对接焊缝的坡口形式
a）直边缝　b）单边 V 形坡口　c）V 形坡口　d）U 形坡口　e）K 形坡口　f）X 形坡口

当钢板的宽度或厚度不同时，一般结构应在板的宽度或厚度一侧或两侧做成不大于 1：2.5 的斜坡平缓过渡，如图 2-4-10 所示。

对接焊缝的起点和终点，常因不易焊透而出现凹陷的弧坑，应采用引弧板，焊后将引弧板切除，如图 2-4-11 所示。

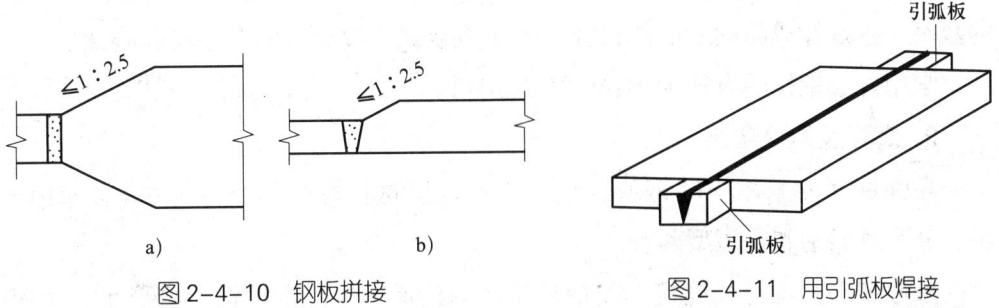

图 2-4-10 钢板拼接　　　　图 2-4-11 用引弧板焊接

（2）角焊缝

角焊缝是沿着被连接板件之一的边缘施焊而成。角焊缝分为直角角焊缝和斜角角焊缝，如图 2-4-12 所示。

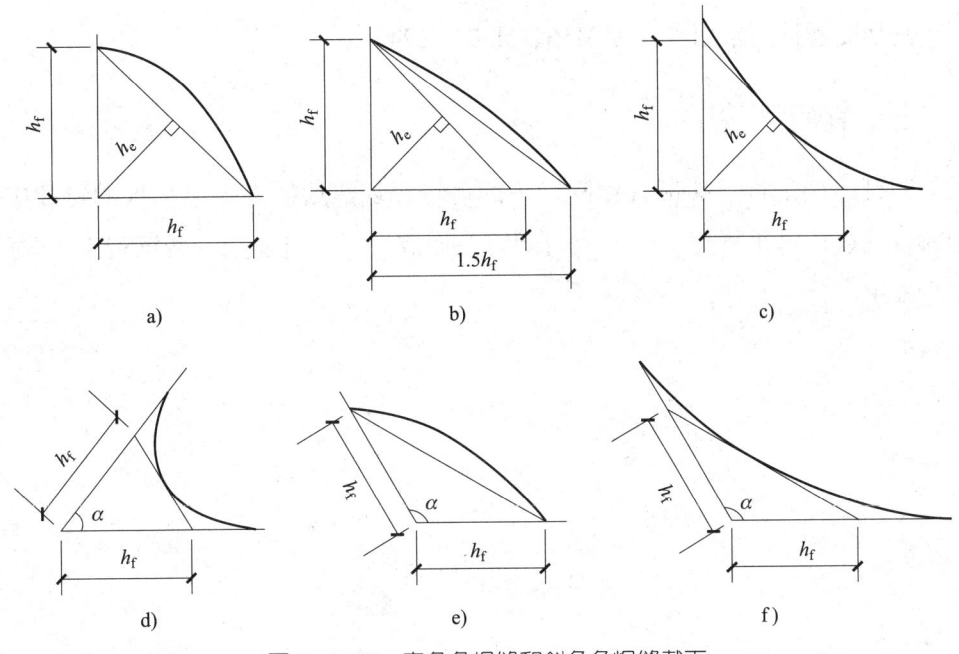

图 2-4-12 直角角焊缝和斜角角焊缝截面
a)、b)、c) 直角角焊缝　d)、e)、f) 斜角角焊缝

二、螺栓连接

螺栓连接分为普通螺栓连接和高强度螺栓连接。

1. 普通螺栓连接

普通螺栓按加工精度分为两种，一种是 A、B 级螺栓（精制螺栓），另一种是 C 级螺栓（粗制螺栓）。

普通螺栓按性能等级分为 4.6 级、4.8 级和 8.8 级。性能等级划分小数点前的数字表示螺栓成品的最低抗拉强度，小数点及小数点后的数字是屈强比。

常用普通螺栓的直径为 M16、M20、M24。

2. 高强度螺栓连接

高强度螺栓采用中碳钢或合金钢制成，按材料性能等级分为 8.8 级、10.9 级，分为摩擦型和承压型两种。

摩擦型高强度螺栓连接，仅依靠摩擦力传递剪力，这种连接变形小、耐疲劳、安装方便，特别适用于承受动力荷载的结构。

承压型高强度螺栓连接，除依靠摩擦力传力外，还可利用螺栓杆抗剪和承压传力，它的承载力比摩擦型高，但连接变形相对较大，仅适用于承受静力荷载的结构。

高强度螺栓的常用直径为 M16、M20、M24。

三、铆钉连接

铆钉连接是将一端带有预制钉头的铆钉经加热后插入连接构件的钉孔中，用铆钉枪或压铆机将另一端压成封闭钉头而成。因构造复杂、费钢费工，现已较少采用。

培训项目 5 建筑安装工程造价基本知识

培训单元1 工程造价概述

→ 了解工程造价的基本概念。
→ 掌握工程造价的特点。
→ 了解我国建设项目总投资的构成。
→ 熟悉工程造价的基本构成。

一、工程造价的含义

工程造价通常是指工程项目在建设期(预计或实际)支出的建设费用。由于所处的角度不同,工程造价有不同的含义。

含义一:从投资者(业主)角度分析,工程造价是指建设一项工程预期开支或实际开支的全部固定资产投资费用。投资者为了获得投资项目的预期效益,需要对项目进行策划决策、建设实施(设计、施工)直至竣工验收等一系列活动。在上述活动中所花费的全部费用,即构成工程造价。从这个意义上讲,工程造价就是建设工程固定资产总投资。

含义二：从市场交易角度分析，工程造价是指在工程发/承包交易活动中形成的建筑安装工程费用或建设工程总费用。显然，工程造价的这种含义是指以建设工程这种特定的商品形式作为交易对象，通过招投标或其他交易方式，在多次预估的基础上，最终由市场形成的价格。这里的工程既可以是整个建设工程项目，也可以是其中一个或几个单项工程或单位工程，还可以是其中一个或几个分部工程，如建筑安装工程、装饰装修工程等。

工程发/承包价格是一种重要且较为典型的工程造价形式，是在建筑市场通过发/承包交易（多数为招标、投标），由需求主体（投资者或建设单位）和供给主体（承包商）共同认可的价格。

工程造价的两种含义实质上就是从不同角度把握同一事物的本质。对投资者而言，工程造价就是项目投资，是"购买"工程项目需支付的费用；同时，工程造价也是投资者作为市场供给主体"出售"工程项目时确定价格和衡量投资效益的尺度。

二、工程计价特点

由工程项目的特点决定，工程计价具有以下特点。

1. 计价的单件性

建筑产品的单件性特点决定了每项工程都必须单独计算造价。

2. 计价的多次性

工程项目需要按程序进行策划决策和建设实施，工程计价也需要在不同阶段多次进行，以保证工程造价计算的准确性和控制的有效性。多次计价是一个逐步深入和细化、不断接近实际造价的过程。工程多次计价过程如图2-5-1所示。

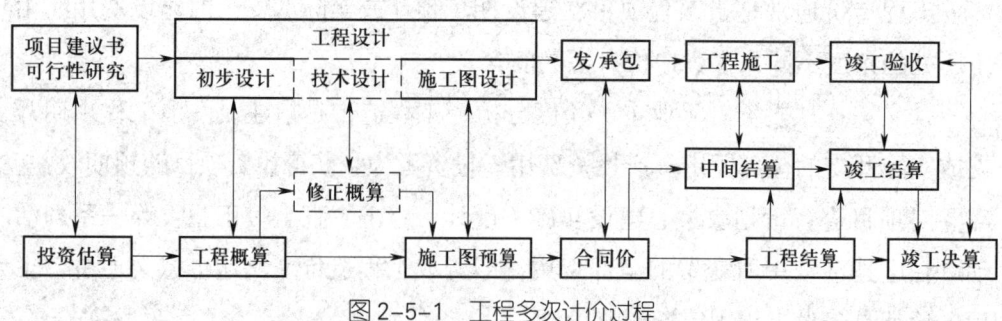

图2-5-1　工程多次计价过程

（1）投资估算

投资估算是指在项目建议书和可行性研究阶段通过编制估算文件预先测算的工程造价。投资估算是进行项目决策、筹集资金和合理控制造价的主要依据。

（2）工程概算

工程概算是指在初步设计阶段，根据设计意图，通过编制工程概算文件预先测算的工程造价。与投资估算相比，工程概算的准确性有所提高，但受投资估算的控制。

工程概算一般又可分为建设项目总概算、各单项工程综合概算、各单位工程概算。

（3）修正概算

修正概算是指在技术设计阶段，根据技术设计要求，通过编制修正概算文件预先测算的工程造价。修正概算是对初步设计概算的修正和调整，比工程概算准确，但受工程概算控制。

（4）施工图预算

施工图预算是指在施工图设计阶段，根据施工图，通过编制预算文件预先测算的工程造价。施工图预算比工程概算和修正概算更为详尽和准确，但同样要受前一阶段工程造价的控制。目前，有些工程项目在招标时需要确定招标控制价，以限制最高投标报价。

（5）合同价

合同价是指在工程发/承包阶段通过签订合同所确定的价格。合同价属于市场价格，它是由发包、承包双方根据市场行情通过招投标等方式达成一致、共同认可的成交价格。

注意：合同价并不等同于最终结算的实际工程造价。由于计价方式不同，合同价内涵也会有所不同。

（6）工程结算

工程结算包括施工过程中的中间结算和竣工验收阶段的竣工结算。工程结算需要按实际完成的合同范围内合格工程量考虑，同时按合同调价范围和调价方法，对实际发生的工程量增减、设备和材料价差等进行调整后确定结算价格。工程结算反映的是工程项目实际造价。工程结算文件一般由承包单位编制，由发包单位审查，也可委托工程造价咨询机构进行审查。

（7）竣工决算

竣工决算是指在工程竣工决算阶段，以实物数量和货币指标为计量单位，综合反映竣工项目从筹建开始到项目竣工交付使用为止的全部建设费用。竣工决算文件一般是由建设单位编制，上报相关主管部门审查。

三、我国建设项目总投资的构成

建设项目总投资是为完成工程项目建设并达到使用要求或生产条件，在建设期内预计或实际投入的全部费用总和。生产性建设项目总投资包括建设投资、建设期利息和流动资金三部分，非生产性建设项目总投资包括建设投资和建设期利息两部分。其中建设投资和建设期利息之和对应于固定资产投资，固定资产投资与建设项目的工程造价在量上相等。

四、工程造价的构成

工程造价基本构成包括：用于购买工程项目所含各种设备的费用，用于建筑施工和安装施工所需支出的费用，用于委托工程勘察设计应支付的费用，用于购置土地所需的费用，也包括用于建设单位自身进行项目筹建和项目管理所花费的费用等。总之，工程造价是指在建设期预计或实际支出的建设费用。

工程造价中的主要构成部分是建设投资，建设投资是为完成工程项目建设，在建设期内投入且形成现金流出的全部费用。根据《建设项目经济评价方法与参数（第三版）》的规定，建设投资包括工程费用、工程建设其他费用和预备费三部分。工程费用是指建设期内直接用于工程建造、设备购置及其安装的建设投资，可以分为建筑安装工程费和设备及工具器具购置费。工程建设其他费用是指建设期发生为项目建设或运营必须发生的但不包括在工程费用中的费用。预备费是在建设期内因各种不可预见因素的变化而预留的可能增加的费用，包括基本预备费和价差预备费。建设项目总投资的具体构成内容如图2-5-2所示。

流动资金指为进行正常生产运营，用于购买原材料、燃料、支付工资及其他运营费用等所需的周转资金。在可行性研究阶段用于财务分析时计为全部流动资金，在初步设计及以后阶段用于计算"项目报批总投资"或"项目概算总投资"时计为铺底流动资金。铺底流动资金是指生产经营性建设项目为保证投产后正常的生产运营所需，并在项目资本金中筹措的自有流动资金。

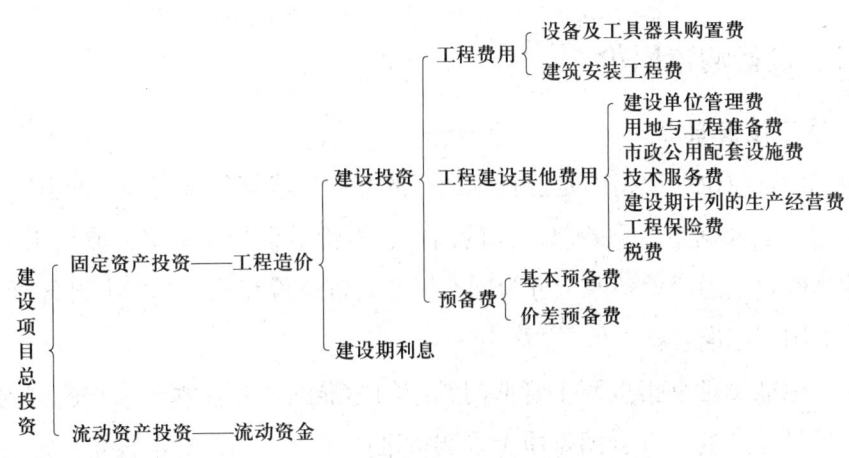

图 2-5-2 建设项目总投资的具体构成

培训单元 2 设备及工具器具购置费

→ 了解设备购置费的概念和构成。
→ 熟悉设备购置费的计算方法。

一、设备购置费的概念和构成

设备购置费是指为工程建设项目购置或自制的达到固定资产标准的设备、工具、器具及生产家具等所需的费用。它由设备原价和设备运杂费构成。

设备购置费 = 设备原价（含备品备件费）+ 设备运杂费

式中，设备原价指国内采购设备的出厂（场）价格，或国外采购设备的抵岸价格，设备原价通常包含备品备件费在内，备品备件费是指设备购置时随设备同时订货的首套备品备件的费用；设备运杂费是指除设备原价之外的设备采购、运输、途中包装及仓库保管等方面支出费用的总和。

二、设备购置原价

1. 国产设备原价

国产设备原价一般指的是设备制造厂的交货价或订货合同价，即出厂（场）价格。它一般根据生产厂或供应商的询价、报价、合同价确定，或采用一定的方法计算确定。国产设备原价分为国产标准设备原价和国产非标准设备原价。

（1）国产标准设备原价

国产标准设备是指按照主管部门颁布的标准图样和技术要求，由国内设备生产厂批量生产的，符合国家质量检测标准的设备。国产标准设备一般有完善的设备交易市场，因此可通过查询相关交易市场价格或向设备生产厂家询价得到国产标准设备原价。对于国产标准设备，在计算时一般采用带有备件的原件。

（2）国产非标准设备原价

国产非标准设备是指国家尚无定型标准，各设备生产厂不可能在工艺过程中采用批量生产，只能按订货要求并根据具体的设计图样制造的设备。非标准设备由于单件生产、无定型标准，所以无法获取市场交易价格，只能按其成本构成或相关技术参数估算其价格。

非标准设备原价有多种不同的计算方法，如成本计算估价法、系列设备插入估价法、分部组合估价法、定额估价法等，但无论采用哪种方法都应该使非标准设备计价接近实际出厂价。成本计算估价法是一种比较常用的估算非标准设备原价的方法。

2. 进口设备原价

进口设备原价是指进口设备的抵岸价，即设备抵达买方边境、港口或车站，交纳完各种手续费、税费后形成的价格。抵岸价通常是由进口设备到岸价（CIF）和进口设备从属费构成。进口设备从属费是指进口设备在办理进口手续过程中发生的应计入设备原价的银行财务费、外贸手续费、进口关税、消费税、进口环节增值税及进口车辆的车辆购置税等。

三、设备运杂费

设备运杂费包括设备从制造厂家交货地点运至施工现场所发生的运输费、装卸费、包装费、供应部门手续费、成套公司服务费、采购和仓库保管费、港口建设费、保险费等（不包括超限设备运输措施费）。其中，对于进口设备，运输费和装卸费是由我国到岸港口或边境车站至工地仓库（或施工组织设计指定的需安装设备的堆放地点）止所发生的费用。

设备运杂费 = 设备原价 × 运杂费费率

四、工具、器具及生产家具购置费

工具、器具及生产家具购置费，是指新建或扩建项目初步设计规定的，保证初期正常生产必须购置的没有达到固定资产标准的设备、仪器、工卡模具、器具、生产家具和备品备件等的购置费用。一般以设备购置费为计算基数，按照部门或行业规定的工具、器具及生产家具费率计算，计算公式为：

工具、器具及生产家具购置费 = 设备购置费 × 定额费率

培训单元3　工程建设其他费用

→ 了解工程建设其他费用构成。
→ 了解建设单位管理费、用地与工程准备费、市政公用配套设施费的内容。
→ 了解技术服务费、建设期计列的生产经营费、工程保险费、税费的内容。

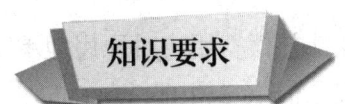

工程建设其他费用是指建设期发生的与土地使用权取得、全部工程项目建设以及未来生产经营有关的，除工程费用、预备费、增值税、建设期融资费用、流动资金以外的费用。政府有关部门对建设项目管理监督所发生的，并由其部门财政支出的费用，不得列入相应建设项目的工程造价。

一、建设单位管理费

1. 建设单位管理费的内容

建设单位管理费是指项目建设单位从项目筹建之日起至办理竣工财务决算

之日止发生的管理性质的支出,包括工作人员薪酬及相关费用、办公费、办公场地租用费、差旅交通费、劳动保护费、工具用具使用费、固定资产使用费、招募生产工人费、技术图书资料(含软件)费、业务招待费、竣工验收费和其他管理性质开支。

2. 建设单位管理费的计算

建设单位管理费按照工程费用之和(包括设备工具器具购置费和建筑安装工程费用)乘以建设单位管理费费率计算。

$$建设单位管理费 = 工程费用 \times 建设单位管理费费率$$

实行代建制管理的项目,计列代建管理费等同建设单位管理费,不得同时计列建设单位管理费。委托第三方行使部分管理职能的,其技术服务费列入技术服务费项目。

二、用地与工程准备费

用地与工程准备费是指取得土地与工程建设施工准备所发生的费用,包括土地使用费和补偿费、场地准备费、临时设施费等。

1. 土地使用费和补偿费

建设用地的取得,实质是依法获取国有土地的使用权。根据《中华人民共和国土地管理法》《中华人民共和国土地管理法实施条例》《中华人民共和国城市房地产管理法》规定,获取国有土地使用权的基本方法有两种:一是通过出让方式,二是通过划拨方式。建设用地取得的基本方式还包括通过租赁方式和通过转让方式。

建设用地如通过行政划拨方式取得,则须承担征地补偿费用或对原用地单位或个人的拆迁补偿费用;若通过市场机制取得,则不但须承担以上费用,还须向土地所有者支付有偿使用费,即土地出让金。

(1)征地补偿费

1)土地补偿费。土地补偿费是对农村集体经济组织因土地被征用而造成的经济损失的一种补偿。征用耕地的补偿费,为该耕地被征用前三年平均年产值的6~10倍。征用其他土地的补偿费标准,由省、自治区、直辖市参照征用耕地的土地补偿费标准制定。土地补偿费归农村集体经济组织所有。

2)青苗补偿费和地上附着物补偿费。青苗补偿费是因征地时对其正在生长的农作物受到损害而做出的一种赔偿。在农村实行承包责任制后,农民自行承包土地的青苗补偿费应付给本人，属于集体种植的青苗补偿费可纳入当年集体收益。凡在协商征地方案后抢种的农作物、树木等，一律不予补偿。地上附着物的补偿标准，由省、自治区、直辖市规定。

3）安置补助费。安置补助费应支付给被征地单位和安置劳动力的单位，作为劳动力安置与培训的支出，以及不能就业人员的生活补助。征收耕地的安置补助费，按照需要安置的农业人口数计算。需要安置的农业人口数，按照被征收的耕地数量除以征地前被征收单位平均每人占有耕地的数量计算。每一个需要安置的农业人口的安置补助费标准，为该耕地被征收前三年平均年产值的4~6倍。但是，每公顷被征收耕地的安置补助费，最高不得超过被征收前三年平均年产值的15倍。土地补偿费和安置补助费，尚不能使需要安置的农民保持原有生活水平的，经省、自治区、直辖市人民政府批准，可以增加安置补助费。但是，土地补偿费和安置补助费的总和不得超过土地被征收前三年平均年产值的30倍。另外，对于失去土地的农民，还需要支付养老保险补偿。

4）新菜地开发建设基金。新菜地开发建设基金指征用城市郊区商品菜地时支付的费用。这项费用交给地方财政，作为开发建设新菜地的投资。菜地是指城市郊区为供应城市居民蔬菜，连续三年以上常年种菜的商品菜地或者养殖鱼、虾等的精养鱼塘。一年只种一茬或因调整茬口安排种植蔬菜的，均不作为需要收取开发建设基金的菜地。征用尚未开发的规划菜地，不缴纳新菜地开发建设基金。在蔬菜产销放开后，能够满足供应，不再需要开发新菜地的城市，不收取新菜地开发基金。

5）耕地开垦费和森林植被恢复费。征用耕地的包括耕地开垦费用，涉及森林草原的包括森林植被恢复费用等。

6）生态补偿与压覆矿产资源补偿费。水土保持等生态补偿费是指建设项目对水土保持等生态造成影响所发生的除工程费之外的补救或者补偿费用；压覆矿产资源补偿费是指项目工程对被其压覆的矿产资源利用造成影响所发生的补偿费用。

7）其他补偿费。其他补偿费是指建设项目涉及的对房屋、市政、铁路、公路、管道、通信、电力、河道、水利、厂区、林区、保护区、矿区等不附属于建设用地但与建设项目相关的建筑物、构筑物或设施的拆除迁建补偿、搬迁运输补偿等费用。

8）土地管理费。土地管理费主要作为征地工作中所发生的办公、会议、培训、宣传、差旅、借用人员工资等必要的费用。土地管理费的收取标准，一般是在土地补偿费、青苗补偿费和地上附着物补偿费、安置补助费四项费用之和的基础上提取2%~4%。如果是征地包干，还应在四项费用之和后再加上粮食价差、副食补贴、不可预见费等费用，在此基础上提取2%~4%作为土地管理费。

（2）拆迁补偿费用

在城市规划区内国有土地上实施房屋拆迁，拆迁人应当对被拆迁人给予补偿、安置。

1）拆迁补偿金。补偿可以实行货币补偿，也可以实行房屋产权调换。货币补偿的金额，根据被拆迁房屋的区位、用途、建筑面积等因素，以房地产市场评估价格确定。具体办法由省、自治区、直辖市人民政府制定。

2）迁移补偿费。包括征用土地上的房屋及附属构筑物、城市公共设施等拆除迁建补偿费、搬迁运输费，企业单位因搬迁造成的减产停工损失补贴费、拆迁管理费等。迁移补偿费的标准由省、自治区、直辖市人民政府规定。

（3）土地使用权出让金

土地使用权出让金为用地单位向国家支付的土地所有权收益，出让金标准一般参考城市基准地价并结合其他因素制定。基准地价由地市土地管理局会同地市物价局、地市国有资产管理局、地市房地产管理局等部门综合平衡后报地市级人民政府审定通过，它以城市土地综合定级为基础，用某一地价或地价幅度表示某一类别用地在某一土地级别范围的地价，以此作为土地使用权出让价格的基础。

在有偿出让和转让土地时，政府对地价不做统一规定，但应坚持以下原则：地价对目前的投资环境不产生大的影响；地价与当地的社会经济承受能力相适应；地价要考虑已投入的土地开发费用、土地市场供求关系、土地用途、所在区类、容积率和使用年限等。

2. 场地准备费及临时设施费

（1）场地准备费及临时设施费的内容

1）建设项目场地准备费是指为使工程项目的建设场地达到开工条件，由建设单位组织进行的场地平整等准备工作而发生的费用。

2）建设单位临时设施费是指建设单位为满足施工建设需要而提供的未列入工程费用的临时水、电、路、信、气、热等工程和临时仓库等建/构筑物的建设、维修、拆除、摊销费用或租赁费用，以及货场、码头租赁等费用。

（2）场地准备费及临时设施费的计算

1）场地准备及临时设施应尽量与永久性工程统一考虑。建设场地的大型土石方工程应计入工程费用中的总图运输费用中。

2）新建项目的场地准备费和临时设施费应根据实际工程量估算，或按工程费用的比例计算。改扩建项目一般只计拆除清理费。

$$场地准备费和临时设施费 = 工程费用 \times 费率 + 拆除清理费$$

3）发生拆除清理费时可按新建同类工程造价或主材费、设备费的比例计算。凡可回收材料的拆除工程采用以料抵工的方式冲抵拆除清理费。

4）此项费用不包括已列入建筑安装工程费用中的施工单位临时设施费用。

【例2-5-1】某建设项目的工程费用为1 500万元，工程建设其他费用为200万元，场地准备费和临时设施费按工程费用的5%计算，预计项目完工后拆除工程产生的清理费用为20万元，拆除工程可收回材料作价5万元，计算该项目的场地准备费和临时设施费。

解：

场地准备费和临时设施费 = 工程费用 × 费率 + 拆除清理费
$$= 1\ 500\ 万元 \times 5\% + 20\ 万元 - 5\ 万元 = 90\ 万元$$

三、市政公用配套设施费

市政公用配套设施费是指使用市政公用设施的工程项目，按照项目所在地政府有关规定建设或缴纳的市政公用设施建设配套费用。

市政公用配套设施可以是界区外配套的水、电、路、信等设施，包括绿化、人防等配套设施。

四、技术服务费

技术服务费是指在项目建设全部过程中委托第三方提供项目策划、技术咨询、勘察设计、项目管理和跟踪验收评估等技术服务发生的费用。技术服务费包括可行性研究费、专项评价费、勘察设计费、监理费、研究试验费、特殊设备安全监督检验费、监造费、招标费、设计评审费、技术经济标准使用费、工程造价咨询费及其他咨询费。按照《关于进一步放开建设项目专业服务价格的通知》（发改价格〔2015〕299号）的规定，技术服务费应实行市场调节价。

1. 可行性研究费

可行性研究费是指在工程项目投资决策阶段,对有关建设方案、技术方案或生产经营方案进行的技术经济论证,以及编制、评审可行性研究报告等所需的费用。包括编制项目建议书、预可行性研究、可行性研究的费用等。

2. 专项评价费

专项评价费是指建设单位按照国家规定委托相关单位开展专项评价及有关验收工作发生的费用。

专项评价费包括环境影响评价费、安全预评价费、职业病危害预评价费、地震安全性评价费、地质灾害危险性评价费、水土保持评价费、压覆矿产资源评价费、节能评估费、危险与可操作性分析及安全完整性评价费以及其他专项评价费。

3. 勘察设计费

(1) 勘察费

勘察费是指勘察人根据发包人的委托,收集已有资料、现场踏勘、制定勘察纲要、进行勘察作业,以及编制工程勘察文件和岩土工程设计文件等收取的费用。

(2) 设计费

设计费是指设计人根据发包人的委托,提供编制建设项目初步设计文件、施工图设计文件、非标准设备设计文件、竣工图文件等服务所收取的费用。

4. 监理费

监理费是指受建设单位委托,工程监理单位为工程建设提供监理服务所收取的费用。

5. 研究试验费

研究试验费是指为建设项目提供和验证设计参数、数据、资料等进行必要的研究试验,以及按设计规定在建设过程中必须进行试验、验证所需的费用,包括自行或委托其他部门进行的专题试验所需人工费、材料费、试验设备及仪器使用费等。这项费用按照设计单位根据本工程项目的需要提出的研究试验内容和要求计算。在计算时要注意不应包括以下项目:

(1) 应由科技三项费用(即新产品试制费、中间试验费和重要科学研究补助费)开支的项目。

（2）应在建筑安装费用中列支的施工企业对建筑材料、构件和建筑物进行一般鉴定、检查所发生的费用及技术革新的研究试验费。

（3）应由勘察设计费或工程费用中开支的项目。

6. 特殊设备安全监督检验费

特殊设备安全监督检验费是指对在施工现场安装的列入国家特种设备范围内的设备（设施）进行检验检测和监督检查所发生的应列入项目开支的费用。

7. 监造费

监造费是指对项目所需设备材料制造过程、质量进行驻厂监督所发生的费用。

设备材料监造是指承担设备监造工作的单位受项目法人或建设单位的委托，按照设备、材料供货合同的要求，坚持客观公正、诚信科学的原则，对工程项目所需设备、材料在制造和生产过程中的工艺流程、制造质量等进行监督，并对委托人（项目法人或建设单位）负责的服务。

8. 招标费

招标费是指建设单位委托招标代理机构进行招标服务所发生的费用。

9. 设计评审费

设计评审费是指建设单位委托有资质的机构对设计文件进行评审的费用。设计文件包括初步设计文件和施工图设计文件等。

10. 技术经济标准使用费

技术经济标准使用费是指建设项目投资确定与计价、费用控制过程中使用相关技术经济标准使所发生的费用。

11. 工程造价咨询费

工程造价咨询费是指建设单位委托造价咨询机构进行各阶段相关造价业务工作所发生的费用。

五、建设期计列的生产经营费

建设期计列的生产经营费是指为达到生产经营条件在建设期发生或将要发生的费用，包括专利及专有技术使用费、联合试运转费、生产准备费等。

1. 专利及专有技术使用费

专利及专有技术使用费是指在建设期内为取得专利、专有技术、商标权、商誉、特许经营权等发生的费用。

（1）专利及专有技术使用费的主要内容

包括工艺包费，设计及技术资料费，有效专利、专有技术使用费，技术保密费和技术服务费等，商标权、商誉和特许经营权费，软件费等。

（2）专利及专有技术使用费的计算

1）按专利使用许可协议和专有技术使用合同的规定计列。

2）专有技术的界定应以省、部级鉴定批准为依据。

3）项目投资中只计需在建设期支付的专利及专有技术使用费。协议或合同规定在生产期支付的使用费应在生产成本中核算。

4）一次性支付的商标权、商誉及特许经营权费按协议或合同规定计列。协议或合同规定在生产期支付的商标权或特许经营权费应在生产成本中核算。

5）为项目配套的专用设施投资，包括专用铁路线、专用公路、专用通信设施、送/变电站、地下管道、专用码头等，如由项目建设单位负责投资但产权不归属本单位的，应作无形资产处理。

2. 联合试运转费

联合试运转费是指新建或新增加生产能力的工程项目，在交付生产前按照设计文件规定的工程质量标准和技术要求，对整个生产线或装置进行负荷联合试运转所发生的费用净支出（试运转支出大于收入的差额部分费用）。试运转支出包括试运转所需原材料、燃料及动力消耗、低值易耗品、其他物料消耗的费用，工具用具使用费，机械使用费，联合试运转人员工资，施工单位参加试运转人员工资，专家指导费，以及必要的工业炉烘炉费等；试运转收入包括试运转期间的产品销售收入和其他收入。联合试运转费不包括应由设备安装工程费用开支的调试及试车费用，以及在试运转中暴露出来的因施工原因或设备缺陷等发生的处理费用。

3. 生产准备费

（1）生产准备费的内容

在建设期内，建设单位为保证项目正常生产所做的提前准备工作发生的费用，包括人员培训、提前进厂费，以及投产使用必备的办公、生活家具用具及工具器具等的购置费用。其中，人员培训及提前进厂费包括自行组织培训或委托其他单位培训的人员工资、工资性补贴、职工福利费、差旅交通费、劳动保护费、学习资料费等。

（2）生产准备费的计算

新建项目按设计定员为基数计算，改扩建项目按新增设计定员为基数计算：

生产准备费=设计定员×生产准备费指标（元/人）

可采用综合的生产准备费指标进行计算，也可以按费用内容的分类指标计算。

六、工程保险费

工程保险费是指为转移工程项目建设的意外风险，在建设期内对建筑工程、安装工程、机械设备和人身安全进行投保而发生的费用，包括建筑安装工程一切险、引进设备财产保险和人身意外伤害险等。不同的建设项目可根据工程特点选择投保险种。

根据不同的工程类别，分别以其建筑、安装工程费乘以建筑、安装工程保险费费率计算。民用建筑（住宅楼、综合性大楼、商场、旅馆、医院、学校）占建筑工程费的2‰~4‰，其他建筑（工业厂房、仓库、道路、码头、水坝、隧道、桥梁、管道等）占建筑工程费的3‰~6‰，安装工程（农业、机械、电子、电器、纺织、石油、化学及钢铁工业，矿山，钢结构桥梁）占建筑工程费的3‰~6‰。

七、税费

按《基本建设项目建设成本管理规定》（财建〔2016〕504号）工程其他费中的有关规定，税费统一归纳计列，是指耕地占用税、城镇土地使用税、印花税、车船使用税等和行政性收费，不包括增值税。

培训单元4　预备费及建设期利息

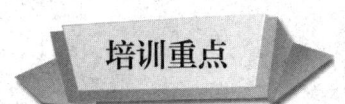

➔ 了解基本预备费、价差预备费的概念。
➔ 了解建设期利息的概念。
➔ 掌握预备费、建设期利息的计算方法。

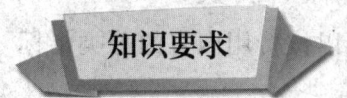

一、预备费

预备费是指在建设期内因各种不可预见因素的变化而预留的可能增加的费用,包括基本预备费和价差预备费。

1. 基本预备费

基本预备费是指在投资估算或工程概算阶段预留的,由于工程实施中不可预见的工程变更及洽商、一般自然灾害处理、地下障碍物处理、超规超限设备运输等可能增加的费用,亦可称为工程建设不可预见费。基本预备费一般由以下四部分构成。

(1) 工程变更及洽商费,指在批准的初步设计范围内,技术设计、施工图设计及施工过程中所增加的工程费用,设计变更、工程变更、材料代用、局部地基处理等增加的费用。

(2) 一般自然灾害处理费,指一般自然灾害造成的损失和预防自然灾害所采取措施的费用。实行工程保险的工程项目,该费用应适当降低。

(3) 不可预见的地下障碍物处理的费用。

(4) 超规超限设备运输增加的费用。

2. 价差预备费

价差预备费是指为在建设期内利率、汇率或价格等因素的变化而预留的可能增加的费用,亦称为价格变动不可预见费。价差预备费的内容包括人工、设备、材料、施工机具的价差费,建筑安装工程费、工程建设其他费用调整及利率、汇率调整等增加的费用。

二、预备费的计算

1. 基本预备费的计算

基本预备费是按工程费用和工程建设其他费用二者之和为计取基础,乘以基本预备费费率进行计算。

基本预备费 = (工程费用 + 工程建设其他费用) × 基本预备费费率

基本预备费费率的取值应执行国家及有关部门的规定。

2. 价差预备费的测算

价差预备费一般根据国家规定的投资综合价格指数，按估算年份价格水平的投资额为基数，采用复利方法计算。计算公式为：

$$PF = \sum_{t=1}^{n} I_t [(1+f)^m \times (1+f)^{0.5} \times (1+f)^{t-1} - 1]$$

式中　PF——价差预备费；

　　　n——建设期年份数；

　　　I_t——建设期中第 t 年的静态投资计划额，包括工程费用、工程建设其他费用及基本预备费；

　　　f——年涨价率；

　　　m——建设前期年限（从编制估算到开工建设，年）。

【例 2-5-2】某建设项目建安工程费 5 000 万元，设备购置费 3 000 万元，工程建设其他费用 2 000 万元，已知基本预备费费率 5%，项目建设前期年限为 1 年，建设期为 3 年，各年投资计划额为：第一年完成投资 20%，第二年完成投资 60%，第三年完成投资 20%。年均投资价格上涨率为 6%，求建设项目建设期间价差预备费。

解：

基本预备费 =（5 000 万元 +3 000 万元 +2 000 万元）×5%=500 万元

静态投资 = 5 000 万元 +3 000 万元 +2 000 万元 +500 万元 =10 500 万元

建设期第一年完成投资 I_1 = 10 500 万元 ×20%=2 100 万元

第一年涨价预备费为：

$\quad PF_1 = I_1 [(1+f) \times (1+f)^{0.5} - 1]$

$\quad\quad = 2\ 100\ 万元 \times [(1+6\%) \times (1+6\%)^{0.5} - 1] = 191.8\ 万元$

第二年完成投资 I_2 = 10 500 万元 ×60%=6 300 万元

第二年涨价预备费为：

$\quad PF_2 = I_2 [(1+f) \times (1+f)^{0.5} \times (1+f) - 1]$

$\quad\quad = 6\ 300\ 万元 \times [(1+6\%) \times (1+6\%)^{0.5} \times (1+6\%) - 1] = 987.9\ 万元$

第三年完成投资 I_3 = 10 500 万元 ×20%=2 100 万元

第三年涨价预备费为：

$\quad PF_3 = I_3 [(1+f) \times (1+f)^{0.5} \times (1+f)^2 - 1]$

$\quad\quad = 2\ 100\ 万元 \times [(1+6\%) \times (1+6\%)^{0.5} (1+6\%)^2 - 1] = 475.1\ 万元$

所以，建设期的涨价预备费为：

PF=191.8 万元 +987.9 万元 +475.1 万元 =1 654.8 万元

三、建设期利息

建设期利息主要是指在建设期内发生的为工程项目筹措资金的融资费用及债务资金利息。

建设期利息的计算，根据建设期资金用款计划，在总贷款分年均衡发放的前提下，可按当年借款在年中支用考虑，即当年借款按半年计息，上年借款按全年计息。计算公式为：

$$q_j = \left(P_{j-1} + \frac{1}{2}A_j\right) \times i$$

式中　q_j——建设期第 j 年应计利息；

　　　P_{j-1}——建设期第 $j-1$ 年末累计贷款本金与利息之和；

　　　A_j——建设期第 j 年贷款金额；

　　　i——年利率。

在利用国外贷款的利息计算中，年利率应综合考虑贷款协议中向贷款方加收的手续费、管理费、承诺费，以及国内代理机构向贷款方收取的转贷费、担保费和管理费等。

【例 2-5-3】某新建项目，建设期为 3 年，分年均衡进行贷款，第一年贷款 300 万元，第二年贷款 600 万元，第三年贷款 400 万元，年利率为 12%，建设期内利息只计息不支付，求建设期利息。

解：

在建设期，各年利息计算如下：

$q_1 = A_1/2 \times i$ =300 万元 /2 × 12%=18 万元

$q_2 = (P_1 + A_2/2) \times i$ =(300 万元 +18 万元 +600 万元 /2) × 12%=74.16 万元

$q_3 = (P_2 + A_3/2) \times i$ =(300 万元 +18 万元 +600 万元 +74.16 万元 +400 万元 /2) × 12%=143.06 万元

所以，建设期利息 =$q_1+q_2+q_3$=18 万元 +74.16 万元 +143.06 万元 =235.22 万元

培训项目 6 建筑工程测量基础知识

培训单元 1 水 准 测 量

→ 了解水准仪的构造及使用方法。
→ 掌握水准测量方法。

测量地面上各点高程的工作,称为高程测量。水准测量是高程测量中最基本的和精度较高的一种测量方法,在国家高程控制测量、工程勘测和施工测量中被广泛采用。

一、水准仪的构造

1. 水准仪基本构造

(1) 微倾式水准仪

根据水准测量原理,水准仪的主要作用是提供一条水平视线,并能照准水准尺进行读数。水准仪主要由望远镜、水准器和基座三部分构成。如图 2-6-1 所示为我国生产的 DS3 型微倾式水准仪。

1) 望远镜。望远镜是用来精确瞄准远处目标和提供水平视线进行读数的设备。它主要由物镜、目镜、调焦透镜及十字丝分划板等组成，如图2-6-2所示。从目镜中看到的是经过放大后的十字丝分划板上的像。

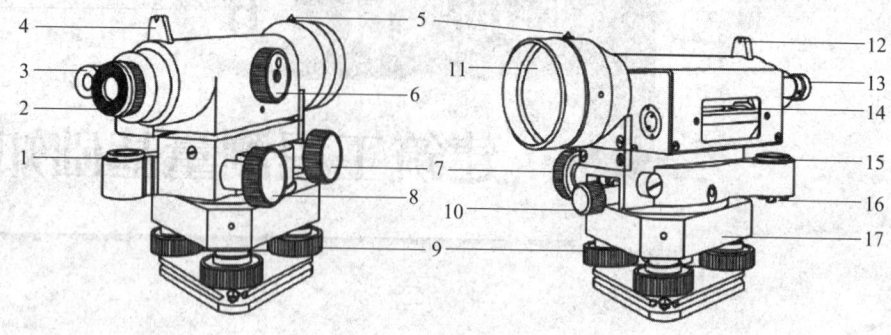

图 2-6-1　DS3型微倾式水准仪

1、15—圆水准器　2—目镜　3、13—管水准器气泡观察窗　4、12—照门　5—准星
6—调焦螺旋　7—微动螺旋　8—微倾螺旋　9—脚螺旋　10—制动螺旋
11—物镜　14—管水准器　16—圆水准器校正螺钉　17—基座

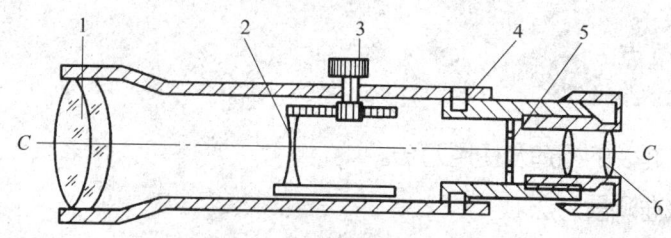

图 2-6-2　水准仪望远镜

1—物镜　2—调焦透镜　3—调焦螺旋　4—连接螺钉　5—十字丝分划板　6—目镜

物镜和目镜多采用复合透镜组。转动物镜调焦螺旋，可使不同距离的目标成像清晰地落在十字丝分划板上，称为调焦或物镜对光。转动目镜螺旋，可使十字丝影像清晰，称为目镜对光。

十字丝分划板是一块刻有分划线的透明的薄平玻璃片，用来准确瞄准目标。中间一根长横丝称为中丝，与之垂直的一根丝称为竖丝，在中丝上下对称的两根与中丝平行的短横丝称为上、下丝（又称观距丝），如图2-6-3所示。在水准测量时，用中丝在水准尺上进行前、后视读数，用以计算高差；用上、下丝在水准尺上读数，用以计算水准仪至水准尺的距离（视距）。

物镜光心与十字丝交点的连线构成望远镜的视准轴，如图2-6-2中的 CC。水准测量时在视准轴水平时，用十字丝的中丝截取水准尺上的读数。

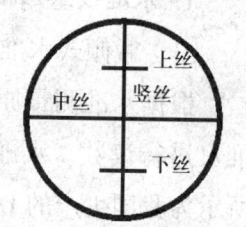

图 2-6-3　十字丝分划板

2）水准器。水准器是用来整平仪器、指示视准轴是否水平，供操作人员判断水准仪是否置平的重要部件。水准器分为圆水准器、管水准器和符合水准器。

①圆水准器。如图2-6-4a所示，圆水准器是一个封闭的玻璃圆盒，盒内部装满乙醚溶液，密封后留有气泡。连接零点与球面的球心的直线称为圆水准器的水准轴。当气泡居中时，圆水准器的水准轴即成铅垂位置。气泡中心偏离零点2mm，轴线所倾斜的角值称为圆水准器的分划值。DS3型水准仪圆水准器分划值一般为8′~10′。圆水准器的功能是用于仪器的粗略整平。

②管水准器。管水准器又称水准管，它是一个管状玻璃管，其纵剖面方向的内表面为圆弧，如图2-6-4b所示。过零点与圆弧相切的切线称为水准管轴LL。当气泡中点处于零点位置时，称气泡居中，这时水准管轴处于水平位置。DS3型水准仪水准管的分划值为20″，记作20″/2mm。由于水准管的精度较高，因而用于仪器的精确整平。

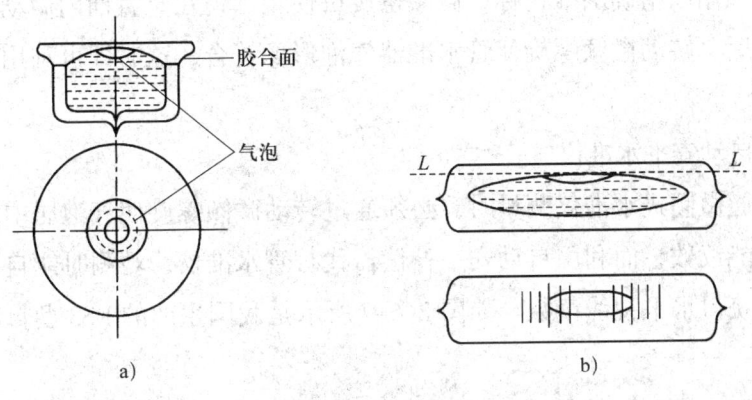

图2-6-4 水准器
a) 圆水准器 b) 管水准器

③符合水准器。为了提高水准管气泡居中的精度，DS3型水准仪水准管的上方装有符合棱镜系统，如图2-6-5a所示，将气泡两端影像同时反映到望远镜旁的观察窗内。通过观测窗观察，当两端半边气泡的影像符合时表明气泡居中，如图2-6-5b所示。

3）基座。基座的作用是支承仪器的上部并通过连接螺旋使仪器与三脚架相连。基座位于仪器下部，主要由轴座、脚螺旋、底板、三角形压板构成。脚螺旋用于调节圆水准气泡的居中。底板通过连接螺旋与三脚架连接。如图2-6-6所示。

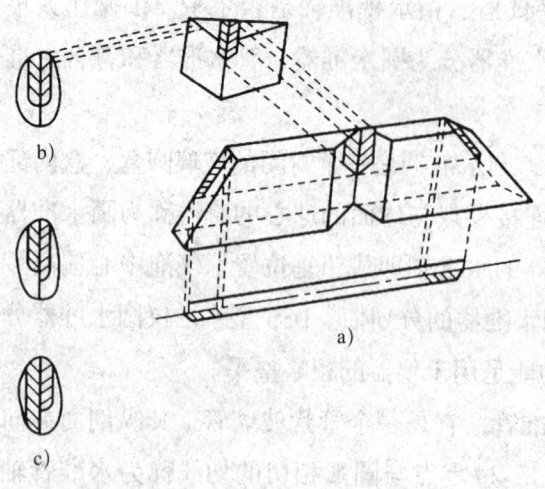

图 2-6-5 符合水准器

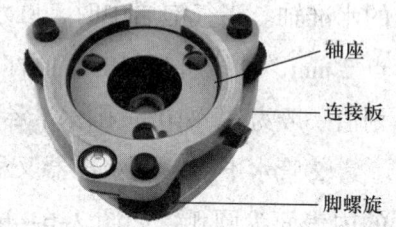

图 2-6-6 水准仪基座

除了上述部件外,水准仪还装有制动螺旋、微动螺旋和微倾螺旋。制动螺旋用于固定仪器;当仪器固定不动时,转动微动螺旋可使望远镜在水平方向作微小转动,用以精确瞄准目标;微倾螺旋可使望远镜在竖直面内微动,圆水准气泡居中后,转动微倾螺旋使管水准器气泡影像符合,这时即可利用水平视线读数。

(2) 自动安平水准仪

用普通微倾式水准仪测量时,必须通过转动微倾螺旋使气泡居中获得水平视线后才能读数,而利用自动安平补偿器代替管水准器,观测时能自动使视准轴置平,获得水平视线读数。如图 2-6-7 所示是我国生产的 DS3 型自动安平水准仪。

图 2-6-7 自动安平水准仪

1—球面基座 2—度盘 3—目镜 4—目镜罩 5—物镜 6—调焦螺旋 7—水平微动螺旋
8—脚螺旋 9—光学粗瞄器 10—水泡观察器 11—圆水准气泡 12—度盘指示牌

（3）水准尺和尺垫

1）水准尺。水准尺是水准测量时使用的标尺。常用的水准尺有塔尺和双面尺两种，如图 2-6-8 所示。

双面尺多用于三、四等水准测量，其长度为 3 m，两根尺为一对。塔尺仅用于等外水准测量。一般由两节或三节套接而成，其长度有 3 m 和 5 m 两种。塔尺可以伸缩，尺的底部为零点。尺上黑白格相间，每格宽度为 1 cm，有的为 0.5 cm，每格小格宽 1 mm，米和分米处皆注有数字。

2）尺垫。尺垫是在转点处放置水准尺用的，其作用是防止点位移动和水准尺下沉。如图 2-6-9 所示，尺垫用生铁铸成，一般为三角形，中间有一突起的半球体，下方有三个支脚。使用时将支脚牢固地踏入土中，以防下沉。上方突起的半球形顶点作为竖立水准尺和标志转点之用。

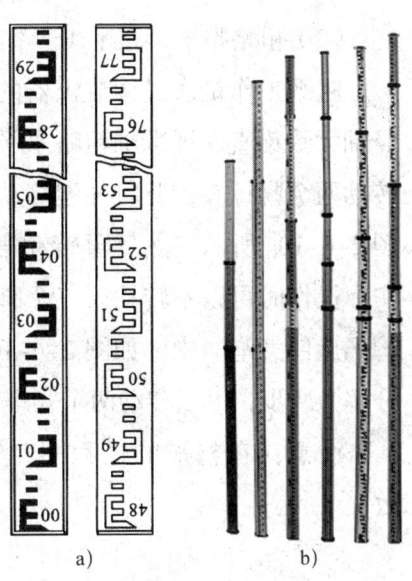

图 2-6-8　水准尺
a）双面尺　b）塔尺

图 2-6-9　尺垫

二、水准仪的使用

1. 自动安平水准仪的使用

目前工程中使用的自动安平水准仪较为普遍，使用自动安平水准仪的基本操作程序为：水准仪的安置→粗略整平（粗平）→瞄准→读数。

（1）水准仪的安置

安置水准仪的方法，通常是先将脚架的两条腿取适当位置安置好，然后一手握住第三条腿作前后移动和左右摆动，一手扶住脚架顶部，眼睛注意圆水准器气泡的移动，使之不要偏离中心太远。如果地面比较坚实，如在公路上、城镇中有铺装面的街道上等可以不用脚踏；如果地面比较松软，则应用脚踏实，使仪器稳定。当地面倾斜较大时，应将三脚架的一个脚安置在倾斜方向上，将另外两个脚安置在与倾斜方向垂直的方向，这样可以使仪器比较稳固。

（2）粗略整平（粗平）

粗平工作是通过调节仪器的脚螺旋，使圆水准器的气泡居中，以达到仪器竖轴大致铅直、视准轴粗略水平的目的。基本方法是：用两手分别以相对方向转动两个脚螺旋，此时气泡移动方向与左手大拇指旋转时的移动方向相同，如图2-6-10a所示。然后再转动第三个脚螺旋使气泡居中，如图2-6-10b所示。实际操作时可以不转动第三个脚螺旋，而以相同方向同样速度转动原来的两个脚螺旋使气泡居中，如图2-6-10c所示。在操作熟练以后，不必将气泡的移动分解为两步，可以转动两个脚螺旋直接使气泡居中。

注意：在整平的过程中，气泡移动的方向与左手大拇指转动的方向一致。

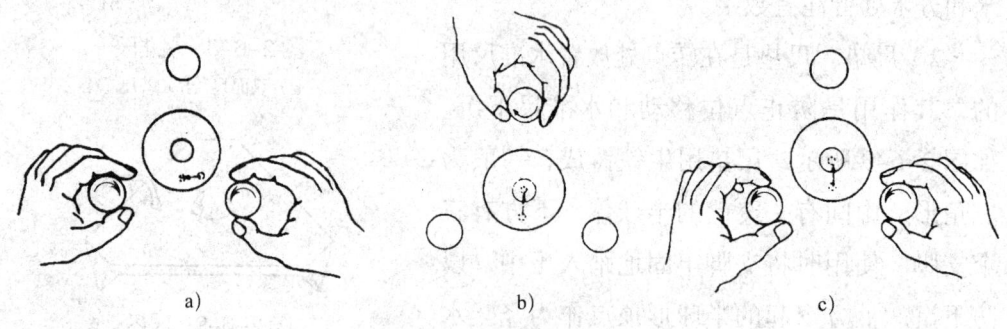

图2-6-10 粗略整平的操作

（3）瞄准

瞄准就是使望远镜对准水准尺，清晰地看到目标和十字丝成像，以便准确地进行水准尺读数。

1）首先进行目镜调焦，把望远镜对向明亮的背景，转动目镜调焦螺旋，使十字丝清晰。

2）松开制动螺旋，转动望远镜，利用镜筒上的照门和准星连线对准水准尺，再拧紧制动螺旋。

3）转动物镜的调焦螺旋，使水准尺成像清晰。

4）再转动微动螺旋，使十字丝的纵丝对准水准尺的像。

眼睛在目镜处上下左右做少量的移动，发现十字丝和目标有相对运动，这种现象称为视差。测量作业是不允许存在视差的，因为这不能判明是否精确地瞄准了目标。消除视差的方法是仔细地进行目镜调焦和物镜调焦，直至眼睛上下移动时读数不变为止。

（4）读数

当确认气泡符合后，应立即用十字丝横丝在水准尺上读数。读数前要认清水准尺的注记特征，读数时按由小到大的方向，依次读取米、分米、厘米、毫米四位数字，最后一位毫米数估读。如图 2-6-11 所示，读数为 1.338，习惯上不读小数点，只念 1、3、3、8 四位数。

2. 微倾式水准仪的使用

微倾式水准仪比自动安平水准仪多一个管水准器，其基本操作程序为：水准仪的安置→粗略整平（粗平）→瞄准→精确整平（精平）→读数。与自动安平水准仪操作相比多了精平的操作步骤，其他四步操作相同。

如图 2-6-12 所示为微倾螺旋转动方向与两侧气泡移动方向的关系。精平时，应徐徐转动微倾螺旋，直到气泡影像稳定符合。必须指出，由于水准仪粗平后，竖轴不是严格铅直，当望远镜由一个目标（后视）转到另一目标（前视）时，气泡不一定符合，应重新精平，气泡居中符合后才能读数。

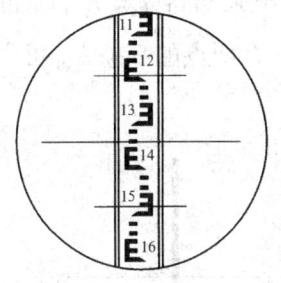

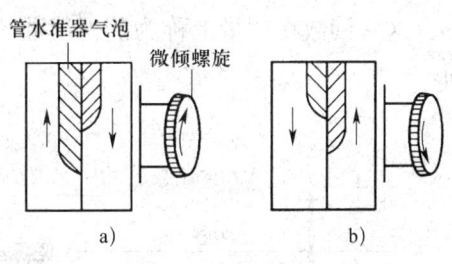

图 2-6-11　照准水准尺读数　　图 2-6-12　精确整平操作

三、地面点的高程

1. 高程

地面点到大地水准面的铅垂距离称为该点的高程，用 H 表示。如图 2-6-13 所示，H_A、H_B 分别表示地面点 A、B 的高程。

2. 高差

地面两点的高程之差称为高差，用 h 表示。

A、B 两点间的高差为：

$$h_{AB}=H_B-H_A$$

当 h_{AB} 为正时，B 点高于 A 点，A 点到 B 点为上

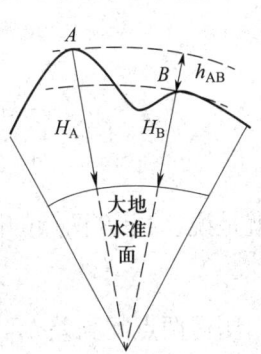

图 2-6-13　地面点的高程

坡；当 h_{AB} 为负时，B 点低于 A 点，A 点到 B 点为下坡。

B、A 两点间的高差为：

$$h_{BA}=H_A-H_B$$

由此可见，A、B 的高差与 B、A 的高差绝对值相等，符号相反，即 $h_{AB}=-h_{BA}$。

四、水准测量原理

水准测量原理是利用水准仪提供一条水平视线，借助竖立在地面点上的水准尺，直接测定地面上各点之间的高差，然后根据其中一点的已知高程推算其他各点的高程。

如图 2-6-14 所示，已知地面 A 点的高程为 H_A，如果要测得 B 点的高程 H_B，就要测出两点的高差 h_{AB}。

欲测定 A、B 两点间的高差，在 A、B 两点各竖一根水准尺，在两点之间安置水准仪。测量时利用水准仪提供的一条水平视线，读出已知高程点 A 的水准尺读数 a，这一读数在测量上称为后视读数。同时测出未知高程点 B 的水准尺读数 b，这一读数在测量上称为前视读数。由此可知 A、B 两点的高差 h_{AB} 可由下式求得：

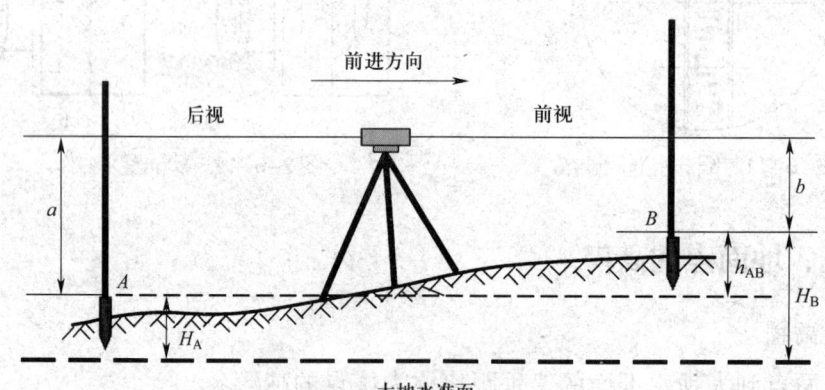

图 2-6-14 水准测量原理
a—后视读数 A—后视点 b—前视读数 B—前视点

$$h_{AB}=a-b$$

也就是说，A、B 两点的高差等于后视读数减去前视读数。即

$$h_{AB}=H_B-H_A=a-b$$

测得两点间高差 h_{AB} 后，若已知 A 点高程，则可得 B 点的高程。

$$H_B=H_A+h_{AB}$$

培训模块二　建筑施工基础知识

培训单元2　角度测量

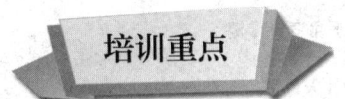

→ 了解经纬仪的构造。
→ 掌握角度测量方法和步骤。

一、电子经纬仪的使用方法

电子经纬仪的实物如图 2-6-15 所示，其操作面板各按键的名称及作用如图 2-6-16 所示。

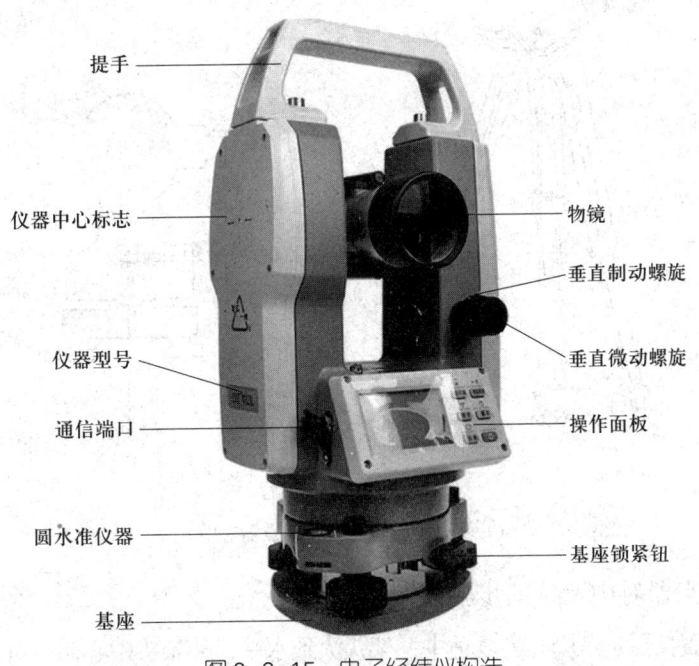

图 2-6-15　电子经纬仪构造

161

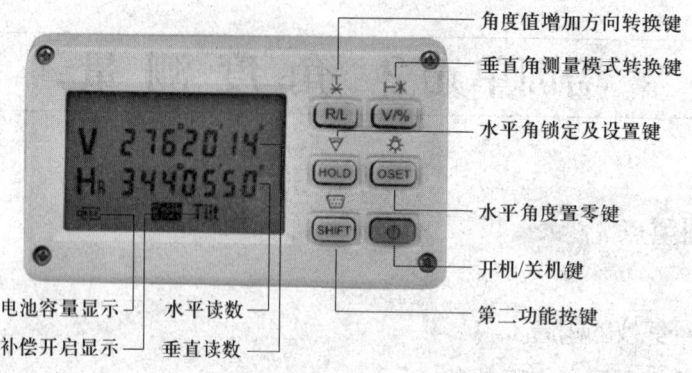

图 2-6-16 电子经纬仪操作面板

经纬仪的使用，一般分为对中、整平、照准和读数四个步骤。

1. 对中、整平

对中的目的是使水平度盘中心和测站点标志中心在同一铅垂线上。整平的目的是使水平度盘处于水平位置和仪器竖轴处于铅垂位置。对中、整平应反复操作。对中的方法有垂球对中（图 2-6-17a）和光学对点器对中（图 2-6-17b）两种，由于垂球对中精度较低，且使用不便，工程测量中一般采用光学对点器对中。

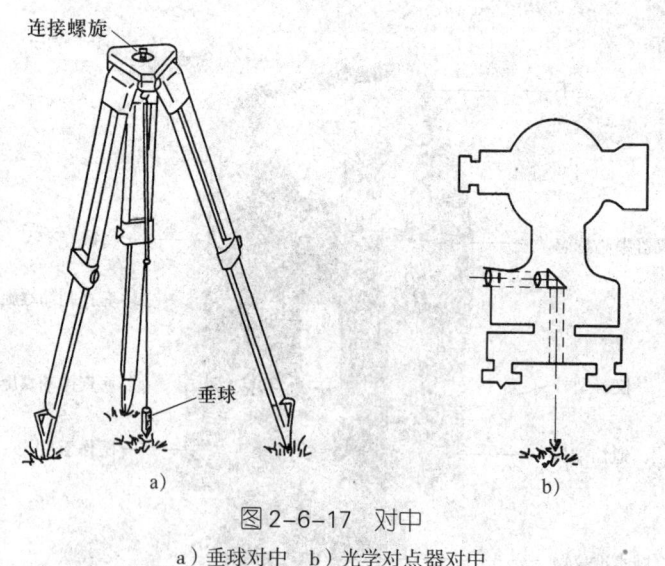

图 2-6-17 对中
a) 垂球对中 b) 光学对点器对中

光学对点器对中及整平步骤如下：

（1）安置仪器。三脚架高度适中，架头大致水平，使架头中心初步对准目标中心。

（2）强制对中。眼睛看着对点器，移动三脚架腿，使光学对点器中心与测点重合，并将三脚架腿踩实。

（3）粗略整平。调节三脚架腿高度使圆水准器气泡居中。

(4)精确对中。在三脚架架头上移动仪器基座,精确对中(只能前后、左右移动,不能旋转)。

(5)精确整平(图2-6-18)。调节脚螺旋,使管水准器气泡居中。

1)转动照准部使管水准轴与所选两个脚螺旋中心连线平行,相对转动两个脚螺旋使管水准器气泡居中。管水准器气泡在整平中的移动方向与转动脚螺旋左手拇指运动方向一致。

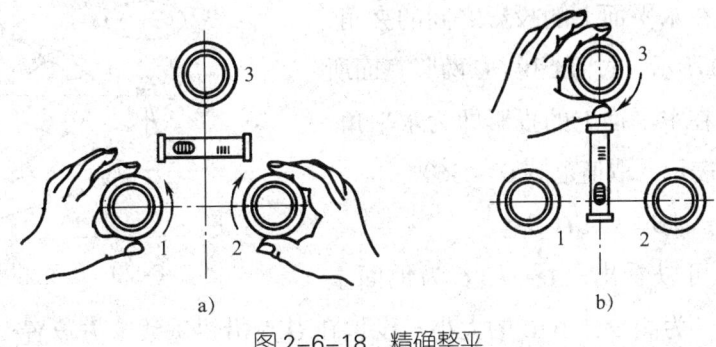

图2-6-18 精确整平

2)转动照准部90°,转动第三个脚螺旋使管水准器气泡居中。

3)重复1)、2)步骤使水准器气泡精确居中。

(6)重复(4)、(5)两步,对中、整平反复操作,直至对中、整平同时符合精度要求。

2. 照准

照准的目的是使视准轴对准观测目标的中心。照准方法如图2-6-19所示。

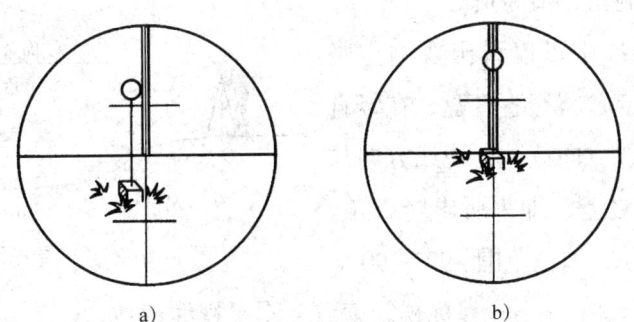

图2-6-19 经纬仪精确瞄准

(1)调节目镜调焦螺旋,使十字丝清晰。

(2)利用粗瞄器粗略瞄准目标,固定制动螺旋。

(3)调节物镜调焦螺旋使目标成像清晰,注意消除视差。

(4)调节制动、微动螺旋,精确瞄准。

3. 读数

直接在电子经纬仪操作面板上读数，H_R、H_L 为水平盘读数，V 为竖直盘读数。

二、水平角和竖直角测量原理

1. 水平角测量原理

水平角是从地面上任意一点出发到两目标的方向线在水平面上的投影之间的夹角。如图 2-6-20 所示，过 OA 和 OC 两竖直面所夹的二面角在水平面上的投影即为水平角。水平角用 β 表示，取值范围 0°~360°。

$$\beta = \angle A_1 O_1 C_1$$

从图上可以看出，A、O、C 为地面上的任意三点，为测量 $\angle AOC$ 的大小，设想在 O 点沿铅垂线上方放置一按顺时针注记的水平度盘（0°~360°），使其中心位于角顶的铅垂线上。

图 2-6-20 角度测量原理

过 OA 铅垂面通过水平度盘的读数为 a，过 OC 铅垂面通过水平度盘的读数为 b，则水平角 $\beta=b-a$。

2. 竖直角测量原理

在同一竖直面内，目标方向与水平方向的夹角称为竖直角。目标方向在水平方向以上称为仰角，值为正；在水平方向以下称为俯角，值为负。

在图 2-6-21 中可以看出要测定竖直角，可在 O 点放置竖直度盘，在竖直度盘上读取视线方向读数，视线方向与水平方向读数之差，即为所求竖直角。竖直角用 α 表示，取值范围 -90°~90°。

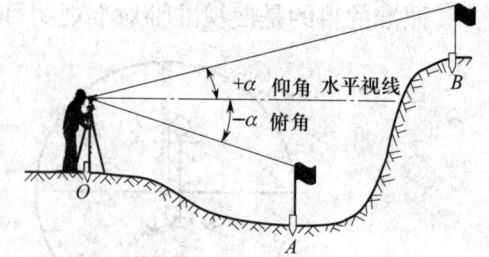

图 2-6-21 竖直角测量原理

$$\alpha = 目标视线读数 - 水平视线读数$$

三、水平角和竖直角的观测方法

1. 水平角的观测

测回法是观测水平角的一种最基本方法，常用于观测两个方向的单个水平夹角。如图 2-6-22 所示，观测 β 角步骤如下。

图 2-6-22 水平角观测

(1) 在 O 点安置经纬仪或全站仪,进行对中、整平、调焦、照准。同时在 A、B 点分别设置观测标志,一般是棱镜、花杆、测钎或觇标。

(2) 盘左观测。盘左又称正镜,即当观测者用望远镜观测时,竖直度盘位于望远镜的左侧。

1) 先瞄准左方目标 A,按置零键使水平度盘读数为 $a_左=0°00'00''$,记入观测记录表(见表 2-6-1)。

表 2-6-1 水平角观测记录表

测站	竖直度盘	目标	水平度盘读数			水平角观测值						各测回平均值		
						半测回值			一测回值					
			°	′	″	°	′	″	°	′	″	°	′	″
O	盘左	A	0	00	00	92	24	12	92	24	15	92	24	18
		B	92	24	12									
	盘右	A	180	00	00	92	24	18						
		B	272	24	18									
O	盘左	A	90	00	00	92	24	30	92	24	21			
		B	182	24	30									
	盘右	A	270	00	00	92	24	12						
		B	2	24	12									

2) 松开水平制动螺旋,顺时针方向转动照准部再瞄准右方目标 B,读取水平度盘读数 $b_左=92°24'12''$,记入观测记录表。

盘左水平角为:$β_左=b_左-a_左$,称为上半测回。

（3）盘右观测。盘右又称倒镜，即当观测者用望远镜观测时，竖直度盘在望远镜的右侧。

1）先瞄准右方目标 B，读记水平度盘读数 $b_右$。

2）再逆时针方向转动照准部，瞄准左方目标 A，读记水平度盘读数 $a_右$，则盘右水平角为：$\beta_右 = b_右 - a_右$，称为下半测回。上半测回与下半测回合称一测回。

（4）计算。在工程测量中，盘左、盘右观测差可控制在 12″ 以内。

$$\beta_左 - \beta_右 \leq \pm 12''$$

一测回取其平均值：$\beta = (\beta_左 + \beta_右)/2$。

当需要用测回法测 n 个测回时，为了减小度盘刻画不均匀误差的影响，各测回之间要按 $180°/n$ 的差值变换度盘的起始位置。如 $n=4$ 时，各测回的起始方向读数为：0°、45°、90° 和 135°。

2. 竖直角的观测

（1）竖直角测量

1）竖直角计算公式。竖直度盘构造为天顶式顺时针注记，当望远镜视线水平，竖直度盘读数一般为常数 90° 或 90° 的整数倍。

图 2-6-23a 为盘左位置，望远镜的视线水平时竖直度盘读数为 90°（顺时针标记的竖直度盘一般这样注记），当望远镜往上仰起，度盘读数减小，倾斜视线与水平视线所构成的竖直角为 $\alpha_左$。设视线方向的读数为 L，则竖直角计算公式为：

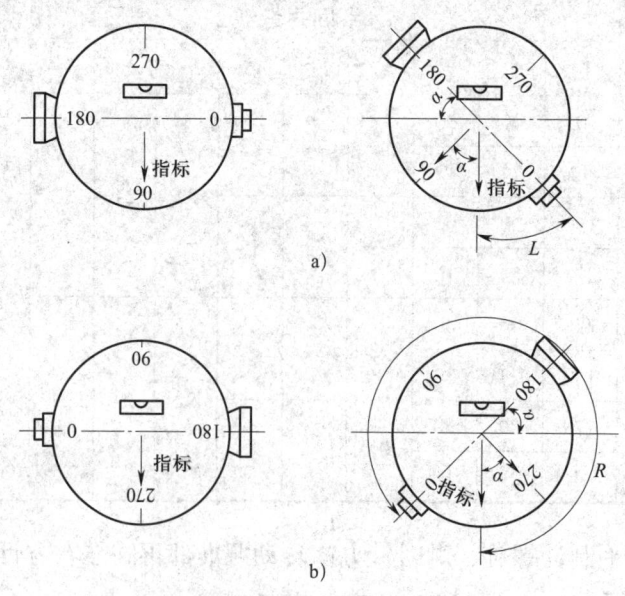

图 2-6-23 竖直度盘
a) 盘左位置 b) 盘右位置

$$\alpha_{左}=90°-L$$

图 2-6-23b 为盘右位置,望远镜的视线水平时竖盘读数为 270°。当望远镜往上仰起,度盘读数增大,倾斜视线与水平视线所构成的竖直角为 $\alpha_{右}$。设视线方向的读数为 R,则竖直角计算公式为:

$$\alpha_{右}=R-270°$$

竖直角的平均值:

$$\alpha=\frac{1}{2}(\alpha_{左}+\alpha_{右})$$

2)竖直角的观测方法。如图 2-6-24 所示,设测站点为 A,欲测量竖直角 α,瞄准目标点 B;欲测量 AB 坡度角 α,瞄准目标点 B 的仪器高 i。

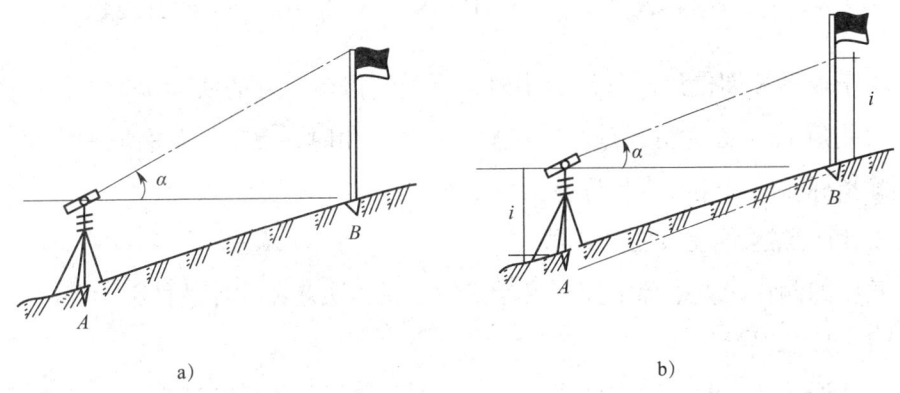

图 2-6-24 竖直角观测
a)测竖直角 b)测 AB 坡度角

其观测步骤如下:

①在 A 点安置经纬仪,对中、整平。

②盘左。十字丝横丝精确瞄准目标 B(或目标点与仪器高 i 相等的位置),读取竖直度盘读数 L=81°18′42″,记入观测记录表(见表 2-6-2)。

$$\alpha_{左}=90°-L=90°-81°18′42″=+8°41′18″$$

以上为上半测回的观测值。

③盘右。再次瞄准 B(或目标点与仪器高 i 相等的位置),读取竖盘读数 R=278°41′30″,记入观测记录表。

$$\alpha_{右}=R-270°=278°41′30″-270°=+8°41′30″$$

以上为下半测回的观测值。

表 2-6-2　竖直角观测记录表

测站	目标点	竖直度盘位置	竖直度盘读数	半测回竖直角值	指标差	一测回竖直角值	备注
A	B	左	81°18′42″	+8°41′18″	6″	+8°41′24″	
		右	278°41′30″	+8°41′30″			

④计算。

$$\alpha = \frac{1}{2}(\alpha_左 + \alpha_右) = \frac{1}{2}(8°41′18″ + 8°41′30″) = +8°41′24″$$

由于仪器长期使用而气泡居中时，可能使指标所处的实际位置与其正确位置有偏差角 x，x 称为指标差。在观测同一竖直角时，盘左、盘右取平均值，即可消除指标差的影响。当指标差 $x \geq 1′$ 时，仪器需要校正。

3. 角度测量误差及注意事项

角度的测量误差来源主要有仪器误差、观测误差和外界条件影响等。

（1）仪器误差

仪器误差的来源主要有两个方面：一方面是仪器检校后还存在着残余误差，另一方面是仪器制造、加工不完善而引起的误差。

（2）观测误差

1）仪器对中误差，仪器与目标点的距离越短，对中越要仔细。

2）整平误差。

3）目标偏心误差。类似于对中误差，仪器与目标点的距离越短，测杆越倾斜，瞄准点越高，影响就越大。因此，在观测水平角时，测杆要竖直，并且尽量瞄准其底部，以减小目标倾斜引起的水平角观测误差。

4）照准误差。

（3）外界条件影响

外界条件对观测质量有直接影响，如松软的土壤和大风影响仪器的稳定，日晒和温度变化影响仪器整平，大气层受地面热辐射的影响引起物像的跳动等。

培训单元 3　距 离 测 量

→ 掌握距离测量的基本方法。
→ 掌握距离测量精度计算的方法。

距离测量通常是指测量地面两点间的水平距离。它是测量的三项基本工作之一。

一、光电测距

欲测定 A、B 之间的距离 D，安置仪器于 A 点，安置反射镜于 B 点。仪器发射的光束由 A 到 B，经反射镜反射后又由 B 到 A，测得光束在 A、B 间的往返时间 t，则

$$D = \frac{1}{2} ct$$

式中　c——电磁波在大气中的传播速度；
　　　D——AB 间距离；
　　　t——光束往返时间。

光在真空中的传播速度为常数。测定距离的精度主要取决于测定时间的精度，距离的精度要达到 ±10 mm，时间的测量精度就要达到 6.7×10^{-11} s，这是很难达到的。因此，光电测距仪采用间接测定法测定时间。

二、视距测量

视距测量是利用望远镜十字丝平面上的上、下两根视距丝测得在标尺上的读数 a 与 b，根据几何光学和三角测量原理，配合视距尺和测得竖直角 α，用视距公式同时算得水平距离及高差的一种方法，如图 2-6-25 所示。

对于倒像望远镜，上丝在标尺上的读数为 a，下丝在标尺上的读数为 b，视距间隔 l（$l=a-b$），则水平距离 D 为：

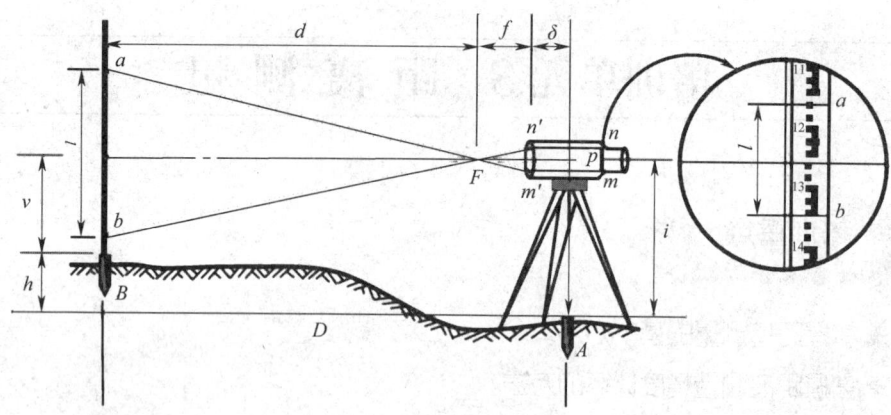

图 2-6-25 视距测量

$$D=Kl=100l$$

通常情况下 $K=100$。

视距法测量水平距离的精度较低,从实验资料的分析来看,在比较良好的外界条件下普通视距的精度为距离的 1/200~1/300。

A、B 两点间的高差为 h,仪器高为 i,则:

$$h=i-v$$

v 为十字丝中丝在视距尺上的读数,即中丝读数,单位为"m"。

三、测量精度

距离测量的精度用相对误差来衡量。往返测量的结果之差与平均值的比值,化成分子为 1 的分数形式称为相对误差。平坦地面钢尺量距相对误差 K 不应大于 1/2 000。

$$K=\frac{|D_{往}-D_{返}|}{D_{平}}=\frac{1}{D_{平}/\Delta D}$$

培训单元 4　全站仪的使用

→ 了解全站仪的构造。
→ 掌握全站仪测角、测距、测坐标及放样的操作方法。

目前,随着计算机技术的不断发展与应用、用户的特殊要求及其他工业技术的应用,全站仪进入一个新的发展时期,出现了带内存、防水型、防爆型、电脑型等全站仪。全站仪的应用也越来越广泛,涉及市政规划、土木工程、道路工程、桥梁隧道工程、精密工程、矿山开采、历史考古等方面。

在工程建设领域,全站仪的主要应用有:

(1)布设控制网,进行控制测量。

(2)地形图、地籍图等各种地图的测绘。

(3)工程放样。

(4)建筑物、构筑物的变形观测。

一、全站仪的操作方法

全站仪的实物(以南方 NTS-360 系列全站仪为例)如图 2-6-26 所示,显示屏如图 2-6-27 所示。

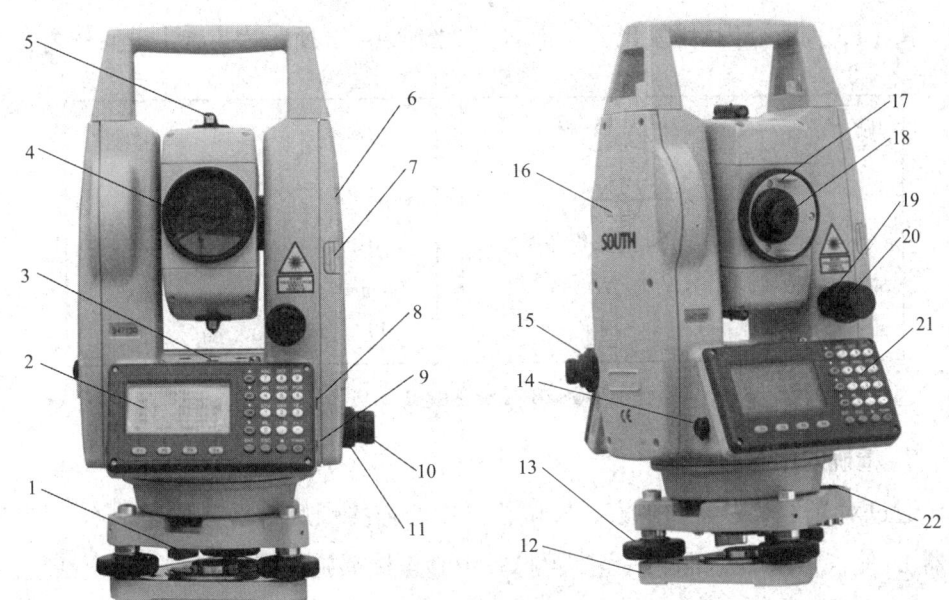

图 2-6-26 全站仪

1—基座锁定钮 2—显示屏 3—管水准器 4—物镜 5—粗瞄器 6—电池盒 7—电池锁紧杆 8—SD 卡接口 9—USB 接口 10—水平微动螺旋 11—水平制动螺旋 12—底板 13—整平脚螺旋 14—数据通信接口 15—光学对中器 16—仪器中心标志 17—望远镜把手 18—目镜 19—垂直制动螺旋 20—垂直微动螺旋 21—键盘 22—圆水准器

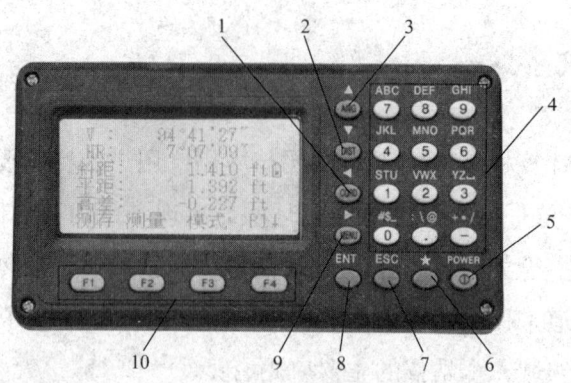

图 2-6-27　全站仪显示屏

1—坐标测量（左移）键　2—距离测量（下移）键　3—角度测量（上移）键　4—键盘
5—电源开关键　6—星键　7—退出键　8—回车键　9—菜单（右移）键　10—F1～F4功能键

1. 架设三脚架

将三脚架伸到适当高度，确保三腿等长、打开，使三脚架顶面近似水平，且位于测站点的正上方。

2. 安置仪器、开机

将全站仪安置在三脚架上→开机→按【★】键→按【F1】键照明，按箭头调节屏幕内容（如有无棱镜）→按【F2】键补偿（即整平）→转动脚螺旋使气泡居中。按【F3】键，望远镜发出激光指向。如图2-6-28所示为【★】键操作内容。

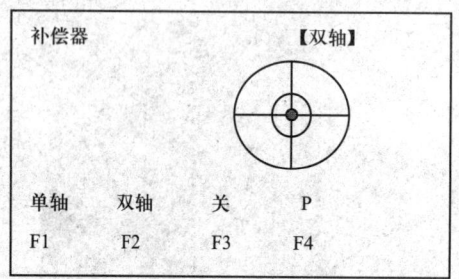

图 2-6-28　【★】键操作内容

3. 精确对中与整平

通过对光学对中器的观察，轻微松开中心连接螺旋，平移仪器（不可旋转仪器），使仪器精确对准测站点。再拧紧中心连接螺旋，即三脚架上与全站仪连接的螺旋，再次精平仪器。此项操作重复至仪器精确对准测站点为止。

二、角度测量

按【ANG】键可切换到角度测量模式，水平角测量步骤见表2-6-3。

表 2-6-3　水平角测量步骤

操作步骤	操作键	屏幕显示
1. 照准第一个目标A	—	V：82°09′30″ HR：90°09′30″ 测存　置零　置盘　P1↓
2. 按【F2】（置零）键和【F4】（确认）键，设置目标A的水平角为0°0′00″	【F2】和【F4】	水平角置零吗？ [否]　[是] V：82°09′30″ HR：0°00′00″ 测存　置零　置盘　P1↓
3. 照准第二个目标B，显示目标B的角度	—	V：92°09′30″ HR：67°09′30″ 测存　置零　置盘　P1↓
4. 完成上半测回观测后，按测回法完成下半测回观测	—	

三、距离测量

按【DIST】键可切换到距离测量模式，可以测量两点之间的斜距、平距及高差。距离测量步骤见表 2-6-4。

表 2-6-4　距离测量步骤

操作步骤	操作键	屏幕显示
1. 按【DIST】键，进入测距界面，距离测量开始，显示测量的距离	【DIST】	V：90°10′20″ HR：170°09′30″ 斜距*[单次]　《 平距： 高差： 测存　测量　模式　P1↓

续表

操作步骤	操作键	屏幕显示
2. 按【F1】(测存)键或【F2】(测量)键启动测量,记录测得的数据,测量完毕	【F1】或【F2】	V: 90°10′20″ HR: 170°09′30″ 斜距* 241.551m 平距: 235.343m 高差: 36.551m 测存 测量 模式 P1↓
3. 按【F4】(确认)键,屏幕返回到距离测量模式。一个点的测量工作结束后,重复刚才的步骤即可重新开始测量	【F4】	V: 90°10′20″ HR: 170°09′30″ 斜距* 241.551m 平距: 235.343m 高差: 36.551m >记录吗? [否] [是] 点名: 1 编码: SOUTH V: 90°10′20″ HR: 170°09′30″ 斜距: 241.551m <完 成>

四、坐标测量

按【CORD】模式转换键切换到坐标测量模式,输入仪器高和目标高后,可直接测定未知点的三维坐标。具体操作步骤如下。

1. 设置测站点(见表2-6-5)

表2-6-5 设置测站点

操作步骤	操作键	屏幕显示
1. 在坐标测量模式下,按【F4】(P1↓)键,转到第2页功能	【F4】	V: 95°06′30″ HR: 86°01′59″ N: 0.168 m E: 2.430 m Z: 1.782 m 测存 测量 模式 P1↓ 设置 后视 测站 P2↓
2. 按【F3】(测站)键	【F3】	设置测站点 N0 0.000 m E0: 0.000 m Z0: 0.000 m 回退 确认

操作步骤	操作键	屏幕显示
3. 输入 N 坐标，并按【F4】（确认）键	【F4】	设置测站点 N0: 36.976 m E0: 0.000 m Z0: 0.000 m 回退　　　　　确认
4. 按同样方法输入 E 和 Z 坐标，输入完毕，屏幕返回到坐标测量模式	—	V: 95°06′30″ HR: 86°01′59″ N: 36.976 m E: 30.008 m Z: 47.112 m 设置　后视　测站　P2↓

2. 仪器高和目标高设置（如果不需要待测点的高程，可以不用输入）（见表2-6-6）

表2-6-6　仪器高和目标高设置

操作步骤	操作键	屏幕显示
1. 在坐标测量模式下，按【F4】（P1↓）键，转到第2页功能	【F4】	V: 95°06′30″ HR: 86°01′59″ N: 0.168 m E: 2.430 m Z: 1.782 m 测存　测量　模式　P1↓ 设置　后视　测站　P2↓
2. 按【F1】（设置）键，显示当前的仪器高和目标高	【F1】	输入仪器高和目标高 仪器高: 2.000 m 目标高: 1.500 m 回退　　　　　确认
3. 输入仪器高和目标高，并按【F4】（确认）键输入仪器目标高	【F4】	输入仪器高和目标高 仪器高: 2.000 m 目标高: 1.500 m 回退　　　　　确认

3. 设置后视点（见表2-6-7）

表2-6-7 设置后视点

操作步骤	操作键	屏幕显示
1. 在坐标测量模式下，按【F4】（P1↓）键，转到第2页功能	【F4】	V: 95°06′30″ HR: 86°01′59″ N: 0.168 m E: 2.430 m Z: 1.782 m 测存　测量　模式　P1↓ 设置　后视　测站　P2↓
2. 按【F2】键后视	【F2】	设置后视点 NBS: 3.000 m EBS: 3.000 m ZBS: 1.26 m 回退　　　　确认
3. 照准后视点，点击确定	【F4】	请照准后视 HR: 45°00′00″ 【否】　　　　【是】

4. 测量点位坐标（见表2-6-8）

表2-6-8 测量点位坐标

操作步骤	操作键	屏幕显示
照准需要观测的目标点，按【F2】（测量）键，进行点位坐标测量	【F2】	V: 63°34′09″ HR: 90°00′00″ N: 0.000 m E: 1.000 m Z: 1.26 m 测存　测量　模式　P1↓

五、坐标放样

按【MENU】模式转换键，切换到菜单模式下，可以完成全站仪的一些其他功能，如数字测图中的数据采集。根据建筑工程中的应用广泛程度，这里主要介绍点位的放样。放样操作和点位测量操作基本相同,具体操作步骤如下。

1. 选择放样文件

可进行测站坐标数据、后视坐标数据和放样点数据的调用(见表 2-6-9)。

表 2-6-9 选择放样文件

操作步骤	操作键	屏幕显示
1. 在主菜单按【MENU】键,按数字键【2】(放样)	【2】	菜单 1/2 1. 数据采集 2. 放样 3. 存储管理 4. 程序 5. 参数设置 P↓
2. 按【F2】(调用)键,也可直接输入文件名,按【F4】(确认)键。屏幕提示文件名"不存在",按【ESC】(返回)键,完成文件夹新建	【F2】 【F4】	菜单 1/2 1. 数据采集 2. 放样 3. 存储管理 4. 程序 5. 参数设置 P↓
3. 屏幕显示磁盘列表,选择需作业的文件所在的磁盘,按【F4】(确认)键或【ENT】(回车)键进入	【F4】 【ENT】	Disk:A Disk:B 属性　格式化　确认
4. 显示坐标数据文件列表	—	SOUTH. SCD 　[坐标] SOUTH3. SCD 　[坐标] SOUTH5 　　　[DIR] 属性　查找　退出 P1↓
5. 按【▲】或【▼】键可使文件列表向上或向下滚动,选择一个工作文件	【▲】或【▼】	SOUTH. SCD 　[坐标] SOUTH3. SCD 　[坐标] SOUTH5 　　　[DIR] 属性　查找　退出 P1↓
6. 按【ENT】(回车)键,文件即被选择,屏幕返回放样菜单	【ENT】	放样 1/2 1. 设置测站点 2. 设置后视点 3. 设置放样点 　　　　　　　P↓

2. 设置测站点（见表 2-6-10）

表 2-6-10　设置测站点

操作步骤	操作键	屏幕显示
1. 在放样菜单按数字键【1】（设置测站点），按【F3】（坐标）键调用直接输入坐标功能	【1】【F3】	放样 设置测站点 点名：PT-1 输入　　调用　　坐标　　确认
2. 输入坐标值，按【F4】（确认）键	【F4】	设置测站点 E0:　　　0.000 m N0:　　　0.000 m Z0:　　　0.000 m 回退　　　　　点名　　确认
3. 输入完毕，按【F4】（确认）键	【F4】	设置测站点 N0:　　　10.000 m E0:　　　25.000 m Z0:　　　63.000 m 回退　　　　　点名　　确认
4. 同样方法输入仪器高，按【F4】（确认）键	【F4】	输入仪器高 仪器高：　1.000 m 回退　　　　　　　　确认
5. 返回放样菜单	—	放样　　　　　　1/2 1. 设置测站点 2. 设置后视点 3. 设置放样点 　　　　　　　　P↓

3. 设置后视点（见表 2-6-11）

表 2-6-11　设置后视点

操作步骤	操作键	屏幕显示
1. 在放样菜单按数字键【2】（设置后视点），进入后视设置功能。按【F3】（NE/AZ）键	【2】【F3】	放样 设置后视点 点名：5 输入　　调用　　NE/AZ　　确认

续表

操作步骤	操作键	屏幕显示
2. 按【F2】（调用）键后视	【F2】	设置后视点 NBS: 0.000 m EBS: 0.000 m ZBS: 0.000 m 回退　　　角度　　确认
3. 照准后视点，点击确定	—	请照准后视 HR: 225°00′00″ [否]　　[是]
4. 操作全站仪，用望远镜十字丝照准后视目标	—	—
5. 按【F4】（确认）键，显示屏返回到放样菜单	【F4】	放样　　　　　　1/2 1. 设置测站点 2. 设置后视点 3. 设置放样点 　　　　　　　　P↓

4. 实施放样（见表 2-6-12）

表 2-6-12　实施放样

操作步骤	操作键	屏幕显示
1. 在放样菜单按数字键【3】（设置放样点）	【3】	放样　　　　　　1/2 1. 设置测站点 2. 设置后视点 3. 设置放样点 　　　　　　　　P↓
2. 按【F1】（输入）键	【F1】	放样 设置放样点 点名: 6 输入　调用　坐标　确认
3. 输入点号，按【F4】（确认）键	【F4】	放样 设置放样点 点名: 1 回退　调用　数字　确认

179

续表

操作步骤	操作键	屏幕显示
4. 系统查找该点名,并在屏幕上显示该点坐标,确认按【F4】(确认)键	【F4】	设置放样点 N: 100.000 m E: 100.000 m Z: 10.000 m >确定吗? [否] [是]
5. 输入目标高度	—	输入目标高 目标高: 0.000 m 回退　　　　　　　　确认
6. 放样点设定后,仪器就进行放样元素的计算 HR:放样点的水平角计算值 HD:仪器到放样点的水平距离 按计算值照准棱镜中心,按【F1】(距离)键	【F1】	放样 计算值 HR = 45°00′00″ HD = 113.286 m 距离　　坐标
7. 统计算出仪器照准部应转动的角度 HR:实际测量的水平角 dHR:对准放样点仪器应转动的水平角=实际水平角-计算的水平角 当dHR=0°0′00″时,即表明找到放样点的方向	—	HR: 2°09′30″ dHR= 22°39′30″ 平距: dHD: dZ: 测量　模式　标高　下点
8. 按【F1】(测量)键 平距:实测的水平距离 dHD:对准放样点相差的水平距离=实测的水平距离-计算的水平距离 dZ=实测高差-计算高差	【F1】	HR: 2°09′30″ dHR= 22°39′30″ 平距*[单次]　　　＜ m dHD: dZ: 测量　模式　标高　下点 HR: 2°09′30″ dHR= 22°39′30″ 平距: 25.777 m dHD: -5.321 m dZ: 1.278 m 测量　模式　标高　下点

续表

操作步骤	操作键	屏幕显示
9. 按【F2】(模式)键进行精测	【F2】	HR: 2°09′30″ dHR= 22°39′30″ 平距*[重复] ㄑ m dHD: −5.321 m dZ: 1.278 m 测量 模式 标高 下点
10. 显示值 dHR、dHD 和 dZ 均为 0 时,放样点的测设完成	—	HR: 2°09′30″ dHR= 22°39′30″ 平距: 25.777 m dHD: −5.321 m dZ: 1.278 m 测量 模式 标高 下点
11. 按【ESC】(返回)键,返回放样计算值界面,按【F2】(坐标)键,即显示坐标的差值	【F2】	放样 计算值 HR = 45°00′00″ HD = 113.286 m 距离 坐标 HR: 2°09′30″ dHR= 0°00′00″ dN: 12.322 m dE: 34.286 m dZ: 1.5772 m 测量 模式 标高 下点
12. 按【F4】(下点)键,进入下一个放样点的测设	【F4】	放样 设置放样点 点名: 2 输入 调用 坐标 确认

培训单元 5　施工测量的基本工作

培训重点

→ 了解施工测量的基本工作。
→ 掌握测设已知水平距离、已知水平角、已知水平距离的方法。

施工测量的基本任务是正确地将各种建筑物的位置（平面及高程）在实地标定出来，而距离、角度和高程是构成位置的基本要素，因此，在施工测量中，距离、角度和高程测设是基本工作。

在建筑场地上根据设计图样所给定的条件和有关数据，为施工做出实地标志而进行的测量工作，称为测设（也叫放样）。测设主要是定出建（构）筑物特征点的平面和高程位置，而点的平面位置测设是在测设已知水平距离、已知水平角和已知高程三项基本工作的基础上完成的。

一、测设已知水平距离

测设已知水平距离是从一个已知点出发，沿指定的方向，量出给定的水平距离，定出这段距离的另一个端点。

1. 一般测设方法

如图2-6-29所示，在平整的施工场地上，当测设精度要求不高时，根据给定的起始点 A 和直线 AB 的方向，用钢尺按一般测量方法沿直线 AB 方向量出已知水平长度 $D_{设}$，定出点 B 的位置。为了检查测设是否正确，应反测丈量其实长 $D_{返}$，其误差 ΔD 为：

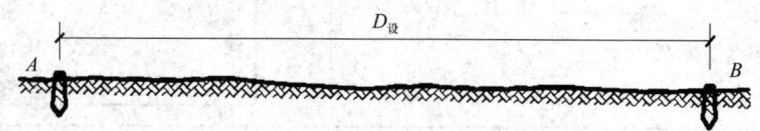

图2-6-29 测设水平距离的一般方法

$$\Delta D = D_{返} - D_{设}$$

相对误差为：

$$K = \frac{\Delta D}{D_{设}} = \frac{1}{\dfrac{D_{设}}{\Delta D}}$$

相对误差 K 应小于1/5 000，它们的平均值作为最后结果。当 ΔD 为正时，应自 B 点向内改正；反之，则向外改正。

2. 使用全站仪测设

随着全站仪在工程中的普遍使用，用全站仪进行距离的测量和测设精度高，可以满足施工要求，所以在工程中使用越来越多。用全站仪进行距离放样方法如下。

（1）在测站点上安置全站仪（对中、整平），切换全站仪到距离测量模式，通过【F1】~【F4】功能键，翻页找到"测设"功能键，按键，启动距离测设，输入测设距离（平距），如测设 32.500 m。

（2）在测设方向上大概估测 32.500 m 的位置，安置棱镜，用全站仪十字丝瞄准棱镜，按【F1】~【F4】对应的【测量】键，显示屏中会出现 dHD 项，前后移动棱镜并瞄准，每移动一次按一次【测量】键。也可以采用跟踪测量模式，显示屏中的 dHD 会变化，当 dHD=0.000 时棱镜所在位置即为测设点。

距离测设精度要求满足相对误差小于 1/10 000。

二、测设已知水平角

测设水平角是根据一个已知方向和角顶位置，按给定的水平角值，把该角的另一方向在实地上标定出来。

当测设精度要求不高时，可用盘左、盘右、取中的方法，得到欲测设的角度。如图 2-6-30 所示，安置仪器于 A 点，先以盘左位置照准 B 点，使水平度盘读数为 0。松开制动螺旋，旋转照准部，使水平度盘读数为 β，在此视线方向上定出 C'。再用盘右位置重复上述步骤，测设 β 角定出 C'' 点。取 C' 和 C'' 的中点 C，则 $\angle BAC$ 就是要测设的水平角 β。

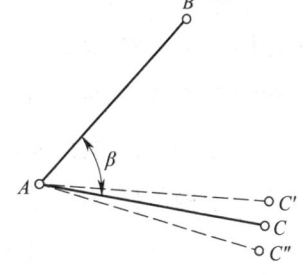

图 2-6-30　水平角测设的一般方法

三、测设已知高程

1. 地面上点的高程测设

高程测设就是根据附近的水准点，将已知的设计高程测设到现场作业面上。在建筑设计和施工中，为了计算方便，一般把建筑物的室内地坪用 ±0 表示，基础、门窗等的标高都是以 ±0 为依据确定的。

假设在设计图样上查得建筑物的室内地坪高程为 $H_{设}$，而附近有一水准点 A，

其高程为 H_A，现要求把 $H_设$ 测设到 B 点所在木桩上。如图 2-6-31 所示，在 B 点和水准点 A 之间安置水准仪，在 A 点上水准尺读数为 a，则水准仪视线高程为：

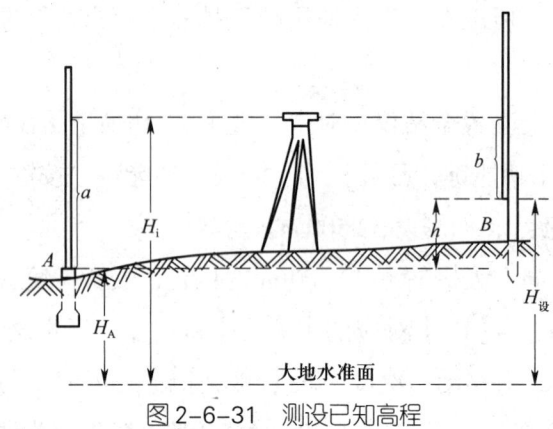

图 2-6-31　测设已知高程

$$H_i = H_A + a$$

根据视线高程和地坪设计高程可算出 B 点水准尺上应有的读数为：

$$b_应 = H_i - H_设$$

然后将水准尺紧靠 B 点木桩侧面上下移动，直到水准尺读数为 $b_应$ 时，沿尺底在木桩侧面画线，此线就是测设的高程位置。

2. 高程传递

建筑施工中开挖基槽或修建较高建筑，需要向低处或高处传递高程，此时可用悬挂钢尺代替水准尺。

如图 2-6-32 所示，欲根据地面水准点 A，在坑内测设点 B，使其高程为 $H_设$。为此，在坑边架设一吊杆，杆顶吊一根零点向下的钢尺，钢尺的下端挂一质量相当于钢尺检定时拉力的重物，在地面上和坑内各安置一台水准仪，分别读得 a、b、c，则 B 点水准尺读数 d 应为：

$$d = H_A + a - (b - c) - H_设$$

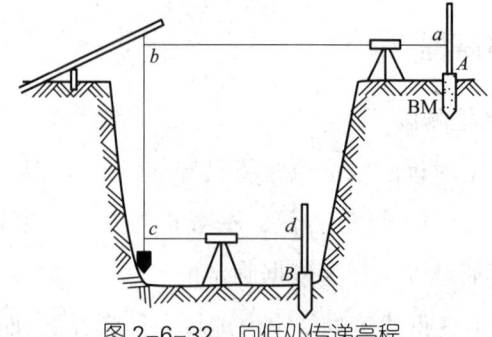

图 2-6-32　向低处传递高程

上下移动坑内水准尺直到水准仪中读数为 d 时，水准尺零刻线所在位置即为欲测设的高程。

若向建筑物上部传递高程时，可采用如图 2-6-33 所示方法。若欲在 B 处设置高程 H_B，则可在该处悬挂钢尺，使零刻线在上，上下移动钢尺，使水准仪的前视读数为：

$$b=H_B-(H_A+a)$$

则钢尺零刻线所在的位置即为欲测设的高程。

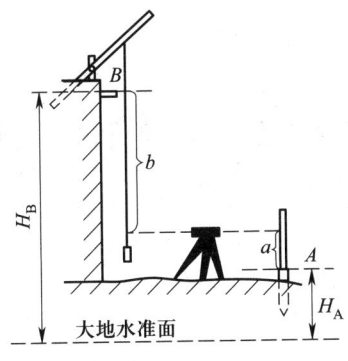

图 2-6-33　向高处传递高程

培训项目 7

分项施工基础知识

培训单元 1　砖砌体工程施工

→ 了解砖砌体工程施工前准备的内容。
→ 掌握砖砌体工程施工工艺流程。
→ 掌握砖砌体工程施工技术要点。

砖砌体工程是由砖和砂浆砌筑而成的墙、柱作为建筑物主要受力构件及其他构件的结构工程。砖砌体工程施工和其他分项工程相比较,具有显著的优缺点。优点主要表现为可就地取材,耐火性、稳定性较好,节约水泥和钢材,施工不需要模板和重型设备。缺点主要表现为自重大,施工劳动强度高。

一、施工前准备

1. 材料准备

砖砌体材料主要为砖和砂浆。砌筑砖砌体时,砖应提前1~2天浇水湿润,严禁采用干砖或处于吸水饱和状态的砖砌筑,烧结类块体的相对含水率60%~70%。砂浆种类选择及其等级的确定应根据设计要求而定。一般水泥砂浆主要用于潮湿环境和强度要求较高的砌体，石灰砂浆主要用于砌筑干燥环境中以及强度要求不高的砌体，混合砂浆主要用于地面以上强度要求较高的砌体。

2. 技术准备

施工前，应对施工图进行设计交底及图纸会审，并应形成会议纪要；编制砌体结构工程施工方案，并应经监理单位审核批准后组织实施；对现场道路、水电供给、材料供应及存放、机械设备、施工设施、安全防护、环保设施等进行检查；对进场原材料进行见证、取样复验；对砌筑砂浆及混凝土配比进行设计；检查砌筑施工操作人员的作业证，并对操作人员进行技术、安全交底；完成基槽、隐蔽工程、上道工序的验收，且经验收合格；放线复核；设置标志板、皮数杆；对施工方案要求砌筑的砌体样板已验收合格；现场所用计量器具符合检定周期和检定标准规定。

二、施工工艺流程

砖砌体工程施工工艺流程为：抄平→放线→摆砖→立皮数杆→盘角挂线→砌砖→勾缝。

1. 抄平

砌墙前应在基础防潮层或楼面上定出各层标高，并用 M7.5 水泥砂浆或 C10 细石混凝土找平，使各段砖墙底部标高符合设计要求。抄平时，应使上下两层外墙之间不致出现明显的接缝。

2. 放线

确定各段墙体砌筑的位置。根据轴线桩或龙门板上轴线位置，在做好的基础顶面上弹出墙身中线及边线，同时弹出门洞口的位置。二层以上墙的轴线可以用经纬仪或锤球将轴线引上，并弹出各墙的轴线、边线、门窗洞口位置线（图 2-7-1）。

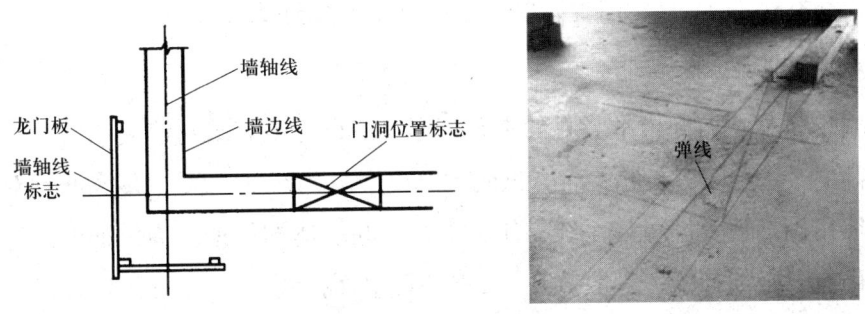

图 2-7-1 放线示意图

3. 摆砖

摆砖是指在放线的基面上按选定的组砌方式用干砖试摆,目的是校对所放出的墨线在门窗洞口、附墙垛等处是否符合砖的模数,以尽可能减少砍砖,并使砌体灰缝均匀、组砌得当。山墙、檐墙一般采用"山丁檐跑",即在房屋外纵墙(檐墙)方向摆顺砖,在外横墙(山墙)方向摆丁砖,摆砖由一个大角摆到另一个大角。

4. 立皮数杆

皮数杆是画有每皮砖和砖缝厚度以及门窗洞口、过梁、楼板、梁底、预埋件等标高位置的一种木制标杆(图2-7-2),是砌筑时控制砌体竖向尺寸的标志。皮数杆一般立于房屋的四大角、内外墙交接处、楼梯间以及洞口多的地方,在没有转角的通长墙体上每隔10~15 m立一根。皮数杆上的±0.000要与房屋的±0.000相吻合。

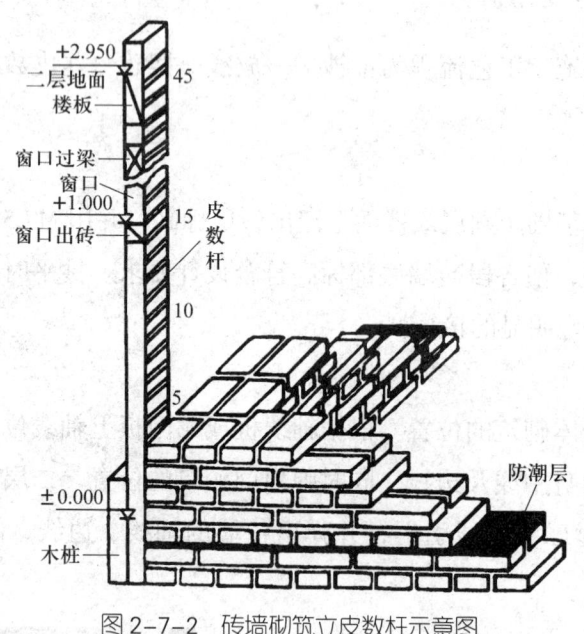

图2-7-2 砖墙砌筑立皮数杆示意图

5. 盘角挂线

墙角是控制墙面横平竖直的主要依据,所以一般砌筑时应先砌墙角,墙角砖层高度必须与皮数杆相符合,做到"三皮一吊,五皮一靠"。墙角必须双向垂直。墙角砌好后,即可挂小线,作为砌筑中间墙体的依据。为保证砌体垂直平整,砌筑时必须挂线,一般240 mm厚墙可单面挂线,370 mm厚墙及以上的墙则应双面挂线。

6. 砌砖

砖砌体的砌筑方法有三一砌砖法、铺浆法、刮浆法和满口灰法等。其中，三一砌砖法和铺浆法最为常用。三一砌砖法是一块砖、一铲灰、一揉压并随手将挤出的砂浆刮去的砌筑方法。当采用铺浆法砌筑时，铺浆长度不得超过750 mm；当施工期间气温超过 30 ℃时，铺浆长度不得超过 500 mm。

砌体组砌应上下错缝，内外搭砌；组砌方式宜采用一顺一丁、梅花丁、三顺一丁。水平灰缝厚度宜为 10 mm，不应小于 8 mm，也不应大于 12 mm；砖墙水平灰缝的砂浆饱满度不得小于 80%，砖柱的水平灰缝和竖向灰缝饱满度不应小于 90%；错缝搭接长度不应小于 1/4 砖长，避免出现垂直通缝（上下两皮砖搭接长度小于 25 mm 皆称通缝）。因留槎处的灰浆不易饱满，故应少留槎。对不能同时砌筑而又必须留置的临时间断处，应按照规范砌成斜槎或直槎。

7. 勾缝

勾缝是砌体工程的最后一道工序，具有保护墙面和增加墙面美观的作用。内墙面或混水墙可采用砌筑砂浆随砌随勾缝。墙面勾缝应横平竖直，深浅一致，搭接平整。砖墙勾缝通常有凹缝、凸缝、斜缝和平缝，凹缝深度一般为 4~5 mm。勾缝完毕后，应进行墙面、柱面和落地灰的清理。

三、施工技术要点

1. 洞口、管道留设

在墙上留置的临时施工洞口，其侧边离交接处的墙面不应小于 500 mm，洞口净宽度不应超过 1 m。抗震设防烈度为 9 度地区建筑物的临时施工洞口的位置应会同设计单位研究决定。临时施工洞口应做好补砌。宽度超过 300 mm 的洞口上部，应设置钢筋混凝土过梁。

2. 砌脚手眼

不得在下列墙体或部位中设置脚手眼。

（1）120 mm 厚墙、料石清水墙和独立柱。

（2）过梁上与过梁成 60° 角的三角形范围内及过梁净跨度 1/2 的高度范围内。

（3）宽度小于 1 m 的窗间墙。

（4）砌体门窗洞口两侧 200 mm（石砌体为 300 mm）和转角处 450 mm（石砌体为 600 mm）的范围内。

（5）梁或梁垫下及其左右500 mm的范围内。

（6）设计不允许设置脚手架的部位。

施工脚手眼补砌时，灰缝应填满砂浆，不得用干砖填塞。外墙脚手眼需用混凝土填补密实，防止该部位出现渗漏。

3. 防止墙体出现不均匀沉降

若房屋相邻高差较大时，应先建高层部分；分段施工时，砌体相邻施工段的高差不得超过一个楼层，也不得大于4 m，柱和墙上严禁施加大的集中荷载（如架设起重机），以减少灰缝变形而导致砌体沉降。

正常施工条件下，砖砌体每日砌筑高度宜控制在1.5 m或一步脚手架高度内。砖墙工作段的分段位置宜设在变形缝、构造柱或门窗洞口处。

4. 构造柱

构造柱施工工艺流程为：绑扎钢筋→砌砖墙（图2-7-3）→支模板（图2-7-4）→浇混凝土→拆模。

图2-7-3 构造柱砌砖墙

图2-7-4 构造柱模板

与构造柱相邻部位砌体应砌成马牙槎，马牙槎应先退后进，每个马牙槎沿高度方向的尺寸不宜超过300 mm，凹凸尺寸宜为60 mm。砌筑时，砌体与构造柱间应沿墙高每500 mm设拉结钢筋，钢筋数量及伸入墙内长度应满足设计要求。

构造柱浇灌混凝土前，必须将马牙槎部位和模板浇水湿润，将模板内的落地灰、砖渣等杂物清理干净，并在结合面处注入适量与构造柱混凝土相同的去石水泥砂浆。混凝土随拌随用，拌和好的混凝土应在1.5 h内浇灌完。构造柱的混凝土浇灌可以分段进行，每段高度不宜大于2.0 m。在施工条件较好并能确保混凝土浇灌密实时，亦可每层一次浇灌。捣实构造柱混凝土时，宜用插入式混凝土振动器分层振捣，振动棒随振随拔，每次振捣层的厚度不应超过振捣棒长度的1.25倍。振捣棒应避免直接碰触砖墙，严禁通过砖墙传振。

5. 接槎

在抗震设防烈度为8度及以上地区，对不能同时砌筑的临时间断处应砌成斜槎。其中普通砖砌体的斜槎水平投影长度不应小于高度的2/3（图2-7-5）。多孔砖砌体的斜槎长高比不应小于1/2。斜槎高度不得超过一步脚手架高度。

砖砌体的转角处和交接处对非抗震设防及在抗震设防烈度为6度、7度地区的临时间断处，当不能留斜槎时，除转角处外，可留直槎，但应做成凸槎。留直槎处应加设拉结钢筋（图2-7-6），其拉结筋应符合下列规定。

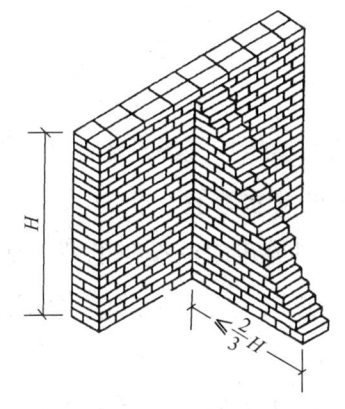

图 2-7-5 砖砌体斜槎砌筑示意图

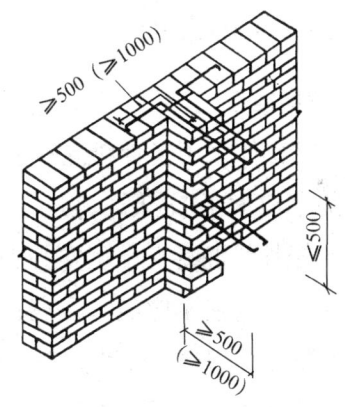

图 2-7-6 砖砌体直槎和拉结筋示意图

（1）每120 mm墙厚应设置1φ6 mm拉结钢筋；当墙厚为120 mm时，应设置2φ6 mm拉结钢筋。

（2）间距沿墙高不应超过500 mm，且竖向间距偏差不应超过100 mm。

（3）埋入长度从留槎处算起每边均不应小于500 mm，对抗震设防烈度为6度、7度的地区，不应小于1 000 mm。

（4）末端应设90°弯钩。

培训单元 2　填充墙砌体工程施工

→ 了解填充墙砌体工程施工前准备的内容。
→ 掌握填充墙砌体工程施工工艺流程。
→ 熟悉填充墙砌体工程施工技术要点。

一、施工前准备

1. 材料准备

填充墙砌体采用轻骨料混凝土小型空心砌块、蒸压加气混凝土砌块砌筑时,其产品龄期应大于 28 天,蒸压加气混凝土砌块的含水率宜小于 30%。对吸水率较小的轻骨料混凝土小型空心砌块及采用薄层砂浆砌筑法施工的蒸压加气混凝土砌块,砌筑前不应浇水湿润;在气候干燥炎热的情况下,对吸水率较小的轻骨料混凝土小型空心砌块宜在砌筑前浇水湿润。

采用普通砂浆砌筑填充墙时,烧结空心砖、吸水率较大的轻骨料混凝土小型空心砌块应提前 1~2 天浇水湿润;蒸压加气混凝土砌块采用专用砂浆或普通砂浆砌筑时,应在砌筑当天对砌块砌筑面浇水湿润。烧结空心砖的相对含水率宜为 60%~70%,吸水率较大的轻骨料混凝土小型空心砌块、蒸压加气混凝土砌块的相对含水率宜为 40%~50%。

2. 技术准备

填充墙施工前,承重结构已施工完毕,并经过隐蔽验收;轴线、墙身线、门窗洞口线等已弹出并经过技术核验;砌筑砂浆根据设计要求由试验室通过试验确定配比;所需机具设备已准备就绪,并已安装就位。

二、施工工艺流程

材料、设备准备→施工楼层、墙基清理→结构梁柱轴线、标高投设→墙边线定位→拉墙筋设置（植筋）→墙体排砖→填充墙体砌筑→留置构造柱马牙槎→检查灰缝、墙面平整度→调整灰缝控制线→墙体砌筑→门窗洞口留设→圈过梁施工（植筋）→门窗顶墙体砌筑→检查灰缝、墙面平整度→调整灰缝控制线→墙体砌筑→构造柱施工→梁板下斜砌砖或微膨胀混凝土→工完场清。

三、施工技术要点

1. 绘制砌块排列图

填充墙砌体砌筑前，应根据建筑物的平面、立面图绘制砌块排列图（图 2-7-7），有助于提前发现问题，开展有针对性技术交底，并可提高工程质量预控和工程技术人员管理水平。

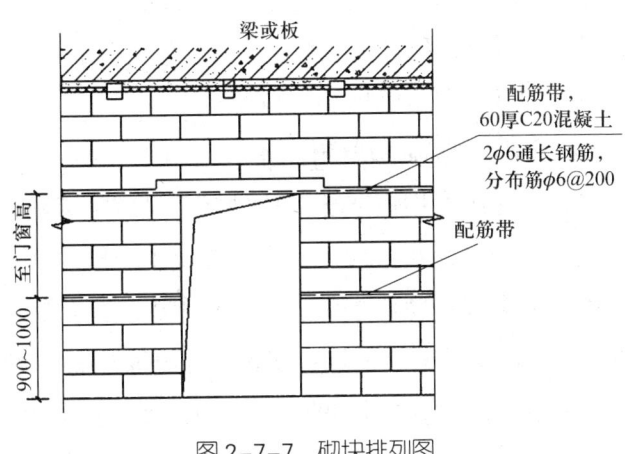

图 2-7-7 砌块排列图

砌块排列图根据墙体净高度、砌块高度及灰缝厚度、门窗洞口过梁及圈梁、现浇混凝土坎台、配筋带、灰缝等计算皮数，选择合适的组合排砖方法，确定砖块的层数。

2. 灰缝处理

（1）蒸压加气混凝土砌块砌体

砌筑填充墙时，应错缝搭砌，搭砌长度不应小于砌块长度的1/3。采用非专用黏结砂浆砌筑时，水平灰缝厚度和竖向灰缝宽度不应超过15 mm。当不能满足时，在水平灰缝中应设置2ϕ6 mm钢筋或ϕ4 mm钢筋网片加强，加强筋从砌块搭接的错缝部位起，每侧搭接长度不宜小于 700 mm。采用蒸压加气混凝土砌块黏结砂浆时，水平灰缝厚度和竖向灰缝宽度宜为 3~4 mm（图 2-7-8）。

图 2-7-8　填充墙灰缝

（2）烧结空心砖砌体

烧结空心砖墙应侧立砌筑，孔洞应呈水平方向。空心砖墙底部宜砌筑 3 皮普通砖，且门窗洞口两侧一砖范围内应采用烧结普通砖砌筑。砌筑空心砖墙的水平灰缝厚度和竖向灰缝宽度宜为 10 mm，不应小于 8 mm，也不应大于 12 mm。竖缝应采用刮浆法，先抹砂浆后再砌筑。

（3）轻骨料混凝土小型空心砌块砌体

砌筑小砌块时，宜使用专用铺灰器铺放砂浆，且应随铺随砌。当未采用专用铺灰器时，砌筑时的一次铺灰长度不宜大于 2 块主规格块体的长度。水平灰缝应满铺下皮小砌块的全部壁肋或单排、多排孔小砌块的封底面；竖向灰缝宜将小砌块一个端面朝上满铺砂浆，上墙应挤紧，并应加浆插捣密实。

单排孔小砌块的搭接长度应为砌块长度的 1/2，多排孔小砌块的搭接长度不宜小于砌块长度的 1/3；当个别部位不能满足搭接要求时，应在此部位的水平灰缝中设 $\phi 4$ mm 钢筋网片，且网片两端与该位置的竖缝距离不得小于 400 mm，或采用配块；墙体竖向通缝不得超过 2 皮小砌块，独立柱不得有竖向通缝。小砌块砌体的水平灰缝厚度和竖向灰缝宽度宜为 10 mm，不应小于 8 mm，也不应大于 12 mm，且灰缝应横平竖直。

3. 植筋

为保证填充墙砌体与构件的连接，需在构件上植筋（图 2-7-9、图 2-7-10）。植筋孔位应根据块体模数及填充墙的排块设计进行定位，竖向间距满足规范和砌体的模数要求。拉结钢筋或网片应置于灰缝中，埋置长度应符合设计要求，拉结筋应平直，在墙体内设有弯钩，在拉结筋段内的水平灰缝砂浆饱满度应大于85%。钻孔深度必须满足设计要求，孔洞的清理要求用专用电动吹风机，确保粉尘的清理效果。墙体拉结筋抗拔试验合格后才能进行砌筑。

图 2-7-9　植筋

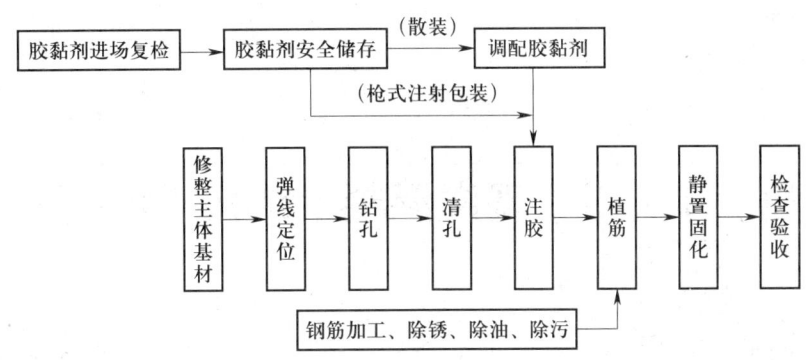

图 2-7-10　植筋施工流程

4. 现浇混凝土坎台

在厨房、卫生间、浴室等处采用轻骨料混凝土小型空心砌块、蒸压加气混凝土砌块砌筑墙体时，墙底部宜现浇混凝土坎台（图 2-7-11），其高度宜为 150 mm。

a)

b)

图 2-7-11　现浇混凝土坎台
a）支模　b）实物图

5. 立砖斜砌

为补偿墙体收缩变形，填充墙与承重主体结构间的空（缝）隙部位施工，应在填充墙砌筑14天后进行，可采用立砖斜砌（图2-7-12），或墙顶留3~5 mm用细石混凝土（加膨胀剂）塞缝（图2-7-13）。

图2-7-12　立砖斜砌

图2-7-13　墙顶塞缝

培训单元3　现浇混凝土结构工程施工

- ➔ 熟悉钢筋工程施工工艺流程。
- ➔ 了解钢筋配料流程。
- ➔ 掌握钢筋下料长度计算方法。
- ➔ 掌握常用构件模板安装方法及要求。
- ➔ 熟悉模板拆除要点。
- ➔ 熟悉混凝土工程施工工艺流程及要点。
- ➔ 掌握混凝土施工配料及配比换算。
- ➔ 掌握施工缝留设和处理方法。
- ➔ 掌握大体积混凝土施工要点。

现浇钢筋混凝土工程施工是按照设计要求对各种类型的钢筋混凝土结构进行现场浇筑的建筑工程施工方法,包括模板工程、钢筋工程及混凝土工程三个分项工程。现浇钢筋混凝土工程具有结构整体性能好、抗震性较强等优点,但也存在模板材料消耗量较多、现场运输量较大、施工劳动强度较高等缺点。

一、钢筋工程

1. 施工工艺流程

钢筋进场验收→钢筋存放→钢筋代换→钢筋配料→钢筋加工→钢筋连接→钢筋安装→钢筋工程施工质量验收。

2. 施工技术要点

（1）钢筋进场验收

钢筋进场验收项目包括查对标牌、检查外观和力学性能检验,验收合格后方可使用。热轧钢筋验收以同规格、同炉罐（批）号的不多于60 t的钢筋为一批,从每批中任选两根钢筋,每根钢筋取两个试件,分别做拉力试验和冷弯试验。对有抗震设防要求的结构,其纵向受力钢筋的强度应满足设计要求;当设计无具体要求时,对1、2、3级抗震等级设计的框架和斜撑构件（含梯段）中的纵向受力普通钢筋应采用HRB335E、HRB400E、HRB500E、HRBF335E、HRBF400E或HRBF500E钢筋,其强度和最大力下总伸长率的实测值应符合下列规定。

1）钢筋的抗拉强度实测值与屈服强度实测值的比值不应小于1.25。

2）钢筋的屈服强度实测值与屈服强度标准值的比值不应大于1.3。

3）钢筋的最大力下总伸长率不应小于9%。

当发现钢筋脆断、焊接性能不良或力学性能显著不正常等现象时,应立即停止使用,并对该批钢筋进行化学成分检验或其他专项检验。

（2）钢筋配料

钢筋配料是根据构件配筋图,先绘出各种形状和规格的单根钢筋简图并编号,然后分别计算钢筋下料长度和根数,填写配料单,申请加工。钢筋配料是确定钢筋材料计划,进行钢筋加工和结算的依据。

1）钢筋配料流程。识读构件配筋图→绘出单根钢筋简图→编号→计算下料长度和根数→填写配料单→申请加工。

2）钢筋下料长度计算方法

直钢筋配料长度 = 构件长度 − 混凝土保护层厚度 + 弯钩增长值

弯起钢筋配料长度 = 直段长度 + 斜段长度 − 弯曲量度差值 + 弯钩增长值

箍筋配料长度 = 箍筋周长 + 箍筋长度调整值

其中：

①混凝土保护层厚度指从混凝土表面到最外层钢筋（包括箍筋、构造筋、分布筋等）公称直径外边缘之间的最小距离，其作用是保护钢筋在混凝土结构中不受锈蚀。设计使用年限为50年的混凝土结构，最外层钢筋的保护层厚度应符合表2-7-1的规定。

表2-7-1　混凝土保护层的最小厚度　　　　mm

环境等级	板、墙、壳	梁、柱
1	15	20
2a	20	25
2b	25	35
3a	30	40
3b	40	50

注：混凝土强度等级不大于C25时，表中保护层厚度数值应增加5 mm；钢筋混凝土基础宜设置混凝土垫层，基础中钢筋的混凝土保护层厚度应从垫层顶面算起，且不应小于40 mm。

②弯钩增长值，见表2-7-2。

表2-7-2　常见钢筋弯钩增长值

弯钩角度	90°	135°	180°
弯钩增长值	$3.5d$	$4.9d$	$6.25d$

③弯曲量度差值。钢筋弯曲会增加弯钩等加工过程，导致施工图尺寸和钢筋下料尺寸存在差值，见表2-7-3。

表2-7-3　钢筋弯曲量度差值

钢筋弯曲角度	30°	45°	60°	90°	135°
钢筋弯曲调整值	$0.35d$	$0.5d$	$0.85d$	$2d$	$2.5d$

④箍筋长度调整值。为了计算方便,一般将箍筋弯钩增长值和量度差值两项合并成一项,称为箍筋长度调整值,见表2-7-4。

表2-7-4 箍筋长度调整值　　　　　　　　　　　mm

箍筋直径	4~5	6	8	10~12
箍筋长度调整值	40	50	60	70

3)钢筋配料单。钢筋配料单是以结构施工图为依据,罗列出需要的钢筋规格、钢筋形状、断料长度、钢筋根数、钢筋质量等的表格。钢筋配料单是进行钢筋加工、安装的依据。

钢筋配料单的编制方法和步骤如下:熟悉构件配筋图,弄清每一编号钢筋的规格、种类、形式和数量,以及在构件中的位置和相互关系→绘制钢筋简图→计算每种规格的钢筋下料长度→填写钢筋配料单。

【例2-7-1】某建筑物一层共有10根编号为L1的梁(图2-7-14),钢筋保护层厚25 mm,试计算各钢筋下料长度并绘制钢筋配料单。(钢筋每米理论质量为:$\phi 6$ mm,0.222 kg/m;$\phi 12$ mm,0.888 kg/m;$\phi 25$ mm,3.850 kg/m)

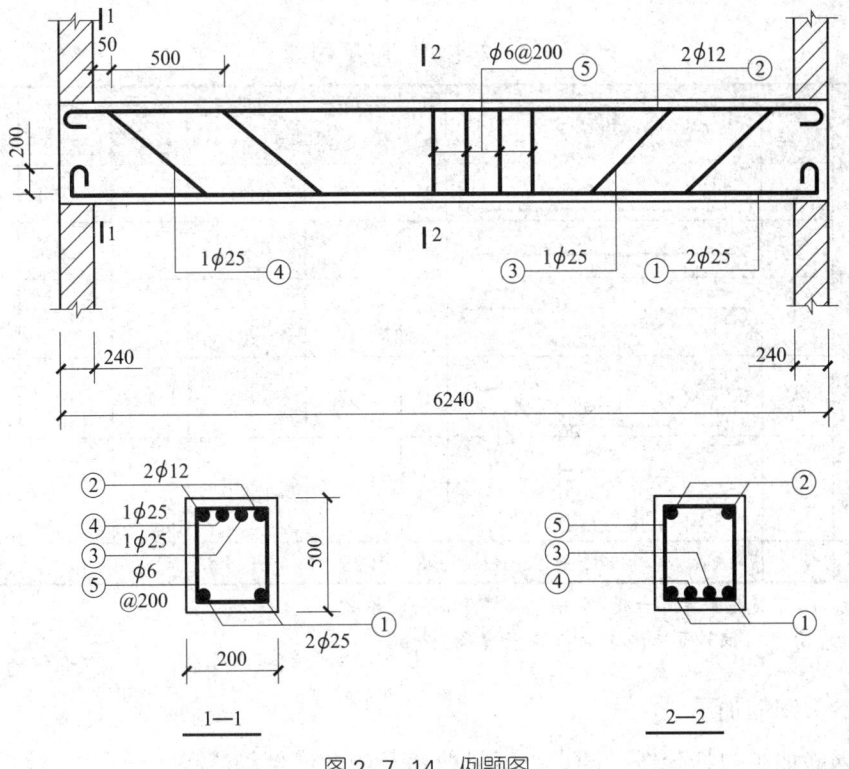

图2-7-14 例题图

解：

①号钢筋下料长度：（6 240 mm+2×200 mm−2×25 mm）−2×2×25 mm+2×6.25×25 mm=6 802 mm。

②号钢筋下料长度：6 240 mm−2×25 mm+2×6.25×12 mm=6 340 mm。

③号弯起钢筋下料长度：

上直段钢筋长度 240 mm+50 mm+500 mm−25 mm=765 mm。

斜段钢筋长度（500 mm−2×25 mm）×1.414=636 mm。

中间直段长度 6 240 mm−2×（240 mm+50 mm+500 mm+450 mm）=3 760 mm。

下料长度（765 mm+636 mm）×2+3 760 mm−4×0.5×25 mm+2×6.25×25 mm=6 824 mm。

④号钢筋下料长度：6 824 mm。

⑤号箍筋下料长度：

宽度 200 mm−2×25 mm=150 mm。

高度 500 mm−2×25 mm=450 mm。

下料长度（150 mm+450 mm）×2+50 mm=1 250 mm。

根数为（6 240 mm−50 mm×2）/200+1=31.7 根，取 32 根。

钢筋配料单见表 2-7-5。

表 2-7-5 钢筋配料单

构件名称	钢筋编号	简图	钢号	直径（mm）	下料长度（mm）	单根根数	合计（根数）	总质量（kg）
L1 梁（共10根）	①	200 ⌐ 6 190 ⌐	B	25	6 802	2	20	523.8
	②	6 190	B	12	6 340	2	20	112.6
	③	765 636 3 760	B	25	6 824	1	10	262.7
	④	265 636 4 760	B	25	6 824	1	10	262.7
	⑤	150 450	A	6	1 250	32	320	88.8
合计	A 6：91.78 kg；B 12：112.60 kg；B 25：1 049.19 kg							

注：1. 单根根数是指一根 L1 梁中某编号钢筋的根数。

2. 总质量＝钢筋每米质量×下料长度×根数。

（3）钢筋加工

钢筋加工包括除锈、调直、下料剪切及弯曲成型等流程。

1）除锈。钢筋的表面应洁净。油渍、漆污和用锤敲击时能剥落的浮皮、铁锈等应在使用前清除干净。在焊接前，焊点处的水锈应清除干净。大量钢筋除锈可通过钢筋冷拉或钢筋调直机调直过程完成，少量的钢筋局部除锈可采用电动除锈机或人工用钢丝刷、砂盘以及喷砂和酸洗等方法进行。

2）调直。钢筋调直宜采用机械方法，也可以采用冷拉法。对局部曲折、弯曲或成盘的钢筋在使用前应加以调直，常用的方法是使用卷扬机拉直和用调直机调直。

3）下料剪切。切断前，应将同规格钢筋长短搭配，统筹安排，一般先断长料、后断短料，以减少短头和损耗。钢筋剪切可用钢筋切断机或手动剪切器。

4）弯曲成型。钢筋弯曲的流程是画线、试弯、弯曲成型。画线主要根据不同的弯曲角在钢筋上标出弯折的部位，以外包尺寸为依据，扣除弯曲量度差值。钢筋弯曲分为人工弯曲和机械弯曲。

（4）钢筋连接

钢筋连接形式有绑扎连接、机械连接、焊接等。钢筋连接的原则为：钢筋接头宜设置在受力较小处，同一根钢筋上宜少设接头，同一构件中的纵向受力钢筋接头宜相互错开。

1）绑扎连接。绑扎连接用于直径不大于 25 mm 的受拉钢筋及直径不大于 28 mm 的受压钢筋，轴心受拉及小偏心受拉杆件的纵向受力钢筋不应采用绑扎连接。

钢筋的交叉点应用铁丝扎牢；柱、梁的箍筋，除设计有特殊要求外，应与受力钢筋垂直；箍筋弯钩叠合处，应沿受力钢筋方向错开设置；柱中竖向钢筋搭接时，角部钢筋的弯钩平面与模板面的夹角，矩形柱应为 45°，多边形柱应为模板内角的平分角；板、次梁与主梁交叉处，板的钢筋在上，次梁的钢筋居中，主梁的钢筋在下；当有圈梁或垫梁时，主梁的钢筋应放在圈梁上。主筋两端的搁置长度应保持均匀一致。同一构件中相邻纵向受力钢筋的绑扎搭接接头宜相互错开，如图 2-7-15 所示。

2）机械连接。机械连接宜用于直径不小于 16 mm 的受力钢筋的连接，具有接头强度高于钢筋母材、速度比电焊快 5 倍、无污染、节省钢材 20% 等优点。常用的机械连接有套筒挤压连接、锥螺纹连接、直螺纹连接（图 2-7-16）等。

机械连接的连接区段长度是以套筒为中心、长度 $35d$ 的范围，在同一连接区段内的纵向受拉钢筋接头面积百分率不宜大于 50%，但对板、墙、柱及预制构件拼接处可适当放宽。纵向受压钢筋的接头百分率可不受限制。

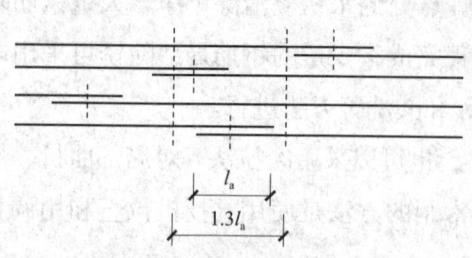

图 2-7-15 钢筋绑扎搭接接头

图 2-7-16 钢筋直螺纹连接

3）焊接连接。焊接宜用于直径不大于 28 mm 受力钢筋的连接。钢筋焊接分为压焊和熔焊两种形式。压焊包括闪光对焊、电阻点焊和气压焊，熔焊包括电弧焊和电渣压力焊。此外，钢筋与预埋件 T 形接头的焊接应采用埋弧压力焊，也可用电弧焊或穿孔塞焊，但焊接电流不宜大，以防烧伤钢筋。

（5）钢筋安装

1）基础钢筋绑扎。基础底板钢筋网四周两行钢筋交叉点应每点扎牢，中间部分交叉点可相隔交错扎牢，但必须保证受力钢筋发生不位移。双向主筋的钢筋网，则须将全部钢筋相交点扎牢。绑扎时应注意相邻绑扎点的铁丝扣要成八字形，以免网片歪斜变形。采用双层钢筋网时，在上层钢筋网下面应设置钢筋撑脚或混凝土撑脚，以保证钢筋位置正确。钢筋撑脚（图 2-7-17）每隔 1 m 放置一个。钢筋网弯钩应朝向基础内侧。独立柱基础为双向弯曲，其底面短边的钢筋应放在长边钢筋的上面。现浇柱与基础连接用的插筋，其箍筋应比柱的箍筋缩小一个柱筋直径，以便连接。

图 2-7-17 钢筋撑脚

2）柱钢筋绑扎。柱中的竖向钢筋搭接时，角部钢筋弯钩应与模板成45°（多边形柱为模板内角的平分角，圆形柱应与模板切线垂直），中间钢筋弯钩应与模板成90°。如用插入式振动器浇筑小型截面柱时，弯钩与模板角度不得小于15°。箍筋的接头（弯钩叠合处）应交错布置在四角纵向钢筋上；箍筋转角与纵向钢筋交叉点均应扎牢（箍筋平直部分与纵向钢筋交叉点可间隔扎牢），绑扎箍筋时绑扣相互间应成八字形。下层柱的钢筋露出楼面部分，宜用工具式柱箍将其收进一个柱筋直径，以利上层柱的钢筋搭接。当柱截面有变化时，其下层柱钢筋的露出部分必须在绑扎梁的钢筋之前先行收缩准确。框架梁、牛腿及柱帽等钢筋应放在柱的纵向钢筋内侧。柱钢筋的绑扎应在模板安装前进行。

3）墙钢筋绑扎。墙（包括水塔壁、烟囱筒身、池壁等）的垂直钢筋每段长度不宜超过4 m（钢筋直径≤12 mm）或6 m（直径>12 mm），水平钢筋每段长度不宜超过8 m，以利绑扎。钢筋的弯钩应朝向混凝土内。采用双层钢筋网时，在两层钢筋间应设置撑脚，以固定钢筋间距。

4）梁、板钢筋绑扎。纵向受力钢筋采用双层排列时，两排钢筋之间应垫以直径≥25 mm的短钢筋，以保持其设计距离。箍筋的接头（弯钩叠合处）应交错布置在两根架立钢筋上，其余同柱。

板的钢筋网绑扎与基础相同，但应注意板上部的负筋，要防止被踩下。特别是雨棚、挑檐、阳台等悬臂板，要严格控制负筋位置，以免拆模后断裂。

板、次梁与主梁交叉处，板的钢筋在上，次梁的钢筋居中，主梁的钢筋在下；当有圈梁或垫梁时，主梁的钢筋在上。框架节点处钢筋穿插十分稠密时，应特别注意梁顶面主筋间的净距要有30 mm，以利于浇筑混凝土。梁的高度较小时，梁的钢筋架空在梁顶上绑扎，然后再落位；当梁的高度较大（≥1 m）时，梁的钢筋宜在梁底模上绑扎，其两侧模或一侧模后装。板的钢筋在模板安装后绑扎。梁板钢筋绑扎时应防止水电管线将钢筋抬起或压下。

二、模板工程

1. 模板安装

（1）基础模板

1）阶梯形独立基础。阶梯形独立基础模板（图2-7-18）由四块侧板拼钉而成，其中两块侧板的尺寸与相应的台阶侧面尺寸相等，另两块侧板长度应比相应的台阶侧面长度大150~200 mm，高度与其相等。四块侧板用木挡拼成方框，上台阶模板的其中两块侧板的最下一块拼板加长，以便搁置在下层台阶模板上；下层台阶模板的四周要设斜撑及平撑支撑住，斜撑和平撑一端钉在侧板的木挡上，另一端顶紧在木桩上。

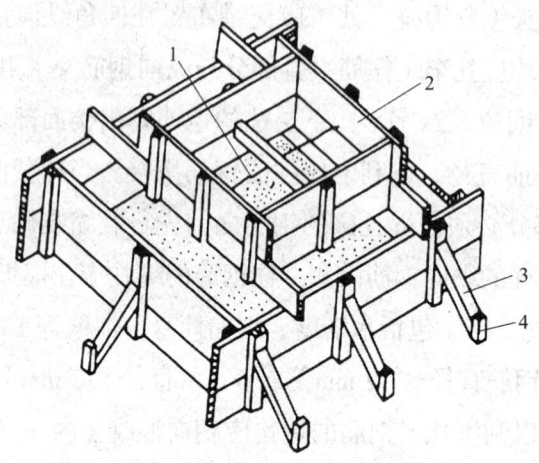

图 2-7-18　阶梯形独立基础模板
1—铁丝　2—拼板　3—斜撑　4—木桩

模板安装时，先在侧板内侧划出中线，在基坑底弹出基础中线，把各台阶侧板拼成方框。然后把下台阶模板放在基坑底，模板中线与基坑中线互相对准，并用水平尺校正其标高，在模板周围钉上木桩。木桩与侧板之间用斜撑和平撑支撑。上台阶模板放在下台阶模板上的安装方法相同。

2）条形基础。条形基础模板（图 2-7-19）一般由侧板、斜撑、平撑组成。侧板可用长条木板加钉竖向木挡拼制，也可用短条木板加横向木挡拼成。斜撑和平撑钉在木桩（或垫木）与木挡之间。模板安装时，先在基槽底弹出基础边

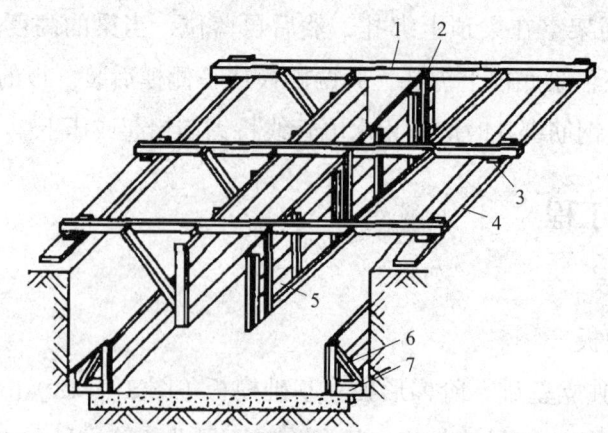

图 2-7-19　带地梁的条形基础模板
1—轿扛　2—吊木　3—木楔　4—垫板　5—侧板　6—斜撑　7—平撑

线,在侧板对准边线垂直竖立,用水平尺校正侧板顶面水平并用斜撑和平撑钉牢;立基础两端侧板,校正并拉通线,再依照通线立中间的侧板。侧板高度大于基础台阶高度时,可在侧板内侧按台阶高度弹准线,并每隔2 m在准线上钉圆钉,作为浇筑混凝土的标志。为防止浇筑时模板变形,每隔一定距离在侧板上口钉上搭头木。

(2)柱模板

柱模板(图2-7-20)由两块相对的内拼板、两块相对的外拼板和柱箍组成,也可用短横板代替外拼板钉在内拼板上。柱箍的间距取决于侧压力的大小及拼板的厚度,由于侧压力下大上小,因而柱模板下部的柱箍较密。拼板上端应根据实际情况开有与梁模板连接的缺口,底部开有清理孔,沿高度每隔2 m开有浇筑孔。为了节约木材,还可将两块外拼板全部用短横板,其中一个面上的短板有些可以先不钉死,浇筑混凝土时,临时拆开作为浇筑孔,浇注振捣后钉死。当设置柱箍时,

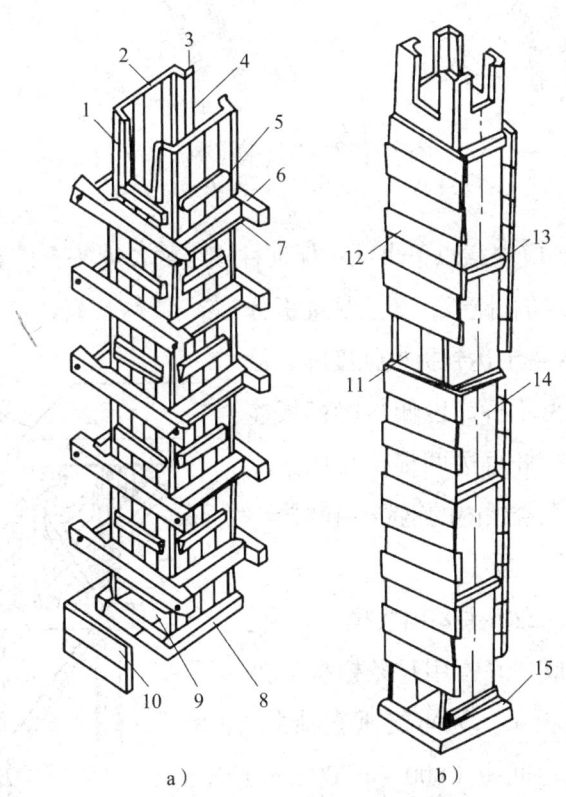

图2-7-20 柱模板

a)拼板柱模板 b)短横板柱模板

1—外拼板 2、14—内拼板 3—三角木条 4—梁缺口 5、13—拼条 6—柱箍 7—拉紧螺栓 8、15—木框 9—清理孔 10—盖板 11—浇筑孔 12—短横板

短横板外面要设竖向拼条,以便箍紧。安装柱模板前,应先绑扎好钢筋,测出标高标在钢筋上,同时在已浇筑的地面、基础顶面或楼面上固定好柱模底部的木框,在预制的拼板上弹出中心线,根据柱边线及木框立模板并用临时斜撑固定,然后由顶部用锤球校正,使其垂直。检查无误后,用斜撑钉牢固定。同在一条直线上的柱,应先校两头的柱模板,再在柱模板上口中心线拉一铁丝来校正中间的柱模板。在柱模板之间,还要用水平撑及剪刀撑相互牵搭住(图 2-7-21)。

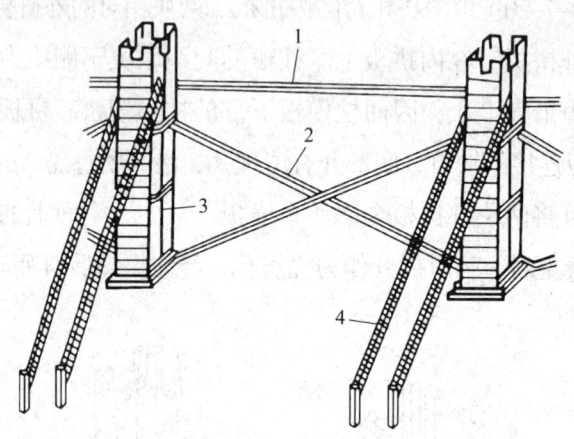

图 2-7-21 柱模的固定
1—水平撑 2—剪刀撑 3—柱模 4—斜撑

柱模板安装时,应注意以下事项:保证柱模板的长度符合模数;柱模板根部要用水泥砂浆堵严,防止跑浆;梁、柱模板分两次支设时,在柱混凝土达到拆模强度时,最上一段柱模板先保留不拆,以便与梁模板连接;柱模板设置的拉杆每边两根,与地面成 45°夹角,并与预埋在楼板内的钢筋环拉结。

(3)梁模板

梁模板(图 2-7-22)主要由底模、侧模、夹木及支架系统组成。底模用长条模板加拼条拼成,或用整块板条。为承受垂直荷载,在梁底模下每隔一定间距(800~1 200 mm)用顶撑(琵琶撑)顶住,顶撑可用圆木、方木或钢管制成,在顶撑底要加铺垫块。

梁模板安装时,沿梁模板下方地面上铺

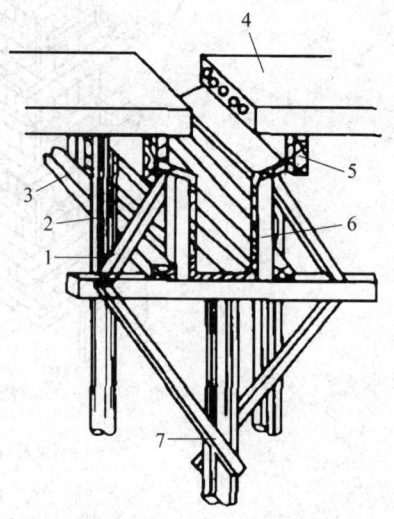

图 2-7-22 梁模板
1—斜撑 2—牵杠撑 3—夹木 4—预制板
5—格栅 6—木挡 7—琵琶撑

垫板，在柱模板缺口处钉衬口挡，把底板搁置在衬口挡上；立起靠近柱或墙的顶撑，再将梁长度等分，立中间部分顶撑，顶撑底下打入木楔，并检查调整标高；把侧模放上，两头钉于衬口挡上，在侧板底外侧铺钉夹木，再钉上斜撑和水平拉条。

梁模板安装时，应注意以下事项。

1）梁模板支柱的设置，应经模板设计计算决定，一般情况下采用双支柱时，间距以 60～100 cm 为宜。

2）模板支柱的水平拉杆、剪刀撑等，均应按设计要求布置；当设计无规定时，支柱间距一般不宜大于 2 m，水平拉杆的上下间距不宜大于 1.5 m，垂直剪刀撑的间距不宜大于 6 m。

3）单片预组拼和整体组拼的梁模板，必须在吊装就位拉结支撑稳固后方可脱钩。

4）若梁的跨度等于或大于 4 m，应使梁底模中部略起拱，防止由于混凝土的重力使跨中下垂。如设计无规定时，起拱高度宜为全跨长度的 1‰～3‰。

（4）楼板模板

楼板模板及其支架系统主要用于抵抗混凝土的垂直荷载和其他施工荷载，保证楼板不变形下垂。模板支撑在楞木上，楞木断面一般为 60 mm×120 mm，间距不宜大于 600 mm。楞木支撑在梁侧模外的托板上，托板下安短撑，撑在固定夹板上。如跨度大于 2 m 时，楞木中间应增加一排至几排支撑排架作为支架系统。

主、次梁模板安装完毕后，先安装托板，然后安装楞木，铺定型模板。铺好后核对楼板标高、预留孔洞及预埋铁等的部位和尺寸。图 2-7-22 为梁及楼板模板的一例。

2. 模板拆除

成型并养护一段时间，强度达到一定要求时，即可拆除模板。模板的拆除日期取决于混凝土硬化的快慢、模板的用途、结构的性质及环境温度。及时拆模可提高模板周转率、加快工程进度，但过早拆模，混凝土会变形、断裂，甚至造成重大质量事故。

模板及支架的拆除，如设计无规定时，应符合下列规定。

（1）模板的拆除，除非承重侧模外应在混凝土强度能保证其表面及棱角不因拆模板而受损坏时方可拆除。

（2）对后张法预应力混凝土结构构件，侧模宜在预应力张拉前拆除。

（3）模板拆除的顺序，应按照配板设计的规定，遵循先支后拆、后支先拆、先非承重部位、后承重部位以及自上而下的原则。

（4）多层楼板模板支架的拆除，上一层楼板正在浇筑混凝土时，下一层楼板的模板支架不得拆除，再下一层楼板模板的支架仅可拆除一部分；跨度≥4m的梁均应保留模板支架，其间距不得大于3m。

（5）拆模板时，不应对楼层形成冲击荷载，严禁用大锤和撬棍硬砸硬撬。

（6）拆除的模板等配件严禁抛扔，要有人接应传递，按指定地点堆放，并做到及时清理、维修和涂刷好隔离剂，以备待用。

（7）底模及支架拆除时的混凝土强度应符合设计要求；当设计无具体要求时，混凝土强度应符合表2-7-6的规定。

表2-7-6 底模拆除时的混凝土强度要求

构件类型	构件跨度（m）	达到设计的混凝土立方体抗压强度标准值的百分率（%）
板	≤2	≥50
	>2，≤8	≥75
	>8	≥100
梁、拱、壳	≤8	≥75
	>8	≥100
悬臂构件		≥100

三、混凝土工程

混凝土工程在土木工程施工中占主导地位，它对工程的人力、物力消耗和工期均有很大的影响。混凝土工程施工工艺流程包括混凝土的制备、运输、浇筑、振捣、养护等施工过程。

1. 混凝土的制备

（1）混凝土的施工配比计算

混凝土的施工配比是指混凝土在施工过程中所采用的配比。混凝土的施工配比，应保证结构设计对混凝土强度等级及施工对混凝土和易性的要求，并应符合合理使用材料、节约水泥的原则。同时，还应符合抗冻性、抗渗性等耐久性要求。

1）施工配比换算。施工时应及时测定砂、石骨料的含水率，并将混凝土配比换算成在实际含水率情况下的施工配比。

设混凝土实验室配比为水泥：砂子：石子 $=1:x:y$，测得砂子的含水率为

W_x、石子的含水率为 W_y，则施工配比应为：$1:x(1+W_x):y(1+W_y)$。

2）施工配料。施工中往往以一袋或两袋水泥为下料单位，每搅拌一次叫作一盘。因此，求出每 1 m³ 混凝土材料用量后，还必须根据工地现有搅拌机出料容量确定每次需用几袋水泥，然后按水泥用量算出砂、石子的每盘用量。

【例 2-7-2】已知 C20 混凝土的试验室配合比为 $1:2.55:5.12$，水灰比为 0.65，经测定砂子的含水率为 3%、石子的含水率为 1%，每 1 m³ 混凝土的水泥用量 310 kg，则施工配比是多少？如采用 JZ250 型搅拌机，出料容量为 0.25 m³，则每搅拌一次的装料数量是多少？

解：

（1）施工配比

$1:2.55(1+3\%):5.12(1+1\%)=1:2.63:5.17$

每 1 m³ 混凝土材料用量为：

水泥：310 kg

砂子：310 kg × 2.63=815.3 kg

石子：310 kg × 5.17=1 602.7 kg

水：310 kg × 0.65−310 kg × 2.55 × 3%−310 kg × 5.12 × 1%=161.9 kg

（2）装料量

水泥：310 kg × 0.25=77.5 kg（取一袋半水泥，即 75 kg）

砂子：815.3 kg × 75 kg/310 kg=197.325 kg

石子：16 027 kg × 75 kg/310 kg=387.75 kg

水：161.9 kg × 75 kg/310 kg=39.2 kg

（2）混凝土搅拌

混凝土搅拌是将水、水泥和粗细骨料进行均匀拌和及混合的过程。搅拌还能使材料达到强化、塑化的作用。

混凝土搅拌机按搅拌原理分为自落式和强制式两类。自落式搅拌机多用于搅拌塑性混凝土和低流动性混凝土，强制式搅拌机多用于搅拌干硬性混凝土和轻骨料混凝土，也可以搅拌低流动性混凝土。

1）混凝土的搅拌时间。混凝土的搅拌时间与混凝土的搅拌质量密切相关，在一定范围内，随搅拌时间的延长强度有所提高，但过长时间的搅拌既不经济，混凝土的和易性又将降低，影响混凝土的质量，加气混凝土还会因搅拌时间过长而使含气量下降。混凝土搅拌的最短时间可按表 2-7-7 选用。

表2-7-7 混凝土搅拌的最短时间

混凝土坍落度（cm）	搅拌机机型	搅拌机容量（L）		
		<250	250~500	>500
≤3	自落式	90 s	120 s	150 s
	强制式	60 s	90 s	120 s
>3	自落式	90 s	90 s	120 s
	强制式	60 s	60 s	90 s

注：1. 掺有外加剂时，搅拌时间应适当延长。
2. 全轻混凝土、砂轻混凝土搅拌时间应延长60~90 s。

2）投料顺序。常用投料顺序有一次投料法、二次投料法和水泥裹砂石法。

①一次投料法，是在上料斗中先装石子，再加水泥和砂，然后一次投入搅拌筒中进行搅拌。

②二次投料法，是先向搅拌机内投入水和水泥（和砂），待搅拌1 min后再投入石子和砂继续搅拌到规定时间。这种投料方法，能改善混凝土性能，提高混凝土的强度，与一次投料法相比，可使混凝土强度提高10%~15%，节约水泥15%~20%。

③水泥裹砂石法，是先将全部砂、石子和部分水倒入搅拌机拌和，使骨料湿润，搅拌时间以45~75 s为宜，称为造壳搅拌，再倒入全部水泥搅拌20 s，加入拌和水和外加剂进行第二次搅拌，60 s左右完成。用这种方法拌制的混凝土称为造壳混凝土（简称SEC混凝土）。

2. 混凝土的运输

（1）混凝土运输要求

混凝土运输中的全部时间不应超过混凝土的初凝时间；运输中应保持匀质性，不应产生分层离析现象，不应漏浆；运至浇筑地点应具有规定的坍落度，并保证混凝土在初凝前能有充分的时间进行浇筑；混凝土的运输应以最少的运转次数、最短的时间从搅拌地点运至浇筑地点，并保证混凝土浇筑的连续进行。

（2）运输工具的选择

混凝土运输分地面水平运输、垂直运输和楼面水平运输三种。混凝土地面水平运输如采用预拌（商品）混凝土且运输距离较远时，多用混凝土搅拌运输车。混凝土如来自工地搅拌站，则多用小型翻斗车，有时还用皮带运输机和窄轨翻斗车，近距离亦可用双轮手推车运输。垂直运输可采用各种井架、龙门架和塔式起重机作为垂直运输工具。对于浇筑量大、浇筑速度比较稳定的大型设备基础和高层建筑，宜采用混凝土泵，也可采用自升式塔式起重机或爬升式塔式起重机运输。

1）混凝土搅拌运输车。混凝土搅拌运输车（图2-7-23）为长距离运输混凝土的有效工具，它有一搅拌筒斜放在汽车底盘上。在混凝土搅拌站装入混凝土后，由于搅拌筒内有两条螺旋状叶片，在运输过程中搅拌筒可进行慢速转动进行拌和，以防止混凝土离析，运至浇筑地点，搅拌筒反转即可迅速卸出混凝土。搅拌筒的容量一般为 $2 \sim 10 \text{ m}^3$。

图2-7-23　混凝土搅拌运输车

2）混凝土泵。混凝土泵是一种有效的混凝土运输和浇筑工具，它以泵为动力，沿管道输送混凝土，可以一次完成水平和垂直运输，将混凝土直接输送到浇筑地点，是一种高效的混凝土运输方法。

①泵送混凝土对原材料的要求。碎石最大粒径与输送管内径之比不宜大于1∶3，卵石不宜大于1∶2.5；以天然砂为宜，含砂率宜控制在40%~50%，通过0.315 mm筛孔的砂不少于15%；最少水泥用量为300 kg/m³，坍落度宜为80~180 mm，混凝土内宜适量掺入外加剂。泵送轻骨料混凝土的原材料选用及配比应通过试验确定。

②泵送混凝土施工中应注意的问题。输送管的布置宜短直，尽量减少弯管数，转弯宜缓，管段接头要严密，少用锥形管；混凝土的供料应保证混凝土泵能连续工作，不间断；正确选择骨料级配，严格控制配比；泵送前，为减少泵送阻力，应先用适量与混凝土内成分相同的水泥浆或水泥砂浆润滑输送管内壁；泵送过程中，泵的受料斗内应充满混凝土，防止吸入空气形成梗阻；防止停歇时间过长，若停歇时间超过45 min，应立即用压力或其他方法冲洗管内残留的

混凝土；泵送结束后，要及时清洗泵体和管道；用混凝土泵浇筑的建筑物，要加强养护，防止龟裂。

（3）运输时间

混凝土应以最少的运转次数和最短的时间，从搅拌地点运至浇筑地点，并在初凝前浇筑完毕。混凝土从搅拌机中卸出后到浇筑完毕的延续时间不宜超过表2-7-8的规定。

表2-7-8 混凝土从搅拌机中卸出后到浇筑完毕的延续时间

混凝土强度等级	气温（℃）	
	<25	≥25
低于及等于C30	120 min	90 min
高于C30	90 min	60 min

3. 混凝土的浇筑

（1）混凝土浇筑前的准备工作

混凝土浇筑前，应检查模板的位置、标高、尺寸、强度和刚度是否符合要求，接缝是否严密，预埋件位置和数量是否符合图样要求，钢筋的规格、数量、位置、接头和保护层厚度是否正确；清理模板上的垃圾和钢筋上的油污，浇水湿润木模板；填写隐蔽工程记录。

（2）混凝土浇筑的一般规定

1）混凝土浇筑前不应发生离析或初凝现象，如已发生，须重新搅拌。混凝土运至现场后，其坍落度应满足表2-7-9的要求。

表2-7-9 混凝土浇筑时的坍落度

结构种类	坍落度（mm）
基础或地面垫层、无配筋大体积结构（挡土墙、基础等）或配筋稀疏的结构	10～30
板、梁和大型及中型截面的柱等	30～50
配筋密列的结构（薄壁、斗仓、筒仓、细柱等）	50～70
配筋特密的结构	70～90

注：1. 本表系用机械振捣混凝土时的坍落度，当采用人工捣实混凝土时，其值可适当增大。
2. 当需要配制大坍落度混凝土时，应掺用外加剂。
3. 曲面或斜面结构混凝土的坍落度应根据实际需要另行选定。
4. 轻骨料混凝土的坍落度宜比表中数值减少10～20 mm。

2）混凝土自高处倾落时，其自由倾落高度不宜超过 2 m，在竖向结构中浇筑混凝土的高度不得超过 3 m，否则应设串筒、斜槽、溜管或振动溜管等，如图 2-7-24 所示。

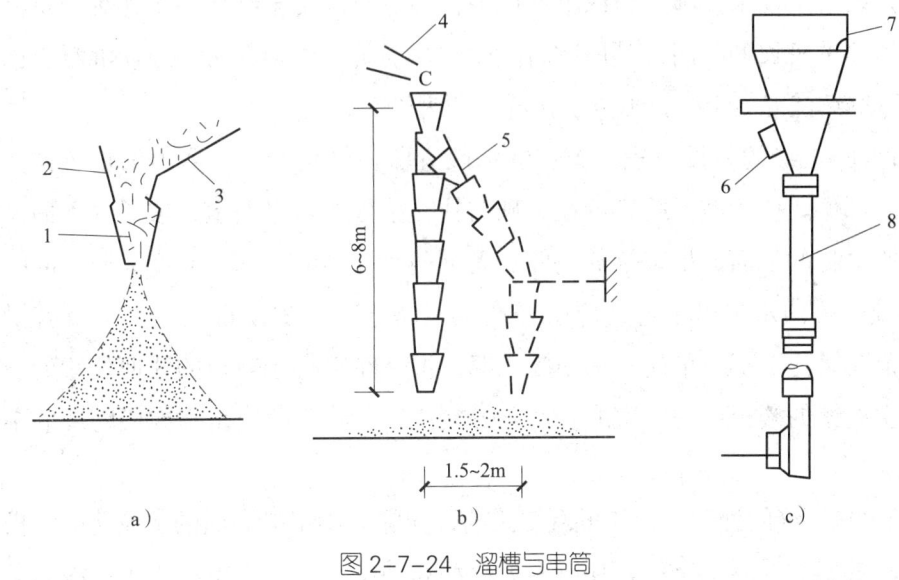

图 2-7-24　溜槽与串筒
a）溜槽　b）串筒　c）振动串筒
1、5—串筒　2—挡板　3、4—溜槽　6—振动器　7—漏斗　8—节管

3）浇筑混凝土时应经常观察模板、支架、钢筋、预埋件和预留孔洞的情况，当发现有变形、移位时，应立即停止浇筑，并应在已浇筑混凝土凝结前修整完好。

4）混凝土的浇筑应分段、分层连续进行，随浇随捣。混凝土浇筑层厚度应符合表 2-7-10 的规定。

表 2-7-10　混凝土浇筑层厚度

捣实混凝土的方法		浇筑层厚度（mm）
插入式振捣		振捣器作用部分长度的 1.25 倍
表面振动		200
人工捣固	在基础、无筋混凝土或配筋稀疏的结构中	250
	在梁、墙板、柱结构中	200
	在配筋密列的结构中	150
轻骨料混凝土	插入式振捣	300
	表面振动（振动时须加荷）	200

5）浇筑竖向结构混凝土前，底部应先填以 50～100 mm 厚与混凝土成分相同的水泥砂浆。

（3）施工缝的留设与处理

如果由于技术或施工组织上的原因，不能对混凝土结构一次连续浇筑完毕而必须停歇较长的时间，其停歇时间已超过混凝土的初凝时间致使混凝土已初凝，当继续浇混凝土时，形成了接缝，即为施工缝。

1）施工缝的留设位置。施工缝一般宜留在结构受力（剪力）较小且便于施工的部位。柱的施工缝宜留在基础与柱交接处的水平面上，或梁的下面，或吊车梁牛腿的下面、吊车梁的上面、无梁楼盖柱帽的下面。高度大于 1 m 的钢筋混凝土梁的水平施工缝，应留在楼板底面下 20～30 mm 处，当板下有梁托时，留在梁托下部；单向平板的施工缝，可留在平行于短边的任何位置处；对于有主次梁的楼板结构，宜顺着次梁方向浇筑，施工缝应留在次梁跨度的中间 1/3 范围内。

2）施工缝的处理。浇筑混凝土之前，应除去施工缝表面的水泥薄膜、松动石子和软弱的混凝土层，并加以充分湿润和冲洗干净，不得有积水；涂刷混凝土界面处理剂，或涂刷水泥基渗透结晶型防水涂料。

浇筑时，机械振捣宜向施工缝处逐渐推进，并在距施工缝 80～100 mm 处停止振捣。浇筑过程中，施工缝应细致捣实，使其紧密结合。

（4）混凝土的浇筑方法

1）钢筋混凝土框架结构的浇筑。浇筑多层框架按分层分段施工，水平方向以结构平面的伸缩缝分段，垂直方向按结构层次分层。在每层中先浇筑柱，在柱浇捣完毕后，停歇 1～1.5 h，使混凝土达到一定强度后，再浇筑梁和板。梁和板宜同时浇筑，有主次梁的楼板宜顺着次梁方向浇筑，单向板宜沿着板的长边方向浇筑；拱和高度大于 1 m 时的梁等结构，可单独浇筑混凝土。

柱浇筑宜在梁板模板安装后、钢筋未绑扎前进行，浇筑一排柱的顺序应从两端同时开始向中间推进，以免因浇筑混凝土后由于模板吸水膨胀、断面增大而产生横向推力，最后使柱发生弯曲变形。

2）大体积混凝土结构的浇筑。大体积混凝土结构多为工业建筑中的设备基础及高层建筑中厚大的桩基承台或基础底板等，混凝土浇筑面和浇筑量大，整体性要求高，不能留施工缝，浇筑后水泥的水化热量大且聚集在构件内部，形成较大的内外温差，易造成混凝土表面产生收缩裂缝等。

①大体积钢筋混凝土结构的浇筑方案（图2-7-25）。一般分为全面分层、分段分层和斜面分层三种。

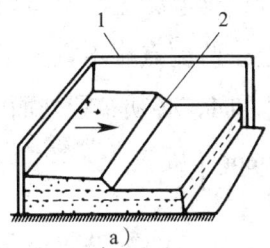 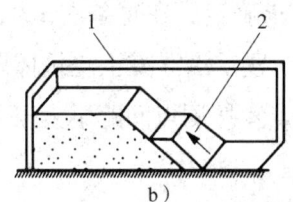 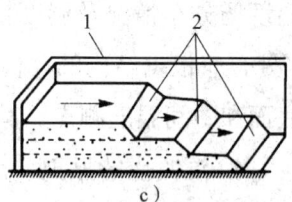

图2-7-25　大体积混凝土浇筑方案
a）全面分层　b）分段分层　c）斜面分层
1—模板　2—新浇混凝土

全面分层：在第一层浇筑完毕后，再回头浇筑第二层，如此逐层浇筑，直至完工为止。

分段分层：混凝土从底层开始浇筑，进行2~3m后再回头浇第二层，同样依次浇筑各层。

斜面分层：要求斜坡坡度不大于1/3，适用于结构长度大大超过厚度3倍的情况。

②大体积浇筑混凝土的注意事项。大体积混凝土内部温度与表面温度的差值、混凝土外表面与环境温度差值不应超过25℃；要尽量降低混凝土入模温度；混凝土浇筑完后应在12h内覆盖进行保湿保温养护；防水混凝土养护期至少14天；必须进行二次抹面，以减少表面收缩裂缝。

③大体积混凝土裂缝控制主要措施。优先选用低水化热水泥，并适当使用缓凝减水剂和微膨胀剂；在保障混凝土设计强度的前提下，适当降低水灰比，掺加适量粉煤灰以降低水泥用量；降低混凝土入模温度，控制混凝土内外温差；当平面尺寸过大时，可以适当设置后浇缝，以减小外应力和温度应力，同时，也有利于散热，降低混凝土的内部温度；超长大体积混凝土也可采用跳仓法施工，将平面划分成若干个区域，按照"分块规划、隔块施工、分层浇筑、整体成型"的原则施工，相邻两段间隔时间不少于7天；在混凝土浇筑之后，做好混凝土的保温保湿养护，缓缓降温，减低温度应力，夏季避免暴晒，注意保湿，冬季应覆盖保温，以免发生急剧的温度梯度变化。

④大体积混凝土温度控制主要措施。大体积混凝土温度应变的测试，在混凝土浇筑后，每昼夜不应少于4次；入模温度的测量，每台班不少于2次。

大体积混凝土浇筑体内温度监测点可按下列方式布置：监测点的布置范围应以所选混凝土浇筑体平面图对称轴线的半条轴线为测试区，在测试区内监测点按平面分层布置；在测试区内，监测点的位置与数量可根据混凝土浇筑体内温度场分布情况及温度控制要求确定；在每条测试轴线上，监测点位不宜少于4处，应根据结构的几何尺寸布置；沿混凝土浇筑体厚度方向，必须布置外面、底面和中间温度测点，其余测点宜按测点间距不大于600 mm布置。

4. 混凝土的振捣

混凝土的振捣方式分为人工振捣和机械振捣两种。人工振捣是利用捣锤或插钎等工具的冲击力来使混凝土密实成型，其效率低、效果差；机械振捣是将振动器的振动力传给混凝土，使之发生强迫振动而密实成型，其效率高、质量好。

混凝土振动机械按其工作方式分为内部振动器、外部振动器、表面振动器和振动台等（图2-7-26）。

（1）内部振动器

内部振动器又称插入式振动器，适用于振捣梁、柱、墙等构件和大体积混凝土。

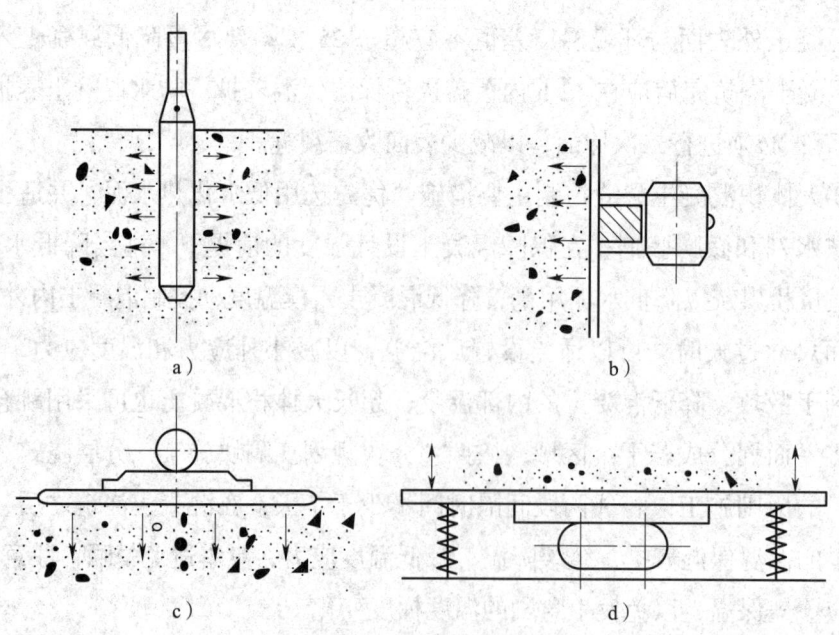

图2-7-26 振动机械示意图
a）内部振动器 b）外部振动器 c）表面振动器 d）振动台

振捣方法有两种,一是垂直振捣,即振动棒与混凝土表面垂直;二是斜向振捣,即振动棒与混凝土表面成 40°~45°角。振动器的操作要做到快插慢拔,插点要均匀,逐点移动,顺序进行,不得遗漏,均匀振实。振动棒的移动可采用行列式或交错式。混凝土分层浇筑时,应将振动棒上下来回抽动 50~100 mm;移动间距不宜大于振动器作用半径的 1.5 倍,与模板的距离不应大于其作用半径的 0.5 倍,振动棒深入下层混凝土中 50 mm 左右;每一振捣点的振捣时间一般为 20~30 s。使用振动器时,不允许将其支撑在结构钢筋上或碰撞钢筋,不宜紧靠模板振捣。

(2)外部振动器

外部振动器又称附着式振动器,适用于振捣断面较小或钢筋较密的柱、梁、板等构件。

(3)表面振动器

表面振动器又称平板振动器,适用于振捣楼板、空心板、地面和薄壳等薄壁结构。

(4)振动台

振动台一般在预制厂用于振实干硬性混凝土和轻骨料混凝土。

5. 混凝土的养护

为保证已浇筑好的混凝土在规定龄期内达到设计要求的强度和耐久性,防止产生收缩和裂缝,必须认真做好养护工作。

(1)覆盖浇水养护

在平均气温高于 5 ℃的自然条件下,用适当的材料(如草帘、芦席、麻袋、锯末等)对混凝土表面加以覆盖并浇水,使混凝土在一定的时间内保持适当温度和湿度条件。覆盖浇水养护应符合下列规定。

1)混凝土浇筑完成后,应在 12 h 内进行覆盖浇水养护。干硬性混凝土应立即进行养护。

2)混凝土的浇水养护时间,对采用硅酸盐水泥、普通硅酸盐水泥或矿渣硅酸盐水泥拌制的混凝土,不得少于 7 天;对掺用缓凝型外加剂、矿物掺合料或有抗渗性要求的混凝土,不得少于 14 天。

3)当日平均气温低于 5 ℃时,不得浇水;在日平均气温高于 5 ℃时,用适当的材料对混凝土表面加以覆盖并经常洒水,保持混凝土处于湿润状态。

4)混凝土必须养护至其强度达到 1.2 N/mm² 以上,才准在上面行人和架设支架、安装模板，但不得冲击混凝土。

（2）薄膜布养护

在有条件的情况下，可采用不透水、气的薄膜布（如塑料薄膜布）养护。薄膜布养护不必浇水，操作方便，能重复使用，能提高混凝土的早期强度，加速模具的周转。

（3）薄膜养生液养护

混凝土的表面不便浇水或使用塑料薄膜布养护时，可采用涂刷薄膜养生液法。薄膜养生液养护法一般适用于表面积大和缺水地区的混凝土结构。

（4）其他

大面积结构如地坪、楼板、屋面等可采用蓄水养护法。贮水池一类工程可于拆除内模混凝土达到一定强度后注水养护。

培训项目 8 装配式建筑简介

培训单元 1 装配式建筑概述

→ 掌握装配式建筑的概念。
→ 掌握装配式建筑的特点。

一、装配式建筑的概念

装配式建筑是指将结构系统、外围护系统、设备与管线系统、内装系统的主要部分采用预制部品部件集成的建筑,主要包括装配式混凝土结构建筑、装配式钢结构建筑、装配式现代木结构建筑等。装配式建筑是一个系统工程,是将预制部品部件通过模数协调、模块组合、接口连接、节点构造和施工工法等集成装配而成的,在工地高效、可靠装配并做到主体结构、建筑围护、机电装修一体化的建筑。装配式建筑具有建筑设计标准化、部品生产工厂化、现场施工装配化、结构装修一体化和建造过程信息化的特征,主要表现如下。

(1)以完整的建筑产品为对象,以系统集成为方法,体现加工和装配的标准化设计。

(2)以工厂精益化生产的部品部件为主。

(3)现场施工以装配和干作业为主。

（4）以提升建筑工程质量安全水平、提高劳动生产效率、节约资源能源、减少施工污染和达到建筑的可持续发展为目标。

（5）基于建筑信息模型（BIM）技术的全链条信息化管理，实现设计、生产、施工、装修和运行维护的协同。

二、装配式建筑的特点

我国建筑业现阶段主要采用的传统建造方式（现场浇筑混凝土施工）的大部分工作都是在施工现场完成的，存在材料浪费大，施工现场脏、乱、差，产生的建筑垃圾多，对环境造成严重污染，施工质量和安全难以保障，水资源消耗量大，劳动力成本高等问题。与传统建造方式相比，装配式建筑的优势主要体现在提升工程建设效率、提升工程建设品质、保障施工安全、提升经济效益以及低碳低能耗、节约资源、可持续发展等方面，二者对比如图2-8-1所示。装配式建筑施工与传统现场建造比较分析见表2-8-1。

图2-8-1 装配式建筑与传统建造方式对比
a）装配式建筑 b）传统建造方式

表 2-8-1 装配式建筑施工与传统现场建造对比分析

对比项目	装配式建筑施工	传统现场建造
生产效率	现场装配,生产效率高,减少人力成本,人工减少50%以上	在施工过程中,混凝土浇筑、混凝土养护等工序受雨雪等天气因素的影响大,易导致施工生产周期的延误。现场工序多,存在大量湿作业,生产效率低,人力投入大,靠人海战术和低价劳动力完成施工
工程质量	误差控制在毫米级,墙体无渗漏、无裂缝,室内可实现100%无抹灰工程	误差控制在厘米级,空间尺寸变形大,部品安装难以实现标准化,基层质量差
技术集成	可实现设计、生产、施工一体化、精细化,通过标准化和装配化形成集成技术	难以实现装修部品的标准化、精细化,难以实现设计、施工一体化、信息化
资源节约	实现"五节一环保"的绿色发展理念,施工节水60%、节材20%、节能20%,产生的垃圾减少80%,脚手架和支撑架用量减少70%	水耗大、用电多、材料浪费严重,产生的垃圾多,使用大量脚手架和支撑架
环境保护	施工现场无扬尘、无废水、无噪声	施工现场有扬尘、废水、垃圾、噪声

三、装配式建筑的发展历程

1. 国外装配式建筑发展历史

1851 年伦敦建成的用铁骨架嵌玻璃的水晶宫是世界上第一座大型装配式建筑。1891 年,巴黎 Ed.Coigent 公司首次在 Biarritz 的俱乐部建筑中使用装配式混凝土梁,这是世界上第一个预制混凝土构件(以下简称预制构件)。

装配式建筑在 20 世纪 20 年代初的英、法、苏联等国家首先做了尝试。第二次世界大战后,由于欧洲大陆的建筑遭受重创,劳动力资源短缺,为了加快住宅的建设速度,欧洲各国在住宅建设领域发展了装配式混凝土建筑。至 20 世纪 60 年代,装配式混凝土建筑得到大量推广,60 年代中期装配式混凝土住宅的比重占 18%~26%,之后随着住宅问题的逐步解决而下降。此比例在东欧及苏联等国直到 20 世纪 80 年代还在上升,如民主德国 1975 年占 68%,1978 年上升到 80%;波兰 1962 年占 19%,1980 年上升到 80%;苏联 1959 年占 1.5%,1971 年占 37.8%,1980 年上升到 55%。法国的大板建筑技术比较成熟,在非地震区可以建造 25 层的建筑,在地震区也能建造 10~12 层的建筑。

美国的装配式混凝土住宅起源于 20 世纪 30 年代。1976 年美国国会通过了国家工业化住宅建造及安全法案，同年开始出台一系列严格的行业规范标准。在1991年美国预制预应力混凝土协会（PCI）年会上提出将装配式混凝土建筑的发展作为美国建筑业发展的契机，由此带来装配式混凝土建筑在美国30年的长足发展。目前，混凝土结构建筑中，装配式混凝土建筑的比例占到了35%左右。

日本对装配式建筑的研究是从1955年日本住宅公团成立时开始，并以住宅公团为中心展开。住宅公团的任务就是执行战后复兴基本国策，解决城市化过程中中低层收入人群的居住问题。20世纪60年代中期，日本装配式混凝土住宅有了长足发展，预制混凝土构配件生产形成独立行业，住宅部品化供应发展很快。1973年建立装配式混凝土住宅准入制度，标志着作为体系建筑的装配式混凝土住宅起步。从20世纪50年代后期至80年代后期，历时约30年，形成了若干种较为成熟的装配式混凝土住宅结构体系。到2001年，日本每年新竣工的装配式混凝土住宅约为3 000万平方米。

发达国家和地区装配式混凝土住宅的发展大致经历了三个阶段：第一阶段是装配式混凝土建筑形成的初期，重点建立装配式混凝土建筑生产（建造）体系；第二阶段是装配式混凝土建筑的发展期，逐步提高产品（住宅）的质量和性价比；第三阶段是装配式混凝土建筑发展的成熟期，进一步降低住宅的物耗和环境负荷，发展资源循环型住宅。

2. 我国装配式建筑发展历史

我国装配式建筑发展经历了四个阶段：起步阶段、持续发展阶段、低潮阶段和全面推广阶段。

（1）起步阶段（20世纪50年代）

20世纪50年代，国家为了经济建设发展，借鉴苏联的经验，推行建筑产业标准化、工厂化和机械化，发展预制构件和装配式建筑。预制柱、预制薄腹梁、预应力折线型屋架、鱼腹式吊车梁、预制预应力大型屋面板、预制外墙挂板等预制构件被用于房屋、厂房的装配建设，较为典型的建筑体系有装配式单层工业厂房建筑体系、装配式多层框架建筑体系、装配式大板住宅建筑体系等。此外，在国家钢材和水泥严重紧缺的情况下，采用预制技术的装配式建筑为国家的工业发展做出了巨大贡献。

（2）持续发展阶段（20世纪60—80年代）

从20世纪60年代初到80年代中期，预制构件生产经历了研究、快速发展、使用、发展停滞等阶段，到20世纪80年代中期，装配式建筑的应用达到全盛时期，全国许多地方形成了设计、制作和施工安装一体化的装配式建筑建造模式。装配式建筑和采用预制空心楼板的砌体建筑成为两种最主要的建筑体系，应用普及率达70%以上。

（3）低潮阶段（20世纪80年代末）

20世纪80年代末，受当时经济条件和技术水平的限制，装配式建筑的功能性和物理性能（保温隔热、隔声防水等）逐渐显露出许多缺陷和不足，我国有关装配式建筑的设计和施工技术的研发工作又没有跟上社会需求及技术的发展，装配式建筑行业开始迅速滑坡。

20世纪90年代国家开始实行房改，住宅建设从计划经济时代的政府供给分配方式向市场经济的自由选择方式过渡，住宅建设标准开始多元化，预制构件厂原有的模具难以适应新住宅的户型变化要求，其计划经济的经营特征无法满足市场变化的需求，装配式大板结构迅速被市场淘汰。

（4）全面推广阶段（21世纪）

2004年我国提出了发展节能省地型住宅的要求，即"五节一环保"，并在新版的《住宅建筑规范》《住宅性能评定技术标准》中做了具体详细的要求。

由于我国预制建筑行业已经停滞了将近20年，专业人才断档，技术沉淀几近消亡，众多企业和社会力量不得不投入大量人力、财力、物力进行建筑工业化研究，从引进技术到自主研发，不断积极探索。随着新编制的《装配式混凝土结构技术规程》（JGJ 1—2014）于2014年10月1日生效，我国装配式建筑产业开始重新起步，又一次掀起装配式建筑发展的高潮。

2016年2月，中共中央、国务院在《关于进一步加强城市规划建设管理工作的若干意见》中提出大力推广装配式建筑，加大政策支持力度，力争用10年左右时间，使装配式建筑占新建建筑的比例达30%。2017—2022年，住房和城乡建设部先后发布《装配式建筑评价标准》（GB/T 51129—2017）、《装配式环筋扣合锚接混凝土剪力墙结构技术标准》（JGJ/T 430—2018）、《装配式钢结构住宅建筑技术标准》（JGJ/T 469—2019）、《装配式住宅设计选型标准》（JGJ/T 494—2022）等。2020年7月，住房和城乡建设部等13部委联合发布《关于推动智能建造与建筑工业化协同发展的指导意见》。2021年2月，住房和城乡建设部办公厅召开全国装配式建筑现场推进会，落实中央城市工作会议精神，交流北京、上海、湖南等省市装配式建筑发展经验，部署以装配式建筑高质量发展为主线推进城乡建设绿色低碳发展相关工作。各省、市、自治区积极响应国家政策，大力支持装配式建筑的发展，因地制宜地发展装配式建筑，形成了具有一定地域特色的装配式建筑。

培训单元 2　装配式建筑分类与评价标准

→ 掌握不同装配式建筑的分类。
→ 了解装配式建筑的评价标准。

一、装配式建筑结构分类

按照建筑材料的不同，装配式建筑可分为装配式混凝土建筑、装配式钢结构建筑、装配式木结构建筑和装配式复合材料建筑（钢结构、轻钢结构与混凝土结合的装配式建筑）等。

按结构体系不同，装配式建筑可分为框架结构、框架－剪力墙结构、筒体结构、剪力墙结构、无梁板结构、空间薄壁结构、悬索结构和预制钢筋混凝土柱单层厂房结构等。

1. 装配式混凝土建筑

装配式混凝土建筑是指以工厂化生产的钢筋混凝土预制构件为主，通过现场装配的方式设计建造的混凝土结构类建筑。装配式混凝土建筑根据构件连接方式的不同，分为装配整体式混凝土结构和全装配式混凝土结构两种。

（1）装配整体式混凝土结构

依据《装配式混凝土建筑技术标准》（GB/T 51231—2016）的定义，装配整体式混凝土结构是指由预制混凝土构件通过可靠的连接方式进行连接并与现场后浇混凝土、水泥基灌浆料形成整体的装配式混凝土结构。简言之，装配整体式混凝土结构的连接以"湿连接"为主要方式，如上下节点的灌浆套筒连接和后浇混凝土连接等，如图 2-8-2 所示。

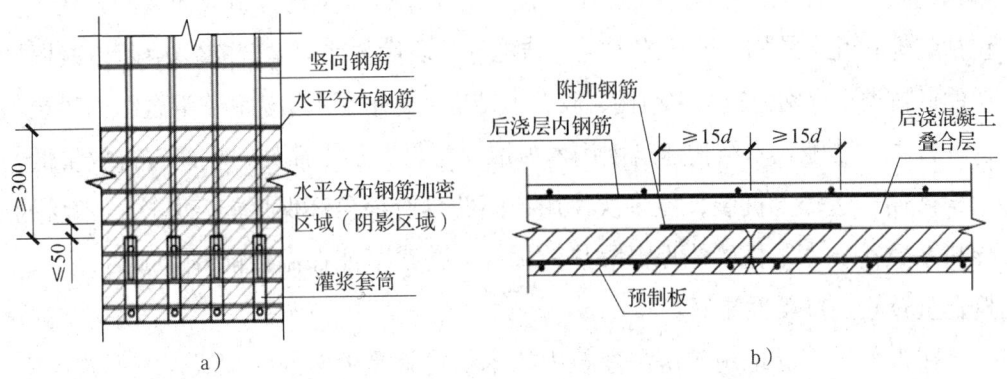

图 2-8-2 装配整体式结构的"湿连接"节点
a）预制构件上下节点连接　b）后浇混凝土连接节点

装配整体式结构具有较好的整体性和抗震性。目前，大多数多层和全部高层装配式混凝土建筑都是装配整体式结构，有抗震要求的低层也多是装配整体式结构。

（2）全装配式混凝土结构

全装配式混凝土结构是指预制混凝土构件通过牛腿连接、焊接或螺栓连接等常见干式连接方式连接而形成的整体装配式建筑。

全装配式混凝土结构整体性和抗侧向作用的能力较差，不适于高层建筑，但它具有构件制作简单、安装便利、工期短、成本低等优点。国外许多低层和多层建筑都采用全装配式混凝土结构。

2. 装配式钢结构建筑

依据《装配式钢结构建筑技术标准》（GB/T 51232—2016）的定义，装配式钢结构建筑是指建筑的结构系统由钢部（构）件构成的装配式建筑。装配式钢结构建筑一般包括多高层钢结构建筑、门式刚架钢结构建筑、低层冷弯薄壁型钢结构建筑和大跨度空间钢结构建筑等。

与装配式混凝土结构相比，钢结构建筑中的结构构件是在加工厂完成生产、运输到工程现场后，完全通过螺栓连接或焊接等方式装配成的建筑结构，因其本身不包含湿作业、施工速度快、现场人员少、对环境的影响小，是一种工业化程度极高的结构形式。同时，钢结构采用的钢材延性好且可回收，使其具有更好的抗震性能且更加绿色环保。

3. 装配式木结构建筑

依据《装配式木结构建筑技术标准》（GB/T 51233—2016）的定义，装配式木结构建筑是指建筑的结构系统由工厂预制的木结构承重构件组成的装配式建筑，包括装配式纯木结构、装配式木混合结构等。现代木结构建筑按结构设计构件采用的材料类型分别为轻型木结构、胶合木结构、方木原木结构和木混合结构建筑。

首先，装配式木结构建筑因用木材取材容易、加工简便、生产碳排放量低，木构件便于运输、拆装，能多次使用，因此具有绿色环保性能。其次，木材的导热系数小，木结构墙体保温隔热效果好，建筑节能保温性能好。最后，木结构自重较轻，抗震性能好。

在古代被广泛地用于房屋建筑中的木结构就是天然的装配式建筑形式。中国历经两千多年的封建帝制，留下了大量的木结构建筑。我国形成了以榫卯技术为特点的木结构框架体系，如悬臂梁结构、拱结构、悬索结构，从皇家宫殿、宗教寺庙到民居民宅，形成了完整的建筑特点及结构技术体系。

二、装配式建筑评价标准

1. 装配率

装配率是指单体建筑室外地坪以上的主体结构、围护墙和内隔墙、装修和设备管线等采用预制部品部件的综合比例。装配率应根据表2-8-2中的评价分值，按下式计算：

$$P = \frac{Q_1+Q_2+Q_3}{100-Q_4} \times 100\%$$

式中　P——装配率；

　　　Q_1——主体结构指标实际得分值；

　　　Q_2——围护墙和内隔墙指标实际得分值；

　　　Q_3——装修与设备管线指标实际得分值；

　　　Q_4——评价项目中缺少的评价项分值总和。

2. 评价等级划分

当评价项目满足主体结构部分的评价分值不低于20分，围护墙和内隔墙部分的评价分值不低于10分，采用全装修，装配率不低于50%这四项要求，同时主体结构竖向构件中预制部品部件的应用比例不低于35%时，可进行装配式建筑等级评价。

表 2-8-2 装配式建筑评分表

评价项目		评价要求	评价分值	最低分值
主体结构 （50 分）	柱、支撑、承重墙、延性墙板等竖向构件	35% ≤ 比例 ≤ 80%	20 ~ 30*	20
	梁、板、楼梯、阳台、空调板等构件	70% ≤ 比例 ≤ 80%	10 ~ 20*	
围护墙和内隔墙 （20 分）	非承重围护墙（非砌筑）	比例 ≥ 80%	5	10
	围护墙与保温、隔热、装饰一体化	50% ≤ 比例 ≤ 80%	2 ~ 5*	
	内隔墙（非砌筑）	比例 ≥ 50%	5	
	内隔墙与管线、装修一体化	50% ≤ 比例 ≤ 80%	2 ~ 5*	
装修和设备管线 （30 分）	全装修	—	6	6
	干式工法楼面、地面	比例 ≥ 70%	6	—
	集成厨房	70% ≤ 比例 ≤ 90%	3 ~ 6*	
	集成卫生间	70% ≤ 比例 ≤ 90%	3 ~ 6*	
	管线分离	50% ≤ 比例 ≤ 70%	4 ~ 6*	

注：表中带"*"项的分值采用内插法计算，计算结果取小数点后 1 位。

装配式建筑评价等级划分为 A 级、AA 级、AAA 级，规定如下。

（1）装配率达到 60% ~ 75% 时，评价为 A 级装配式建筑。

（2）装配率达到 76% ~ 90% 时，评价为 AA 级装配式建筑。

（3）装配率达到 91% 及以上时，评价为 AAA 级装配式建筑。

培训模块 三
节能与环保知识

培训项目 1 建筑新能源、新技术知识

培训单元 建筑节能技术

→ 了解绿色建筑和建筑节能的关系。
→ 了解绿色建筑节能技术概况。

一、绿色建筑的概念

绿色建筑、生态建筑、低碳建筑、可持续建筑都是关注建筑的建造和使用对资源的消耗和给环境造成的影响,同时也强调为使用者提供健康舒适的建成环境,但这些概念间也有区别。生态建筑的核心概念是自我循环的稳定状态,尽量不对环境造成负担。绿色建筑的概念则较为宽泛,只要是有环保效益,对资源进行有效利用的建筑都可以称之为绿色建筑。低碳建筑关注建筑的设计、建造和使用过程中碳的排放,以碳足迹为评价依据。可持续发展建筑是"可持续发展观"在建筑领域中的体现,可将其理解为在可持续发展理论和原则指导下设计和建造的建筑。它不仅关注"环境—生态—资源"问题,同时也强调"社会—经济—自然"的可持续发展。可以说,从生态建筑、绿色建筑、低碳建

筑到可持续建筑是一个从局部到整体、从低层次向高层次的认识发展过程。不论是关注"环境—生态—资源"还是强调"社会—经济—自然",都离不开节能和环保。

二、建筑节能设计与技术

1. 绿色建筑的设计

绿色建筑的设计包含两个要点：一是针对建筑物本身，要求有效地利用资源，同时使用环境友好的建筑材料；二是要考虑建筑物周边的环境，让建筑物适应本地的气候、自然地理条件。绿色建筑设计的三项原则是：资源利用的3R原则、环境友好原则和地域性原则。

（1）资源利用的3R原则

建筑的建造和使用过程中涉及的资源主要包含能源、土地、材料、水。3R原则，即减量（reduce）、重用（reuse）和循环（recycle），是绿色建筑中资源利用的基本原则，每一项都必不可少。

1）减量。减量是指减少进入建筑物建设和使用过程的资源（能源、土地、材料、水）消耗量。通过减少物质使用量和能源消耗量，达到节约资源（节能、节地、节材、节水）和减少排放的目的。

2）重用。重用即再利用，是指尽可能保证所选用的资源在整个生命周期中得到最大限度的利用，尽可能多次以及尽可能多种方式使用建筑材料或建筑构件。设计时，注意使建筑构件容易拆解和更换。

3）循环。选用资源时须考虑其再生能力，尽可能利用可再生资源；所消耗的能量、原料及废料能循环利用或自行消化分解。

（2）环境友好原则

在建筑领域的环境包含两层含义：其一，设计区域内的环境，即建筑空间的内部环境和外部环境，也可称为室内环境和室外环境；其二，设计区域的周围环境。

1）室内环境品质。考虑建筑的功能要求及使用者的生理和心理需求，努力创造优美、和谐、安全、健康、舒适的室内环境。

2）室外环境品质。应努力营造出阳光充足、空气清新、无污染及噪声干扰，有绿地和户外活动场地，有良好环境景观的健康安全的环境空间。

3）周围环境影响。尽量使用清洁能源或二次能源，减少因能源使用而带来的环境污染；同时，合理利用物质和能源，更多地回收利用废物，并以环境可接受的方式处置残余的废弃物。

（3）地域性原则

地域性原则包含三方面的含义：

1）尊重传统文化和乡土经验，在绿色建筑的设计中应注意传承和发扬地方历史文化。

2）注意与地域自然环境的结合，适应场地的自然过程。设计应以场地的自然过程为依据，充分利用场地中的天然地形、阳光、水、风及植物等，将这些带有场所特征的自然因素结合在设计之中，强调人与自然过程的共生和合作关系，从而维护场所的健康和舒适，唤起人与自然的天然的情感联系。

3）使用当地的材料，包括植物和建材。乡土物种最适宜在当地生长，管理和维护成本最低；物种的消失已成为当代最主要的环境问题，本土材料的使用可以减少材料在运输过程中的能源消耗和环境污染。

2. 建筑规划布局节能

建筑规划布局节能是建筑节能的一个重要方面，应从分析气候条件出发，将规划设计与节能技术和能源利用有效地结合，使采暖地区建筑在冬季最大限度地利用日照等自然能采暖，减少热损失，使炎热地区建筑夏季最大限度地减少得热和利用自然条件来防热。规划布局节能应全面综合考虑建筑布局、建筑朝向、间距、平面组合、建筑体型等几个方面因素。

3. 外墙保温节能技术

外墙可以采用的保温构造大致可分为以下几种类型：

（1）单设保温层

单设保温层的做法是保温构造最普遍的方式，这种方案是用导热系数很小的材料作保温层与受力墙体结合而起加强保温的作用。由于不要求保温层承重，所以选择的灵活性比较大，不论是板块状、纤维状的材料，都可以使用。

（2）封闭空气间层保温

根据建筑热工学原理可知，封闭的空气层有良好绝热作用。在建筑围护结构中设置空气间层可以明显提高保温性能。

（3）保温与承重相结合

空心板、多孔砖、空心砌块、轻质实心砌块等，既能承重又能保温，还有足够的耐久性，在构造上比较简单，施工也较方便。这种构造适用于钢筋混凝土框架结构类型的外围护墙。

4. 屋面节能技术

屋面作为建筑围护结构,对建筑顶层房间的室内气候影响不亚于外墙。在按照建筑节能设计标准要求确保其保温隔热水平的同时,还应该选择新型防水材料,改进其保温和防水构造,全面改善屋面的整体性能。常采用的具体方式有以下几种。

(1) 加厚保温层

这种方法是直接将屋面原有的保温层加厚,或者增加更高效的新型保温材料,使屋面的总传热系数达到相应的节能标准,构造简单,施工方便。

(2) 改进防水层及其保护层

屋面防水层不但要及时地排除屋面的雨水,还应该有效防止保温层受潮失效。防水层上必须设置强反射材料保护层,例如铝粉涂层或者铝箔。强反射材料保护层的作用是,一方面可以防止太阳辐射造成的防水层破坏及其耐久性下降,防止保温层受潮;另一方面还可以防止冬季建筑顶部房间向天空长波辐射造成的热损失而节约采暖能耗。

(3) 采用坡屋面

建筑采用坡屋面可以有效改善防水、保温等效果。由于坡屋面的排水坡度较大,不易积水,这从根本上克服了渗漏的隐患;在坡屋面与平屋面之间形成的空气间层增加热阻,利用这种构造上的优势可以用较少的投入取得显著的效果,其保温、隔热性能明显优于单独增加屋面保温层的平屋面。

5. 外门窗节能技术

一栋建筑物的外门窗和地面在外围护结构总面积中占有相当的比例,一般在 0 ~ 60%。从冬季失热量来看,外窗、外门及地面的失热量要大于外墙和屋顶的失热量。玻璃窗不仅传热量大,而且热阻远小于其他围护结构,造成冬季窗户表面温度过低,可对靠近窗口的人体进行冷辐射,形成"辐射吹风感",严重地影响室内热环境的舒适。外门窗的改造将大大影响既有建筑改造的整体效果,对不同的建筑类型,应按照相应的建筑节能标准中外门窗传热系数限制合理选用节能外门窗。

6. 建筑遮阳

在夏季,阳光透过建筑窗口照射房间,会造成室内过热和眩光现象。直射阳光照射到工作面上,会造成眩光,刺激人的眼睛,妨碍正常工作和学习。为了避免上述情况,节约能源,建筑设计通常应采取必要的遮阳措施。虽然遮阳对整座建筑的防热都有效果,但是窗户遮阳更显重要,因而应用更为广泛。近几年来,世界能源短缺和绿色生态理念重新赋予了建筑遮阳以新的活力。

　　遮阳与采光有时是互相影响甚至是互相矛盾的。不过,通常可以采取恰当的方式利用遮阳设计将太阳能引入室内,这样既可以提供高质量的采光,同时又减少了辐射到室内的热量。

培训项目 2 绿色建筑材料

培训单元 绿色建筑材料

- → 了解绿色建筑材料的定义与内涵。
- → 掌握绿色建筑材料的选择与运用。
- → 了解绿色建材的品种及其主要产品。

建筑是由建筑材料构成的,建筑材料一方面在生产、使用过程中消耗大量的能源,产生大量的粉尘和有害气体,污染环境,另一方面在使用中会挥发出有害气体,对长期居住的人来说,会对健康产生影响。鼓励和倡导生产、使用绿色建材和绿色建筑设备,对保护环境、改善人民的居住质量、促进可持续的经济发展是至关重要的。

一、绿色建筑材料概述

1. 绿色建筑材料的概念

生态环境材料应具有三大特点:一是先进性,能为人类开拓更广阔的活动范围和环境;二是环境协调性,使人类的活动范围同外部环境尽可能协调;三是舒适性，使人类生活环境更加舒适。从目前的发展水平来说，具有满意使用性能的任何材料，只要同时具有优于传统材料的环境协调性，就应该视为生态环境材料。对于传统材料而言，只要经过改造后具有满意的使用性能和优良的环境协调性，就应该视为生态环境材料。

绿色建筑材料是生态环境材料在建筑材料领域的延伸，从广义上讲，绿色建筑材料不是一种单独的建筑材料产品，而是对建筑材料"健康、环保、安全"等属性的一种要求，即在原料加工、生产、施工、使用及废弃物处理等环节贯彻环保意识并实施环保技术，促进社会经济的可持续发展的建筑材料。

在现阶段，绿色建筑材料的含义应包括以下几个方面：

（1）以相对最低的资源和能源消耗、环境污染为代价生产的高性能传统建筑材料，如用现代先进工艺和技术生产的高质量水泥。

（2）能大幅度地减少建筑能耗（包括生产和使用过程中的能耗）的建材制品，如具有轻质、高强、防水、保温、隔热、隔声等功能的新型墙体材料。

（3）具有更高的使用效率和优异的材料性能，从而能降低消耗的建筑材料，如高性能水泥混凝土、轻质高强混凝土。

（4）具有改善居室生态环境和保健功能的建筑材料，如抗菌、除臭、调温、调湿、屏蔽有害射线的多功能玻璃、陶瓷、涂料。

（5）能大量利用工业废弃物的建筑材料，如净化污水、固化有毒有害工业废渣的水泥材料，或经资源化和高性能化后的矿渣、粉煤灰、硅灰、沸石等水泥组分材料。

2. 绿色建筑材料的特征

绿色建筑材料是相对于传统建材而言的一类新型建筑材料，它不仅指新型环境协调型材料，也应包括经环境协调化后的传统材料（包括结构材料和功能材料），其区别于传统建筑材料的基本特征可以归纳为以下五个方面。

（1）生产所用原料尽可能少用天然资源，大量使用尾矿、废渣、垃圾、废液等废弃物。

（2）采用低能耗制造工艺和对环境无污染的生产技术。

（3）在产品配制或生产过程中，不得使用对人体和环境有害的污染物质，产品中不得含有汞及其化合物，不得用铅、镉、铬等金属及其化合物的颜料和添加剂。

（4）产品的设计以改善生产环境、提高生活质量为宗旨，即产品不仅不损害人体健康，还应有益于人体健康，产品具有多种功能，如抗菌、灭菌、防霉、除臭、隔热、阻燃、防火、调温、调湿、消磁、防射线、抗静电等。

（5）产品可循环或回收再利用，无污染环境的废弃物。

3. 绿色建筑材料的分类

根据绿色建筑材料的特点，可以大致分为节省能源和资源型、环保利废型、特殊环境型、安全舒适型、保健功能型五类，其中后两种类型与家居装修关系尤为密切。

二、绿色建筑材料的选择与运用原则

1. 符合国家的资源利用政策

（1）禁用或限用实心黏土砖及其他黏土制品。

（2）要选用利废型建筑材料。

（3）要选用可循环利用的建筑材料。

（4）拆除旧建筑物的废弃物与施工中产生的建筑垃圾尽可能再生利用。

2. 符合国家的节能政策

（1）要选用对降低建筑物运行能耗和改善室内热环境有明显效果的建筑材料。

（2）要选用生产能耗低的建筑材料。

3. 符合国家的节水政策

我国水资源短缺，人均水资源仅为世界人均值的1/4，有大量城市严重缺水，因此节水已成为建设节约型社会的重中之重。房屋建筑的节水是其中的一项重要措施，搞好与房屋建筑用水相关的建材产品的选用是极重要的一环。

（1）要选用品质好的水系统产品，包括管材、管件、阀门及相关设备，保证管道不发生渗漏和破裂。

（2）要选用节水型的用水器具，如节水龙头、节水坐便器等。

（3）要选用易清洁或有自洁功能的用水器具，减少器具表面的结垢现象和节约清洁用水量。

（4）在小区内尽量使用渗水路面砖来修建硬路面，以充分将雨水留在区内土壤中，减少绿化用水。

4. 不损害人的身体健康

（1）严格控制材料的有害物含量低于国家标准的限定值。

（2）科学控制会释放有害气体的建筑材料在室内的使用量。

（3）必要时选用有净化功能的建筑材料。

5. 选用高品质的建筑材料

建筑材料品质必须达到国家或行业产品标准的要求，有条件的应尽量选用高品质的建筑材料，如选用高性能钢材、高性能混凝土、高品质的墙体材料和防水材料等。

6. 材料的耐久性能优良

这不仅涉及工程质量，而且是节材的主要措施。使用高性能的结构材料可以节约建筑物的材料用量，同时材料的品质和耐久性优良可保证其使用功能维持时间长，使用期限延长，减少在房屋全生命周期内的维修次数，从而减少社会对材料的需求量，也减少废旧拆除物的数量，减轻对环境的污染。

7. 配套技术齐全

建筑材料的特点是要用在建筑物上，使建筑物的性能或观感达到设计要求。不少建筑材料产品材性很好，但用到建筑物上却不能取得满意的效果。因此，在选用建筑材料时不能只注意材料的材性，还应考虑使用这种材料是否有成熟的配套技术，以保证建筑材料在建筑物上使用后能充分发挥其各项优异性能，使建筑物的相关性能达到预期的设计要求。

8. 建筑材料本地化

本地化即优先选用建筑工程所在地的材料，这不仅仅是为了节省运输费，更重要的是可以节省长距离运输材料而消耗的能源，为节能和环保做贡献。

9. 价格合理

建筑材料价格差异很大，在考虑以上原则的基础上，选用价格合理的建筑材料能整体上节约建造成本，提高建筑性价比。

三、绿色建筑材料的品种及其主要产品

1. 绿色建筑材料的品种

（1）基本无毒无害型，是指天然的、本身没有或极少有毒有害的物质，未经污染，进行了简单加工的材料，如石膏、滑石粉、砂石、木材、某些天然石材等。

（2）低毒、低排放型，是指经过加工、合成等技术手段来控制有毒、有害物质的积聚和缓慢释放，因其毒性轻微、对人类健康不构成危险的材料，如甲

醛释放量较低、达到国家标准的大芯板、胶合板、纤维板等。

（3）目前的科学技术和检测手段无法确定和评估其毒害物质影响的材料，如环保型乳胶漆、环保型油漆等化学合成材料。

2. 常用的绿色建筑材料

（1）水泥和混凝土

1）生态水泥。生态水泥是以生态环境与水泥的合成语而命名的。这种水泥以城市垃圾烧成灰和下水道污泥为主要原料，经过处理配料，并通过严格的生产管理而制成。与普通水泥相比，生态水泥的最大特点是凝结时间短，强度发展快，属于早强快硬水泥。

2）绿色混凝土。使用与高性能水泥同步发展的高活性掺合料（矿渣粉掺合料、优质粉煤灰掺合料等），大量替代（最多可达到60%~80%）水泥，可以制成绿色混凝土。它节约能源、土地和石灰石资源，是混凝土绿色化的发展方向。

3）绿化混凝土。绿化混凝土是指能够适应绿色植物生长，进行绿色植被的混凝土及其制品。绿化混凝土用于城市的道路两侧或中央隔离带以及水边护坡、楼顶、停车场等部位，可以增加城市的绿色空间，绿化护坡，美化环境，保持水土，调节人们的生活情趣，同时能够吸收噪声和粉尘，对城市气候的生态平衡也起到积极作用，符合可持续发展的原则，与自然协调，是具有环保意义的混凝土材料。

4）再生混凝土。再生混凝土是指以经过破碎的建筑废弃混凝土作为集料而制备的混凝土。它利用建筑物或者结构物解体后的废弃混凝土，经过破碎后全部或者部分代替混凝土中砂石配制成混凝土。

（2）墙体材料

大多数新型墙体材料具有质轻、保温、节能，便于工厂化生产和机械化施工，生产与使用过程中节约能耗，可以扩大建筑的使用面积，减少建筑的基础费用等优点，是性能优良的绿色建筑材料产品。

1）蒸压加气混凝土砌块与条板。蒸压加气混凝土是一种轻质小气泡均匀分布的新型节能、环保墙体材料，由水泥、河砂、石灰、矿渣、石膏、铝粉和水等原材料经球磨、搅拌、配料、切割、高温蒸压养护而成。它具有容重轻、耐火隔声、保温隔热、可加工、抗震等特点。

2）轻集料混凝土小型空心砌块。用堆积密度不大于 $1\,100\ kg/m^3$ 的轻粗集料与轻砂、普通砂或无砂配制成干表观密度不大于 1 950 kg/m³ 的小砌块称为轻集料混凝土小砌块。

3）硅酸钙板。硅酸钙板是以硅质材料（石英粉、硅藻土等）、钙质材料（水泥、石灰等）和增强纤维（纸浆纤维、玻璃纤维、石棉等）为原料，经过制浆、成坯、蒸养、表面砂光等工序制成的轻质板材。

4）玻璃纤维增强水泥（GRC）板。GRC 是 20 世纪 70 年代出现的一种新型复合材料。GRC 制品通常采用抗碱玻璃纤维和低碱水泥制备，制品具有高强、抗裂、耐火、韧性好、保温、隔声等一系列优点，特别适用于新型建筑的内外墙体及建筑装饰的板材。GRC 制品可以替代实心黏土砖，从而节约资源和能源，保护环境。GRC 由于生产中不使用石棉纤维，因此，作为环保型建筑材料在国际上应用比较普遍。

5）石膏制品。石膏制品是以天然石膏矿石为主要原料，经过破碎、研磨、炒制，由生石膏制备成熟石膏，根据不同制品的性能要求和工艺要求，再加入水、纤维、胶黏剂、防水剂、缓凝剂等，制成的石膏板、石膏粉刷材料等建筑制品。建筑中广泛应用石膏制品，不但可以减少毁土、烧砖，保护珍贵的土地资源，同时可以节约生产能耗和建筑的使用能耗。另外，石膏制品具有"呼吸"功能，当室内空气干燥时，石膏中的水分会释放出来，当室内湿度较大时，石膏又会吸入一部分水分，因此可以调节室内环境。同时，石膏制品具有无毒、无味、无放射性等性能。

（3）保温隔热材料

我国的保温材料不仅品种多，而且产量大，应用范围也很广。其品种主要有岩棉、矿渣棉、玻璃棉、超细玻璃棉、硅酸铝纤维、微孔硅酸钙和微孔硬质硅酸钙、聚苯乙烯泡沫塑料（EPS）、挤塑聚苯乙烯泡沫塑料（XPS）、酚醛泡沫塑料、橡塑泡沫塑料、聚氯乙烯泡沫塑料、硬质聚氨酯泡沫塑料、聚乙烯泡沫塑料、泡沫玻璃、膨胀珍珠岩、复合硅酸盐保温涂料、复合硅酸盐保温粉及其各种各样的制品和深加工的各类产品，还有绝热纸、绝热铝箔等。下面主要介绍建筑工程中广泛使用的保温砂浆和聚苯乙烯泡沫塑料保温板。

1）保温砂浆。保温砂浆以聚苯乙烯泡沫颗粒作为主要轻骨料，以水泥或者石膏等作为胶凝材料，加入其他外加剂配制而成。

2）聚苯乙烯泡沫塑料保温板。聚苯乙烯泡沫塑料保温板是由聚苯乙烯加入阻燃剂，用加热膨胀发泡工艺制成的具有微细闭孔结构的泡沫塑料板材。

（4）建筑玻璃

建筑玻璃是体现建筑绿色度的重要内容。应用于绿色建筑中的玻璃除了具有普通玻璃的功能外，还需要满足保温、隔热、隔声、安全等新的功能和要求。绿色建筑玻璃的主要类型有夹层玻璃、中空玻璃、镀膜玻璃和钢化玻璃四类。

1）夹层玻璃。夹层玻璃是将两片或多片玻璃用一种透明黏结材料或胶片黏结在一起的复合玻璃。由于这种黏结材料具有良好的抗冲击性能和黏结性能，当玻璃受到冲击破裂时，外来撞击物既不会穿透玻璃，玻璃碎片也不会飞散出去伤人。夹层玻璃按其性能可分为防弹玻璃、防盗夹层玻璃、防火夹层玻璃、电加温夹层玻璃、装饰性夹层玻璃和光致变夹层玻璃等。

2）中空玻璃。中空玻璃是由两片或多片玻璃在其周边用间隔框分开，并用密封胶密封，使玻璃层间形成有干燥气体空间的产品。

3）镀膜玻璃。镀膜玻璃是在平板玻璃表面镀覆一层或者多层金属或金属氧化物薄膜，通过对玻璃的表面改性而具有新的或更好的功能。按照制造工艺不同，镀膜玻璃分为在线镀膜玻璃和离线镀膜玻璃两种。按照功能不同，镀膜玻璃分为热反射玻璃、低辐射玻璃、减反射玻璃、导电玻璃、彩釉玻璃、镭射玻璃、镜面玻璃等。

4）钢化玻璃。平板玻璃经过钢化处理便成为钢化玻璃。它具有很高的强度，弥补了普通玻璃质脆易碎、使用安全性差、可靠性极差的缺点，大多适合用于绿色建筑中的门、窗、幕墙等构件。钢化玻璃按照生产方法不同可分为物理钢化玻璃和化学钢化玻璃两种。根据钢化后的形状不同可分为平面钢化玻璃和曲面钢化玻璃。平面钢化玻璃主要用于门窗、隔断和幕墙，曲面钢化玻璃主要用于汽车等交通工具的挡风玻璃。根据钢化时所用的玻璃原片不同可分为普通钢化玻璃、磨光钢化玻璃和钢化吸热玻璃等。

（5）化学建筑材料

建筑使用的化学建筑材料包括塑料门窗、塑料管材和各种建筑涂料、防水密封材料和胶黏剂等，其中塑料建筑材料的应用尤其日益突出，在各类建筑中得到广泛的应用。

1）塑料门窗。门窗是建筑物中重要的开口部分，起采光和通风作用，在寒冷地区应能保温以防止室内热量散失，而在炎热地区能隔热以减少室外热空气进入室内。塑料门窗的隔热性好，因此更加节省能源。在欧美地区，聚氯乙烯门窗占门窗总用量的50%以上。由于我国森林资源贫乏，塑料门窗在我国的应用势在必行。

2）塑料管材。塑料管材在建筑中代替传统的铸铁管、白铁管、水泥管，广泛用于房屋建筑供水系统配管、排水管、排气管、排污管，地下排水管系统，雨水管以及电线电缆护套管。

3）建筑涂料。建筑涂料是指使用于建筑物上并起装饰、保护、防水等作用的一类涂料。目前适用于绿色建筑的主要涂料有外墙保温隔热涂料，抗菌、抗污染及多功能复合型涂料，装饰美化型涂料和辐射固化涂料等。

4）建筑防水密封材料。建筑防水密封材料是指填充在建筑物构件的接合部位及其他缝隙内，具有气密性、水密性，能隔断室内外能量和物质交换的通道，同时对墙板、门窗框架、玻璃等构件具有黏结、固定作用的材料。按照施工时的形态，密封材料可分为不定型密封材料（又叫作密封膏、嵌缝膏）和定型密封材料两大类型。

5）建筑胶黏剂。凡是能将多种材料紧密黏合在一起且具有一定实用强度的物质统称为胶黏剂。应用于建筑行业的各类胶黏剂称为建筑胶黏剂，包括用于建筑结构构件在施工、加固、维修等方面的建筑胶黏剂，用于室内外装修用建筑装修胶，以及用于防水、保温等方面的建筑密封胶和用于建筑材料制造及其他设备的各种黏结铺装材料等。

培训模块 四
建筑施工安全知识

培训项目 1 分项工程安全生产的基本要求

培训单元 1 基础工程安全生产要点

培训重点

→ 了解基础工程施工安全控制要点。
→ 掌握深基坑（槽）施工安全控制要点。
→ 掌握预制桩、灌注桩、人工挖孔桩施工安全控制要点。

知识要求

基础工程施工安全隐患较多，容易发生基坑坍塌、中毒、触电、机械伤害等类型生产安全事故，其中坍塌事故尤为突出。深基坑施工应符合《建筑深基坑工程施工安全技术规范》（JGJ 311—2013）的有关规定，预制桩、灌注桩及人工挖孔桩的施工应符合《建筑桩基技术规范》（JGJ 94—2019）的规定。

一、基础工程施工安全隐患的主要表现形式

1. 挖土机械作业无可靠的安全距离。
2. 没有按规定放坡或设置可靠的支撑。
3. 设计的考虑因素和安全可靠性不够。
4. 地下水没能有效控制。

5. 土体出现渗水、开裂、剥落。

6. 在基础底部进行掏挖。

7. 沟槽内作业人员过多。

8. 施工时地面上无专人巡视监护。

9. 地面堆载过高、离坑槽边过近。

10. 邻近的坑槽有影响土体稳定的施工作业。

11. 基础施工离现有建筑物过近,施工期间土体不稳定。

12. 防水施工无防火、防毒措施。

13. 灌注桩成孔后未覆盖孔口。

14. 人工挖孔桩施工前未进行有毒气体检测。

二、基坑发生坍塌以前的主要迹象

1. 周围地面出现裂缝并不断扩展。

2. 支撑系统发出挤压等异常响声。

3. 环梁或排桩、挡墙的水平位移较大,并持续发展。

4. 支护系统出现局部失稳。

5. 大量水土不断涌入基坑。

6. 相当数量的锚杆螺母松动,甚至有的槽钢松脱等。

三、基坑（槽）施工安全控制要点

1. 专项施工方案的编制

（1）土方开挖之前要根据土质情况、基坑深度以及周边环境确定开挖方案和支护方案,深基坑或土层条件复杂的工程应委托具有岩土工程专业资质的单位进行边坡支护的专项设计。

（2）编制专项施工方案的范围

1）开挖深度超过 3 m（含 3 m）的基坑（槽）的土方开挖、支护、降水工程。

2）开挖深度虽未超过 3 m 但地质条件、周围环境和地下管线复杂,或影响毗邻建/构筑物安全的基坑（槽）的土方开挖、支护、降水工程。

（3）编制专项施工方案且进行专家论证的范围：开挖深度超过 5 m（含 5 m）的基坑（槽）的土方开挖、支护、降水工程。

（4）土方开挖专项施工方案的主要内容应包括：放坡要求、支护结构设计、机械选择、开挖时间、开挖顺序、分层开挖深度、坡道位置、车辆进出道路、降水措施及监测要求等。

2. 基坑（槽）开挖前的勘察内容

（1）详尽搜集工程地质和水文地质资料。

（2）认真查明地上、地下各种管线（如上下水、电缆、煤气、污水、雨水、热力等管线或管道）的分布和形状、位置和运行状况。

（3）充分了解和查明周围建/构筑物的状况。

（4）充分了解和查明周围道路交通状况。

（5）充分了解周围施工条件。

3. 基坑（槽）土方开挖与回填安全技术措施

（1）基坑（槽）开挖时，两人操作间距应大于 2.5 m。多台机械开挖，挖土机间距应大于 10 m。在挖土机工作范围内，不允许进行其他作业。挖土应由上而下逐层进行，严禁先挖坡脚或逆坡挖土。

（2）土方开挖不得在危岩、孤石或贴近未加固的危险建筑物下面进行。施工中在基坑周边应设排水沟，防止地面水流入或渗入坑内，以免发生边坡塌方。

（3）基坑周边严禁超堆荷载。在坑边堆放弃土、材料和移动施工机械时，应与坑边保持一定的距离，当土质良好时，要距坑边 1 m 以外，堆放高度不能超过 1.5 m。

（4）基坑（槽）开挖应严格按要求进行放坡。施工时应随时注意土壁的变化情况，如发现有裂纹或部分坍塌现象，应及时进行加固支撑或放坡，并密切注意支撑的稳固和土壁的变化，同时对坡顶、坡面、坡脚采取降/排水措施。当采取不放坡开挖时，应设置临时支护，各种支护应根据土质及基坑深度经计算确定。

（5）采用机械多台阶同时开挖时，应验算边坡的稳定性，挖土机离边坡应保持一定的安全距离，以防塌方，造成翻机事故。

（6）在有支撑的基坑（槽）中使用机械挖土时，应采取必要措施防止碰撞支护结构、工程桩或扰动基底原土。在坑槽边使用机械挖土时，应计算支护结构的整体稳定性，必要时应采取措施加强支护结构。

（7）开挖至坑底标高后，坑底应及时满封闭并进行基础工程施工。

(8)地下结构工程施工过程中应及时进行夯实回填土施工。在进行基坑（槽）和管沟回填土时，其下方不得有人，所使用的打夯机等要检查电气线路，防止漏电、触电，停机时要切断电源。

(9)在拆除护壁支撑时，应按照回填顺序从下而上逐步拆除。更换护壁支撑时，必须先安装新的，再拆除旧的。

4. 基坑开挖的监控

(1)基坑开挖前应制定系统的开挖监控方案，监控方案应包括：监控目的、监测项目、监控报警值、监测方法及精度要求、监测点的布置、监测周期、工序管理和记录制度以及信息反馈系统等。

(2)基坑工程的监测分为支护结构的监测和周围环境的监测，重点是做好支护结构水平位移、周围建筑物、地下管线变形、地下水位等的监测。

5. 地下水控制

(1)为保证基坑开挖安全，在支护结构设计时，应根据场地及周边工程地质条件、水文地质条件和环境条件并结合基坑支护、基础施工方案综合确定地下水控制的设施和施工。

(2)地下水控制方法分为集水明排、降水、截水和回灌等形式，可单独或组合使用。

(3)当因降水而危及基坑及周边环境安全时，宜采用截水或回灌方法。如果截水后，基坑中的水量或水压较大时，宜采用基坑内降水。

(4)当基坑底为隔水层且层底有承压水时，应进行坑底突涌验算，必要时可采取水平封底隔渗或钻孔减压措施保证坑底土层稳定。

6. 基坑施工的安全应急措施

(1)在基坑开挖过程中，一旦出现了渗水或漏水，应根据水量大小采用坑底设沟排水、引流修补、密实混凝土封堵、压密注浆、高压喷射注浆等方法及时进行处理。

(2)如果水泥土墙等重力式支护结构位移超过设计估计值时，应予以高度重视，同时做好位移监测，掌握发展趋势。如果位移持续发展，超过设计值较多时，则应采用水泥土墙背后卸载、加快垫层施工及加大垫层厚度和加设支撑等方法及时进行处理。

(3)如果悬臂式支护结构位移超过设计值时，应采取加设支撑或锚杆、支护墙背卸土等方法及时进行处理。如果悬臂式支护结构发生深层滑动时，应及时浇筑垫层，必要时也可以加厚垫层，形成下部水平支撑。

（4）如果支撑式支护结构发生墙背土体沉陷，应采取增设坑外回灌井、进行坑底加固、垫层随挖随浇、加厚垫层或采用配筋垫层、设置坑底支撑等方法及时进行处理。

（5）对于轻微的流沙现象，在基坑开挖后可采用加快垫层浇筑或加厚垫层的方法"压住"流沙。对于较严重的流沙，应增加坑内降水措施进行处理。

（6）如果发生管涌，可以在支护墙前再打设一排钢板桩，在钢板桩与支护墙间进行注浆。

（7）对邻近建筑物沉降的控制一般可以采用回灌井、跟踪注浆等方法。对于沉降很大而压密注浆又不能控制的建筑，如果基础是钢筋混凝土的，则可以考虑采用静力锚杆压桩的方法进行处理。

（8）对于基坑周围管线保护的应急措施一般包括增设回灌井、打设封闭桩或管线架空等方法。

四、桩基础安全控制要点

1. 预制桩施工

（1）打（沉）桩施工前，应编制专项施工方案，对邻近的原有建筑物、地下管线等进行全面检查，对有影响的建筑物或地下管线等应采取有效的加固措施或隔离措施，以确保施工安全。

（2）桩机行进道路必须保持平整、坚实，保证桩机移动时的安全。场地的四周应挖排水沟用于排水。桩机爬坡或在松软场地与坚硬场地之间过渡时，严禁横向行走。

（3）在施工前应先对机械进行全面检查，发现有问题时应及时解决。对机械全面检查后要进行试运转，严禁机械带病作业。

（4）在吊装就位作业时起吊速度要慢，并要拉住溜绳。在打桩过程中遇有地坪隆起或下陷时应随时调平机架及路轨。

（5）静压桩机发生浮机时，应停止作业，采取措施后方可继续作业。起拔送桩器不得超过桩机起重能力。

（6）钢管桩打桩后必须及时加盖临时桩帽，预制混凝土桩送桩入土后的桩孔必须及时用砂或其他材料填灌，以免发生人身伤害事故。

（7）在进行冲抓钻或冲孔锤操作时，任何人不准进入落锤区施工范围内。在进行成孔钻机操作时，钻机要安放平稳，防止钻架突然倾倒或钻具突然下落而发生事故。

2. 灌注桩施工

（1）灌注桩施工前应编制专项施工方案，严格按方案规定的程序组织施工。

（2）灌注桩在已成孔未浇筑前，应用盖板封严或沿四周设安全防护栏杆，以免掉土或发生人身安全事故。

（3）所有的设备电路应架空设置，不得使用不防水的电线或绝缘层有损坏的电线。电器必须有接地、接零和漏电保护装置。

（4）现场施工人员必须戴安全帽，拆除串筒时上空不得进行作业。严禁酒后操作机械和上岗作业。

（5）混凝土浇筑完毕后，及时抽干空桩部分泥浆，用素土回填，以免发生人、物陷落事故。

3. 人工挖孔桩施工

（1）人工挖孔桩施工前应编制专项施工方案，严格按方案规定的程序组织施工，开挖深度超过 16 m 的人工挖孔桩工程还需对专项施工方案进行专家论证。

（2）桩孔内必须设置应急软爬梯供人员上下井，使用的电葫芦、吊笼等应安全可靠，并配有自动卡紧保险装置。

（3）每日开工前必须对井下有毒有害气体成分和含量进行检测，并应采取可靠的安全防护措施。桩孔开挖深度超过 10 m 时，应配置专门向井下送风的设备。

（4）孔口内挖出的土石方应及时运离孔口，不得堆放在孔口四周 1 m 范围内。机动车辆通行应远离孔口。

（5）挖孔桩各孔内用电严禁一闸多用。孔上电缆必须架空 2.0 m 以上，严禁拖地和埋压土中，孔内电缆必须有防磨损、防潮、防断等措施。照明应采用安全矿灯或 12 V 以下的安全电压。

培训单元 2　脚手架工程安全生产要点

→ 了解脚手架的施工准备安全控制要点。

→ 掌握脚手架的搭设和拆除施工安全控制要点。

施工脚手架工程施工必须严格遵守《施工脚手架通用规范》（GB 55023—2022）的有关规定。

一、脚手架的施工准备安全控制要点

1. 脚手架搭设之前，应根据工程的特点和施工工艺要求确定搭设与拆除的施工方案。

2. 施工方案主要内容应包括：

（1）材料要求。

（2）基础要求。

（3）荷载计算、计算简图、计算结果、安全系数。

（4）立杆横距、立杆纵距、杆件连接、步距、允许搭设高度、连墙杆做法、门洞处理、剪刀撑、脚手板、挡脚板、扫地杆等构造要求。

（5）脚手架搭设、拆除安全技术措施及安全管理、维护、保养方案。平面图、剖面图、立面图、节点图要反映杆件连接、拉结基础等情况。

（6）悬挑式脚手架有关悬挑梁、横梁等的加工节点图，悬挑梁与结构的连接节点，钢梁平面图，悬挑设计节点图。

二、脚手架施工安全控制要点

1. 脚手架的搭设

（1）底座、垫板均应准确地放在定位线上，垫板应采用长度不少于 2 跨、厚度不小于 50 mm、宽度不小于 200 mm 的木垫板。

（2）作业层上的施工荷载应符合作业要求，不得超载。不得将模板支架、缆风绳、泵送混凝土和砂浆的运输管等固定在脚手架上，严禁悬挂起重设备。

（3）单排脚手架的横向水平杆不应设置在下列部位：

1）设计上不许留脚手眼的部位。

2）过梁上与过梁两端成 60° 的三角形范围内及过梁净跨度 1/2 的高度范围内。

3）宽度小于 1 m 的窗间墙、120 mm 厚墙、料石墙、清水墙和独立柱。

4）梁或梁垫下及其左右 500 mm 范围内。

5）砖砌体门窗洞口两侧 200 mm（石砌体为 300 mm）和转角处 450 mm（石砌体为 600 mm）范围内。

6）独立或附墙砖柱，空斗砖墙、加气块墙等轻质墙体。

7）砌筑砂浆强度等级小于或等于 M2.5 的砖墙。

（4）脚手架必须配合施工进度搭设，一次搭设高度不应超过相邻连墙件以上两步。

（5）纵向水平杆应设置在立杆内侧，其长度不应小于 3 跨。

（6）纵向水平杆接长应采用对接扣件连接或搭接。纵向水平杆的对接扣件应交错布置，两根相邻纵向水平杆的接头不应设置在同步或同跨内；不同步或不同跨两个相邻接头在水平方向错开的距离不应小于 500 mm；各接头中心至最近主节点的距离不应大于纵距的 1/3。搭接长度不应小于 1 m，应等间距设置 3 个旋转扣件固定，端部扣件盖板边缘至搭接纵向水平杆杆端的距离不应小于 100 mm。

（7）主节点处必须设置一根横向水平杆，用直角扣件扣接且严禁拆除。主节点处的两个直角扣件的中心距不应大于 150 mm。在双排脚手架中，离墙一端的外伸长度不应大于两节点的中心长度的 40%，且不应大于 500 mm。作业层上非主节点处的横向水平杆，最大间距不应大于纵距的 1/2。

（8）冲压钢脚手板、木脚手板、竹串片脚手板等，应设置在三根横向水平杆上。当脚手板长度小于 2 m 时，可采用两根横向水平杆支撑，但应将脚手板两端与其可靠固定，严防倾翻。此三种脚手板的铺设应采用对接平铺或搭接铺设。脚手板对接平铺时，接头处必须设两根横向水平杆，脚手板外伸长度应取 130～150 mm，两块脚手板外伸长度之和不应大于 300 mm。脚手板搭接铺设时，接头必须支在横向水平杆上，搭接长度不应小于 200 mm，其伸出横向水平杆的长度不应小于 100 mm。

（9）脚手架必须设置纵、横向扫地杆。纵向扫地杆应采用直角扣件固定在距底座上皮不大于 200 mm 处的立杆上，横向扫地杆宜采用直角扣件固定在紧靠纵向扫地杆下方的立杆上。当立杆的基础不在同一高度上时，必须将高处的纵向扫地杆向低处延长两跨与立杆固定，高低差不应大于 1 m。靠边坡上方的立杆轴线到边坡的距离不应小于 500 mm。

（10）立杆必须用连墙件与建筑物可靠连接，连墙件布置间距要符合规定。

（11）立杆接长除顶层顶步可采用搭接外，其余各层各步接头必须采用对接扣件连接。立杆上的对接扣件应交错布置，两根相邻立杆的接头不应设置在同步内，同步内每隔一根立杆的两个相邻接头在高度方向错开的距离不宜小于 500 mm，各接头中心至主节点的距离不宜大于步距的 1/3。搭接长度不应小于 1 m，应采用不少于 2 个旋转扣件固定，端部扣件盖板的边缘至杆端距离不应小于 100 mm。

（12）开口形脚手架的两端必须设置连墙件，连墙件的垂直间距不应大于建筑物的层高，且不应大于 4 m。

（13）对高度 24 m 及以下的单、双排脚手架，宜采用刚性连墙件与建筑物可靠连接，亦可采用钢筋与顶撑配合使用的附墙连接方式，严禁使用只有钢筋的柔性连墙件。对高度 24 m 以上的双排脚手架，必须采用刚性连墙件与建筑物可靠连接。

（14）连墙件必须采用可承受拉力和压力的构造。采用拉筋必须配用顶撑，顶撑应可靠地顶在混凝土圈梁、柱等结构部位。拉筋应采用两根以上直径 4 mm 的钢丝拧成一股，使用时不应少于两股；亦可采用直径不小于 6 mm 的钢筋。

（15）剪刀撑应随立杆、纵向和横向水平杆等同步设置，各底层斜杆下端均必须支承在垫块或垫板上。高度在 24 m 以下的单、双排脚手架，均必须在外侧两端、转角及中间不超过 15 m 的立面上各设置一道剪刀撑，并应由底至顶连续设置；高度在 24 m 及以上的双排脚手架在外侧全立面连续设置剪刀撑。开口形双排脚手架的两端均必须设置横向斜撑。

2. 脚手架的拆除

（1）拆除作业必须由上而下逐层进行，严禁上下同时作业。

（2）连墙件必须随脚手架逐层拆除，严禁先将连墙件整层拆除后再拆脚手架。分段拆除高差不应大于2步，如高差大于2步，应增设连墙件加固。

（3）拆除作业应设专人指挥，当有多人同时操作时，应明确分工、统一行动，且应具有足够的操作面。

（4）拆除的构/配件应采用起重设备吊运或人工传递到地面，严禁抛掷。

3. 脚手架的检查验收

（1）脚手架在下列阶段应进行检查与验收：

1）脚手架基础完工后、架体搭设前。

2）每搭设完6~8m高度后。

3）作业层上施加荷载前。

4）达到设计高度后，或遇有6级及以上大风或大雨后，冻结地区解冻后。

5）停用超过一个月。

（2）脚手架定期检查的主要内容

1）杆件的设计与连接、连墙件、支撑、门洞桁架的构造是否符合要求。

2）地基是否积水，底座是否松动，立杆是否悬空，扣件螺栓是否松动。

3）高度在24m以上的双排、满堂脚手架，高度在20m以上的满堂支撑架，其立杆的沉降与垂直度的偏差是否符合技术规范要求。

4）架体安全防护措施是否符合要求。

5）是否有超载使用现象。

（3）严禁将支撑架体、防护架体与起重机械、其他作业脚手架等相连接。

（4）作业脚手架、支撑脚手架及防护脚手架等在使用过程中，非经构造设计更改和安全性验算，严禁拆除任何构配件。

培训单元3　混凝土工程安全生产要点

→ 了解混凝土工程安全隐患的主要表现形式。

→ 掌握混凝土工程的安全控制要点。

知识要求

混凝土工程的安全隐患主要存在于模板与支撑系统及混凝土浇筑过程中。混凝土工程的安全控制应符合《混凝土结构工程施工质量验收规范》（GB 50204—2019）的有关规定。

一、混凝土工程安全隐患的主要表现形式

1. 模板与支撑系统部分

（1）模板与支撑架体的地基、基础下沉。

（2）模板与支撑架体的杆件间距或步距过大。

（3）模板与支撑架体未按规定设置斜杆、剪刀撑和扫地杆。

（4）节点构造和连接的紧固程度不符合要求。

（5）主梁和荷载显著加大部位的构架未加密、加强。

（6）高支撑架未设置加强的水平结构层。

（7）大荷载部位的扣件指标数值不够。

（8）整体或局部变形、倾斜，架体出现异常响声。

2. 混凝土浇筑过程

（1）高处作业安全防护设施不到位。

（2）机械设备的安装、使用不符合安全要求。

（3）用电不符合安全要求。

（4）混凝土浇筑方案不当使支撑架受力不均衡，产生过大的集中荷载、偏心荷载、冲击荷载或侧压力。

（5）过早地拆除支撑和模板。

二、混凝土工程的安全控制要点

1. 混凝土工程施工方案的编制

施工方案的主要内容应包括模板与支撑系统的设计、制作、安装和拆除的施工程序、作业条件。有关模板与支撑系统的设计计算、材料规格、接头方法、构造大样及剪刀撑的设置要求等均应详细说明，并绘制施工详图。

2. 混凝土工程模板支撑系统的选材及安装的安全技术措施

（1）支撑系统的选材及安装应按设计要求进行，基土上的支撑点应牢固平整，支撑在安装过程中应考虑必要的临时固定措施，以保证其稳定性。

（2）支撑系统的立柱材料可选用钢管、门形架、木杆，其材质和规格应符合设计和安全要求。

（3）立柱底部支承结构必须具有支承上层荷载的能力。为合理传递荷载，立柱底部应设置木垫板，禁止使用砖及脆性材料铺垫。当支承在地基上时，应对地基土的承载力进行验算。

（4）为保证立柱的整体稳定，在安装立柱的同时，应加设水平支撑和剪刀撑。

（5）立柱的间距应经计算确定，按照施工方案的规定设置。若采用多层支模，上下层立柱要垂直，并应在同一垂直线上。

3. 模板工程专项方案的编制

模板与支撑系统施工前要按有关规定编制专项方案，必要时进行专家论证。

（1）须编制专项方案的范围

1）各类工具式模板工程：包括滑模、爬模、飞模、隧道模等工程。

2）混凝土模板支撑工程：搭设高度在 5 m 及以上，搭设跨度在 10 m 及以上，施工总荷载在 10 kN/m² 及以上，集中线荷载（设计值）在 15 kN/m 及以上，高度大于支撑水平投影宽度且相对独立无联系构件的混凝土模板支撑工程。

3）承重支撑体系：用于钢结构安装等满堂支撑体系。

（2）须编制专项方案且必须进行专家论证的范围

1）各类工具式模板工程：包括滑模、爬模、飞模、隧道模等工程。

2）混凝土模板支撑工程：搭设高度在 8 m 及以上，搭设跨度在 18 m 及以上，施工总荷载（设计值）在 15 kN/m² 及以上，集中线荷载（设计值）在 20 kN/m 及以上。

3）承重支撑体系：用于钢结构安装等满堂支撑体系，承受单点集中荷载 7 kN 以上。

（3）保证模板安装施工安全的基本要求

1）模板工程安装高度超过 3.0 m，必须搭设脚手架。除操作人员外，脚手架下不得站其他人。

2）模板工程安装高度在 2 m 及以上时，临边作业安全防护应符合《建筑施工高处作业安全技术规范》（JGJ 80—2016）的有关规定。

3）施工人员上下通行必须借助马道、施工电梯或上人扶梯等设施，不允许攀登模板、斜撑杆、拉条或绳索等上下，不允许在高处的墙顶、独立梁或其模板上行走。

4）作业时，模板和配件不得随意堆放，模板应放平放稳，严防滑落。脚手架或操作平台上临时堆放的模板不宜超过3层，脚手架或操作平台上的施工总荷载不得超过其设计值。

5）高处支模作业人员所用工具和连接件应放在箱盒或工具袋中，不得散放在脚手板上，以免坠落伤人。

6）模板安装时上下应有人接应，随装随运，严禁抛掷。不得将模板支搭在门窗框上，也不得将脚手板支搭在模板上，并严禁将模板与上料井架及有车辆运行的脚手架或操作平台支成一体。

7）当钢模板高度超过15 m时，应安设避雷设施，避雷设施的接地电阻不得大于4 Ω。大风地区或大风季节施工，模板应有抗风的临时加固措施。

8）遇大雨、大雾、沙尘、大雪或6级以上大风等恶劣天气时，应暂停露天高处作业。6级及以上风力天气，应停止高空吊运作业。雨、雪停止后，应及时清除模板和地面上的积水及积雪。

9）在架空输电线路下方进行模板施工，如果不能停电作业，应采取隔离防护措施。

4. 保证模板拆除施工安全的基本要求

（1）现浇混凝土结构模板及其支架拆除时的混凝土强度应符合设计要求。当设计无要求时，应符合下列规定：

1）不承重的侧模板，包括梁、柱、墙的侧模板，只要混凝土强度能保证其表面及棱角不因拆除模板而受损，即可进行拆除。

2）承重模板，包括梁、板等水平结构构件的底模，应在与结构同条件养护的试块强度达到规定要求时，进行拆除。

3）后张法预应力混凝土结构或构件模板，侧模应在预应力张拉前拆除，其混凝土强度达到侧模拆除条件即可。预应力张拉，必须在混凝土强度达到设计规定值时进行，底模必须在预应力张拉完毕方能拆除。

4）在拆模过程中，如发现实际结构混凝土强度并未达到要求，有影响结构安全的质量问题时，应暂停拆模，经妥当处理使实际强度达到要求后，方可继续拆除。

5）已拆除模板及其支架的混凝土结构，应在混凝土强度达到设计要求后，才允许承受全部设计的使用荷载。

6）拆除芯模或预留孔的内模时，应在混凝土强度能保证不发生塌陷和裂缝时，方可拆除。

（2）拆模作业之前必须填写拆模申请，在同条件养护试块强度记录达到规定要求时，技术负责人方能批准拆模。

（3）冬期施工的模板拆除应遵守冬期施工的有关规定，其中主要考虑混凝土模板拆除后的保温养护；如果不能进行保温养护，必须暴露在大气中，要考虑混凝土受冻的临界强度。

（4）各类模板拆除的顺序和方法应根据模板设计的要求进行。如果模板设计无要求时，可按先支的后拆、后支的先拆，先拆非承重的模板、后拆承重的模板及支架的顺序进行。

（5）拆模时下方不能有人，拆模区应设警戒线，以防有人误入。拆除的模板向下运送传递时，一定要做到上下呼应，协调一致。

（6）模板拆除不能采取猛撬以致大片塌落的方法进行。

（7）拆除的模板必须随时清理，以免钉子扎脚、阻碍通行。使用后的木模板应拔除铁钉，分类进库，堆放整齐。露天堆放时，顶面应遮盖防雨篷布。

（8）使用后的钢模、钢构件应及时将黏结物清理洁净，进行必要的维修、刷油，整理合格后方可运往其他施工现场或入库。

（9）钢模板在装车运输时，不宜超出车栏杆，少量高出部分必须拴牢，零配件应分类装箱，不得散装运输。装车时，应轻搬轻放，不得相互碰撞。卸车时，严禁成捆从车上推下和拆散抛掷。

（10）模板及配件应放入室内或敞棚内，当必须露天堆放时，底部应垫高100 mm，顶面应遮盖防水篷布或塑料布。

5. 混凝土浇筑施工的安全技术措施

（1）混凝土浇筑作业人员的作业区域内，应按高处作业的有关规定，设置临边、洞口安全防护设施。

（2）混凝土浇筑所使用机械设备的接零（接地）保护、漏电保护装置应齐全有效，作业人员应正确使用安全防护用具。

（3）交叉作业应避免在同一垂直作业面上进行，否则应按规定设置隔离防护设施。

（4）用井架运输混凝土时，应设制动安全装置，升降应有明确信号。操作人员未离开提升台时，不得发升降信号。提升台内停放的手推车不得伸出台外，车辆前后要拦牢。

（5）用料斗进行混凝土吊运时，料斗的斗门在装料吊运前一定要关好卡牢，以防止吊运过程被挤开抛卸。

（6）用溜槽及串筒下料时，溜槽和串筒应固定牢固，人员不得直接站到溜槽帮上操作。

（7）用混凝土输送泵泵送混凝土时，混凝土输送泵的管道应连接和支撑牢固，试送合格后才能正式输送，检修时必须卸压。

（8）有倾倒、掉落危险的浇筑作业应采取相应的安全防护措施。

培训单元 4　高处作业安全生产要点

- 了解高处作业的基本要求。
- 掌握临边与洞口作业的安全防范措施。
- 掌握悬空作业的安全防范措施。
- 掌握交叉作业的安全防范措施。

高处作业是指凡在坠落高度基准面 2 m 以上（含 2 m）有可能坠落的高处进行的作业，如临边、洞口、悬空、交叉作业及安全网搭设等。高处作业易发生高处坠落、物体打击等安全事故。高处作业要严格遵守《建筑施工高处作业安全技术规范》（JGJ 80—2021）。

一、高处作业的基本要求

1. 建筑施工中凡涉及临边与洞口作业、攀登与悬空作业、操作平台、交叉作业及安全防护网搭设的，应在施工组织设计或施工方案中制定高处作业安全技术措施。

2. 高处作业前，应按类别对安全防护设施进行检查、验收，验收合格后方可进行作业，并应做好验收记录。验收可分层或分阶段进行。

3. 当遇有6级及以上强风、浓雾、沙尘暴等恶劣天气，不得进行露天攀登与悬空高处作业。雨雪天气后，应对高处作业安全设施进行检查，当发现有松动、变形、损坏或脱落等现象时应立即修理完善，维修合格后方可使用。

4. 安全防护设施验收应包括下列主要内容：

（1）防护栏杆的设置与搭设。

（2）攀登与悬空作业用具与设施的搭设。

（3）操作平台及平台防护设施的搭设。

（4）防护棚的搭设。

（5）安全网的设置。

（6）安全防护设施、设备的性能与质量、所用的材料、配件的规格。

（7）设施的节点构造，材料配件的规格、材质及其与建筑物的固定、连接状况。

5. 安全防护设施验收资料应包括下列主要内容：

（1）施工组织设计中的安全技术措施或施工方案。

（2）安全防护用具用品、材料和设备产品合格证明。

（3）安全防护设施验收记录。

（4）预埋件隐蔽验收记录。

（5）安全防护设施变更记录。

6. 安全防护设施宜采用定型化、工具化设施，防护栏应为黑黄或红白相间的条纹标识，盖件应为黄或红色标识。

二、高处作业安全控制要点

1. 临边与洞口作业的安全防范措施

（1）临边作业

1）在基准面2 m及以上坠落高度进行临边作业时，应在临空一侧设置防护栏杆，并应采取密目式安全立网或工具式栏板封闭。

2）施工的楼梯口、楼梯平台和梯段边，应安装防护栏杆，外设楼梯口、楼梯平台和梯段边还应采用密目式安全立网封闭。

3）建筑物外围边沿外，对没有设置外脚手架的工程，应设置防护栏杆；对有外脚手架的工程，应采用密目式安全立网全封闭。密目式安全立网应设置在脚手架外侧立杆上，并应与脚手杆紧密连接。

4）施工升降机、龙门架和井架物料提升机等在建筑物间设置的停层平台两侧边，应设置防护栏杆、挡脚板，并应采用密目式安全立网或工具式栏板封闭。

5）停层平台口应设置高度不低于1.8 m的楼层防护门，并应设置防外开装置。井架物料提升机通道中间，应分别设置隔离设施。

（2）洞口作业

1）洞口作业时，应采取防坠落措施并应符合下列规定：

①当竖向洞口短边边长小于500 mm时，应采取封堵措施；当竖向洞口短边边长大于或等于500 mm时，应在临空一侧设置高度不小于1.2 m的防护栏杆，并应采用密目式安全立网或工具式栏板封闭，设置挡脚板。

②当非竖向洞口短边边长为25～500 mm时，应采用承载力满足使用要求的盖板覆盖，盖板四周搁置应均衡，且应防止盖板移位。

③当非竖向洞口短边边长为500～1 500 mm时，应采用盖板覆盖或防护栏杆等措施，并应固定牢固。

④当非竖向洞口短边边长大于或等于1 500 mm时，应在洞口作业侧设置高度不小于1.2 m的防护栏杆，洞口应采用安全平网封闭。

2）电梯井口应设置防护门，且高度不应小于1.5 m，底端距地面高度不应大于50 mm，并应设置挡脚板。

3）在电梯施工前，电梯井道内应每隔2层且不大于10 m加设一道安全平网。

4）洞口盖板应能承受不小于1 kN的集中荷载和不小于2 kN/m²的均布荷载，有特殊要求的盖板应另行设计。

5）墙面等处落地的竖向洞口、窗台高度低于800 mm的竖向洞口及框架结构在浇筑完混凝土未砌筑墙体时的洞口，应按临边防护要求设置防护栏杆。

（3）防护栏杆

1）临边作业的防护栏杆应由横杆、立杆及挡脚板组成，防护栏杆应符合下列规定。

①防护栏杆应为两道横杆,上杆距地面高度应为 1.2 m,下杆应在上杆和挡脚板中间设置。

②当防护栏杆高度大于 1.2 m 时应增设横杆,横杆间距不应大于 600 mm。

③防护栏杆立杆间距不应大于 2 m。

④挡脚板高度不应小于 180 mm。

2)防护栏杆的立杆和横杆的设置、固定及连接,应确保防护栏杆在上下横杆和立杆任何部位处,均能承受任何方向 1 kN 的外力作用。

3)防护栏杆应张挂密目式安全立网或其他材料封闭。

2. 悬空作业的安全防范措施

(1)悬空作业立足处应设置牢固,并应配置登高和防坠落装置和设施。

(2)构件吊装和管道安装时的悬空作业应符合下列规定:

1)钢结构吊装,构件宜在地面组装,安全设施应一并设置。

2)吊装钢筋混凝土屋架、梁、柱等大型构件前,应在构件上预先设置登高通道、操作立足点等安全设施。

3)在高空安装大模板、吊装第一块预制构件或单独的大中型预制构件时,应站在作业平台上操作。

4)钢结构安装施工宜在施工层搭设水平通道,水平通道两侧应设置防护栏杆。当利用钢梁作为水平通道时,应在钢梁一侧设置连续的安全绳,安全绳宜采用钢丝绳。

5)钢结构、管道等安装施工的安全防护宜采用工具化、定型化设施。

(3)模板与支撑系统搭设和拆卸的悬空作业应符合下列规定:

1)模板与支撑系统的搭设和拆卸应按规定程序进行,不得在上下同一垂直面上同时装拆模板。

2)在基准面 2 m 及以上坠落高度搭设与拆除柱模板及悬挑结构的模板时,应设置操作平台。

3)在进行高处拆模作业时应配置登高用具或搭设支架。

(4)绑扎钢筋和预应力张拉的悬空作业应符合下列规定:

1)绑扎立柱和墙体钢筋,不得沿钢筋骨架攀登或站在骨架上作业。

2)在基准面 2 m 及以上坠落高度绑扎柱钢筋和进行预应力张拉时,应搭设操作平台。

(5)混凝土浇筑与结构施工的悬空作业应符合下列规定:

1）浇筑高度 2 m 及以上的混凝土结构构件时，应设置脚手架或操作平台。

2）悬挑的混凝土梁和檐、外墙和边柱等结构施工时，应搭设脚手架或操作平台。

（6）屋面作业时应符合下列规定：

1）在坡度大于 25° 的屋面上作业，当无外脚手架时，应在屋檐边设置不低于 1.5 m 高的防护栏杆，并应采用密目式安全立网全封闭。

2）在轻质型材等屋面上作业，应搭设临时走道板，不得在轻质型材上行走。安装轻质型材板前，应采取在梁下支设安全平网或搭设脚手架等安全防护措施。

（7）外墙作业时应符合下列规定：

1）门窗作业时，应有防坠落措施，操作人员在无安全防护措施时，不得站立在阳台栏板上作业。

2）高处作业不得使用座板式单人吊具，不得使用自制吊篮。

3．交叉作业安全防范措施

（1）交叉作业时，下层作业位置应处于上层作业的坠落半径之外，见表 4-1-1。

表 4-1-1 作业高度与坠落半径

序号	上层作业高度（h_b）	坠落半径（m）
1	$2 \leq h_b \leq 5$	3
2	$5 < h_b \leq 15$	4
3	$15 < h_b \leq 30$	5
4	$h_b > 30$	6

（2）交叉作业时，坠落半径内应设置安全防护棚或安全防护网等安全隔离措施。当尚未设置安全隔离措施时，应设置警戒隔离区，人员严禁进入隔离区。

（3）处于起重机臂架回转范围内的通道，应搭设安全防护棚。

（4）施工现场人员进出的通道口，应搭设安全防护棚。

（5）不得在安全防护棚棚顶堆放物料。

（6）对搭设脚手架和设置安全防护棚时的交叉作业，应设置安全防护网。

当在多层、高层建筑外立面施工时,应在二层及每隔四层设一道固定的安全防护网,同时设一道随施工高度提升的安全防护网。

(7)安全防护棚搭设应符合下列规定:

1)当安全防护棚下有非机动车辆通行时,棚底至地面高度不应小于3 m;当安全防护棚下有机动车辆通行时,棚底至地面高度不应小于4 m。

2)当建筑物高度大于24 m并采用木质板搭设时,应搭设双层安全防护棚。两层防护的间距不应小于700 mm,安全防护棚的高度不应小于4 m。

3)当安全防护棚的顶棚采用竹笆或木质板搭设时,应采用双层搭设,间距不应小于700 mm;当采用木质板或与其等强度的其他材料搭设时,可采用单层搭设,木板厚度不应小于50 mm。防护棚的长度应根据建筑物高度与可能坠落半径确定。

(8)安全防护网搭设应符合下列规定:

1)安全防护网搭设时,应每隔3 m设一根支撑杆,支撑杆水平夹角不宜小于45°。

2)当在楼层设支撑杆时,应预埋钢筋环或在结构内外侧各设一道横杆。

3)安全防护网应外高里低,网与网之间应拼接严密。

培训单元5　砌筑与装饰装修工程安全生产要点

→ 了解砌筑工程安全控制要点。
→ 了解装饰装修工程安全控制要点。

砌筑工程施工应符合《砌体结构通用规范》(GB 55007—2021)的有关规定,装饰工程施工应符合《建筑装饰装修工程质量验收规范》(GB 50210—2018)的有关规定。

一、砌筑工程施工安全控制要点

砖石砌体在房屋结构中起围护、挡风防雨、隔热、保温和承重等作用。砖砌体主要用于墙体结构,石砌体主要用于基础结构。

在一般建筑工程中,墙体的工程量在整个建筑工程中占据相当大的比重,其造价占建筑总造价的 30%~40%。施工作业人员在砌筑施工中要严格注意以下问题:

1. 砖墙砌筑施工中,作业人员要严格按照砖墙的砌筑工艺作业,严防已砌好的砖墙倒塌伤人。

2. 砌筑施工中所使用的砂浆、砖、砌块等必须经过验收合格,强度标号达到设计要求,禁止使用不合格材料或强度达不到要求的砂浆进行砌筑,以免造成事故。

3. 砌筑施工时必须按施工组织设计所确定的垂直和水平运输方案进行材料的输送。用吊笼进行垂直运输时不得超载,吊笼的滑车、绳索、刹车等必须满足负荷和安全要求。

4. 用起重机吊运砖时,应采用砖笼,不得直接放于跳板上,在吊臂的回转范围内下面不得有行人经过或停留。吊砂浆的料斗不能装得过满。

5. 用手推车推砖时,前后两车要保持相应的安全距离,在平道上不应小于 2 m,坡道上不应小于 10 m。严禁撒把,以防两车相撞或撞伤他人。

6. 作业人员从砖垛上取砖时,应先取高处后取低处,防止砖垛倒塌砸人。砍砖时应面向内,以免碎砖落下伤人。

7. 当砌筑的砖墙超过胸部以上时,要搭设好操作平台,不准用不稳定的工具或物体在脚手板面上垫高作业。

8. 作业人员严禁在墙顶上站立划线、刮缝、清扫墙柱面和检查大角垂直度等工作,以防发生坠落事故。

9. 砌好的墙体,当横隔墙很少不能安装楼板或屋面板时,要设置必要的支撑,以保证其稳定性,防止大风刮倒。

二、装饰装修工程施工安全控制要点

装饰装修工程施工一般都是多工种交叉作业,且作业空间相对比较狭小,施工中的不安全因素较多,因而也常常发生伤害事故。装饰阶段比较容易发生的事故有火灾、触电、高处坠落等。

1. 抹灰工程施工

抹灰工程是建筑装饰工程中不可缺少的分部分项工程之一。抹灰的重点部位一般在墙体和顶棚，包括一般抹灰和装饰抹灰。高处抹灰作业时，要防止坠落事故的发生，同时要防止坠落物伤人。为了确保施工作业中的安全，作业人员应特别注意以下问题：

（1）墙面抹灰的高度超过1.5 m时，要搭设脚手架或操作平台。大面积墙抹灰时，要搭设脚手架。高处作业人员要系挂安全带。

（2）抹灰用的各种原材料要经过检验合格，砂浆要有足够的黏结力和符合强度要求，确保已抹完的灰不掉落。

（3）提拉灰斗的绳索要结实牢固，严防绳索断裂坠落伤人。

（4）施工作业中要尽可能避免交叉作业，抹灰人员不要在同一垂直面上工作。

（5）作业人员要分散开，每个人保证有足够的工作面，使用的工具灰铲、刮杠等不要乱丢乱扔。

2. 油漆涂料工程施工

由于各类油漆或涂料均易燃或有毒，因此作业人员在进行油漆涂料施工时要特别注意防止发生火灾和中毒。同时，作业人员还应注意以下事项：

（1）各类油漆，因其易燃或有毒，故应存放在专用库房内，不允许与其他材料混堆。对挥发性油料必须存于密闭容器内，并设专人保管。

（2）使用煤油、汽油、松香水、丙酮等易燃物调配油料时，操作人员应佩戴好防护用品，不准吸烟。

（3）墙面刷涂料当高度超过1.5 m时，要搭设马凳或操作平台。

（4）沾染油漆或稀释油类的棉纱、破布等物，应全部收集存放在有盖的金属箱内，待不能使用时应集中销毁或用碱剂将油污洗净以备再用。

（5）在涂刷红丹防锈漆及含铅颜料的油漆时，操作人员要注意防止铅中毒，作业时要戴上口罩。

（6）刷涂耐酸、耐腐蚀的过氯乙烯漆时，由于气味较大、有毒性，在刷漆时应戴上防毒口罩，每隔1 h应到室外换气一次。同时，还应保持工作场所有良好的通风。

（7）遇有上下立体交叉作业时，作业人员不得在同一垂直方向上操作。

（8）油漆窗子时，严禁站或骑在窗框上操作，以防框断人落。刷外开窗扇漆时，应将安全带挂在牢靠的地方。刷封檐板时应利用外装修架或搭设挑架进行。

（9）涂刷作业过程中，操作人员如感头痛、恶心、胸闷或心悸时，应立即停止作业到户外呼吸新鲜空气。

3. 玻璃工程施工

（1）作业人员在搬运玻璃时应戴手套，或用布、纸垫住，将玻璃与手及身体裸露部分隔开，以防被玻璃划伤。

（2）裁划玻璃要小心，并在规定的场所进行。边角余料要集中堆放，并及时处理，不得乱丢乱扔，以防扎伤他人。

（3）安装玻璃时作业人员所使用的工具要放入工具袋内，随安随取，同时严禁将铁钉含于口内。

（4）门窗等安装好的玻璃应平整、牢固，不得有松动现象，并在安装完后，应随即将风钩挂好或插上插销，以防风吹窗扇碰碎玻璃掉落伤人。

（5）天窗及高层房屋安装玻璃时，施工点的下面及附近严禁行人通过，以防玻璃及工具掉落伤人。

（6）安装窗扇玻璃时要按顺序依次进行，不得在垂直方向的上下两层同时作业，以避免玻璃破碎掉落伤人。大屏幕玻璃安装应搭设吊架或挑架从上至下逐层安装。

（7）安装完后所剩下的残余破碎玻璃应及时清扫和集中堆放，并要尽快处理，以避免玻璃碎屑扎伤人。

4. 吊顶工程施工

由于吊顶所使用的材料一般都具有可燃性，因此，作业人员要特别注意防止发生火灾，同时在吊顶施工中还经常发生高处坠落事故。在吊顶施工时应注意以下安全事项：

（1）无论是高大工业厂房的吊顶还是普通住宅房间的吊顶均属于高处作业，因此作业人员要严格遵守高处作业的有关规定，严防发生高处坠落事故。

（2）吊顶的房间或部位要由专业架子工搭设满堂脚手架，脚手架的临边处设两道防护栏杆和一道挡脚板，吊顶人员站于脚手架操作面上作业，操作面必须满铺脚手板。

（3）吊顶的主副龙骨与结构面要连接牢固，防止吊顶脱落伤人。

（4）作业人员使用的工具要放于工具袋内，不要乱丢乱扔，同时高空作业人员禁止从上向下投掷物体,以防砸伤他人。

(5)作业人员使用的电动工具要符合安全用电要求,如有需用电焊的地方必须由专业电焊工施工。

(6)作业人员要穿防滑鞋,对于高大工业厂房的吊顶,搭设满堂脚手架要有马道,以供作业人员上下行走及材料的运输,严禁从架管爬上爬下。

(7)吊顶下方不得有其他人员来回行走,以防掉物伤人。

5. 外墙贴面砖工程施工

外墙贴面砖是建筑物和构筑物外墙装修中常用的一种方法,也是装修标准比较高的一种外墙装饰工程。目前由于多层和高层建筑日益增多,外墙贴面砖均处于高空作业下,因此作业人员要严防高处坠落事故的发生。同时,在施工中还要注意以下问题:

(1)先由专业架子工搭设装修用外脚手架,操作面满铺脚手板,外侧搭设两道护身栏杆。贴面砖人应于脚手架的操作面上作业,并系挂安全带。

(2)脚手架的操作面上不可过量堆积面砖和砂浆。

(3)在脚手架上作业的人员要穿防滑鞋,患有心脏病、高血压等疾病的人员不得从事高处作业。

(4)裁割面砖要在下面进行,无齿锯或切割机要有安全防护罩,作业人员要遵守其安全操作规程,并戴好绝缘手套和防护面罩。

(5)用滑轮和绳索提拉水泥砂浆时,滑轮一定要固定好,绳索要结实可靠,以防绳索断裂掉落物伤人。

(6)遇有大风天气要停止外墙贴面砖的施工,高处作业的人员禁止从上往下抛掷杂物。

培训单元 6　屋面工程安全生产要点

→ 了解屋面工程施工的一般规定。
→ 了解屋面防水层施工安全控制要点。

知识要求

屋面工程的施工是装修施工中重要的一环，包括隔汽层施工、保温层施工和防水层施工等。屋面工程施工的质量特别是防水层的质量将直接影响建筑物的使用，安全施工则是保证质量的前提。屋面防水层施工应符合《屋面工程技术规范》（GB 503450—2019）的有关规定。

一、屋面工程施工一般规定

1. 屋面工程施工作业前，在屋面周围要设防护栏杆。屋面上的孔洞应加盖封严，或者在孔洞周边设置防护栏杆，并加设水平安全网，防止高处坠落事故的发生。

2. 屋面防水层一般为铺贴油毡卷材。从事这部分作业的人员应为专业防水人员。有皮肤病、眼病、对刺激过敏等人员，不宜参加此项工作。作业过程中，如发生恶心、头晕、对刺激过敏等情况时，应立即停止操作。

3. 作业人员不得赤脚、穿短裤和短袖衣服进行操作，裤脚、袖口应扎紧，并应佩戴手套和护脚，作业过程中要遵守安全操作规程。

4. 卷材作业时应注意风向，防止下风方向作业人员中毒或烫伤。

5. 存放卷材和黏结剂的仓库或现场要严禁烟火，如需用明火，必须有防火措施，且应设置一定数量的灭火器材和沙袋。

6. 高处作业人员站距不得过分集中，必要时应挂安全带。

7. 屋面施工作业时，绝对禁止从高处向下乱扔杂物，以防砸伤他人。

8. 雨、霜、雪天必须待屋面干燥后方可继续工作，刮大风时应停止作业。

二、屋面防水层施工的安全控制要点

以沥青、油毡为材料进行施工，是高空、高温、有毒作业，应特别注意安全防护。

1. 沥青的熬制

沥青是易燃、有毒物质，在熬制过程中要注意以下几点：

（1）操作人员不得赤脚或穿短袖衣服，裤脚、袖口应扎紧。须戴口罩、手套。身体的各部位均不得直接接触沥青。患有皮肤病、支气管炎、结核病、眼病以及对沥青过敏的人员，均不得参加沥青的操作作业。

（2）熬沥青的锅必须离建筑物 10 m 以上，离易燃仓库 25 m 以上，上空不得有电缆，并应设在建筑物的下风处。

（3）熬沥青的锅四周不得有漏缝，锅口稍高，炉口应砌 70 cm 高的隔火墙，四周严禁放置易燃易爆物品。锅内不得有水，沥青的含水量也不能过大。现场应准备好灭火器材，万一发生火灾，应用锅盖隔绝火源，用灭火器灭火，严禁浇水灭火。

2. 沥青施工

（1）屋面施工人员禁止穿硬底和带钉子的鞋。当槽口未设女儿墙时，应设安全网或防护架，必要时佩戴安全带。

（2）沥青、防水涂料、防水剂、堵漏材料等大多有毒性且容易引起火灾，施工时必须严格遵守操作规程。

（3）施工现场附近不得堆放易燃品，现场要配备灭火器材。锅、桶均要加盖，装料器具不得用锡焊，以防受热开裂。运沥青时要注意安全，在屋面上放置沥青桶要平稳。

（4）操作人员要戴口罩、手套、鞋盖等防护用品。

（5）盛沥青的铁桶、油壶要用咬口，不得用锡焊缝，桶宜加盖，装油量为桶高的 2/3，以免沥青溢漏而造成烫伤。

（6）运沥青要安全可靠，不准两人抬热沥青，沥青桶要放平稳，浇沥青时应注意力集中，均匀、平稳地浇。施工时，如发生恶心、头晕、对刺激过敏等情况，应立即停止操作，并做必要的检查和治疗。

培训项目 2 施工机械的安全使用

培训单元 1　起重机械的安全使用

培训重点

→ 熟悉塔式起重机的安全使用。
→ 熟悉施工电梯的安全使用。
→ 熟悉物料提升机的安全使用。

知识要求

塔式起重机、施工电梯、物料提升机等施工起重机械（也称垂直运输设备）的操作（也称为司机）、指挥、司索等作业属特种作业，作业人员必须按《建筑机械使用安全技术规程》（JGJ 33—2019）的有关规定经专门安全作业培训，取得特种作业操作资格证书方可上岗。安装、拆卸、加高及附墙施工作业前，必须有经审批、审查的施工方案，并进行方案及安全技术交底。

一、塔式起重机的安全使用

1. 起重机"十不吊"

（1）超载或被吊物质量不清不吊。
（2）指挥信号不明确不吊。
（3）捆绑、吊挂不牢或不平衡不吊。

（4）被吊物上有人或浮置物不吊。

（5）结构或零部件有影响安全的缺陷或损伤不吊。

（6）斜拉歪吊和埋入地下物不吊。

（7）单根钢丝不吊。

（8）工作场地光线昏暗，无法看清场地、被吊物和指挥信号不吊。

（9）重物棱角处与捆绑钢丝绳之间未加衬垫不吊。

（10）易燃易爆物品不吊。

2. 塔式起重机吊运作业区域内严禁无关人员入内，起吊物下方不准站人。

3. 司机（操作）、指挥、司索等工种应按有关要求配备，其他人员不得作业。

4. 在6级以上强风天气不准吊运物件。

5. 作业人员必须听从指挥人员的指挥，吊物起吊前作业人员应撤离。

6. 吊物的捆绑要求：

（1）吊运物件时，应清楚其质量，吊运点及绑扎应牢固可靠。

（2）吊运散件物时，应用铁制合格料斗，料斗上应设有专用的牢固的吊装点。料斗内装物高度不得超过料斗上口边，散粒状的轻浮易撒物盛装高度应低于上口边线10 cm。

（3）吊运长条状物品（如钢筋、长条状木方等）时，所吊物件应在物品上选择两个均匀、平衡的吊装点，绑扎牢固。

（4）吊运有棱角、锐边的物品时，钢丝绳绑扎处应作好防护措施。

二、施工电梯的安全使用

施工电梯也称外用电梯、（人、货两用）施工升降机，是施工现场垂直运输人员和材料的主要机械设备。

1. 施工电梯投入使用前，应在首层搭设出入口防护棚，防护棚应符合有关高处作业规范。

2. 施工电梯在大雨、大雾、6级以上大风天气以及导轨架、电缆等结冰时，必须停止使用，并将梯笼降到底层，切断电源。暴风雨后，应对施工电梯各安全装置进行一次检查，确认正常方可使用。

3. 施工电梯底笼周围2.5 m范围应设置防护栏杆。

4. 施工电梯各出料口运输平台应平整牢固，还应安装牢固可靠的栏杆和安全门，使用时安全门应保持关闭。

5. 施工电梯使用应有明确的联络信号，禁止用敲打、呼叫等方式联络。

6. 乘坐施工电梯时，应先关好安全门，再关好梯笼门，方可启动电梯。

7. 梯笼内乘人或载物时，应使载荷均匀分布，不得偏重；严禁超载运行。

8. 等候施工电梯时，应站在建筑物内，不得聚集在通道平台上，也不得将头手伸出栏杆和安全门外。

9. 施工电梯每班首次载重运行时，当梯笼升离地面 1～2 m 时，应停机试验制动器的可靠性。当发现制动效果不良时，应调整或修复后方可投入使用。

10. 操作人员应根据指挥信号操作。作业前应鸣声示意。在施工电梯未切断总电源开关前，操作人员不得离开操作岗位。

11. 施工电梯发生故障的处理：

（1）当运行中发现有异常情况时，应立即停机并采取有效措施将梯笼降到底层，排除故障后方可继续运行。

（2）在运行中发现电气失控时，应立即按下急停按钮。在未排除故障前，不得打开急停按钮。

（3）在运行中发现制动器失灵时，可将梯笼开至底层维修，或者让其下滑防坠安全器制动。

（4）在运行中发现故障时，不可惊慌，电梯的安全装置将提供可靠的保护；听从专业人员的安排，或等待修复，或按专业人员指挥撤离。

12. 作业后，应将梯笼降到底层，各控制开关拨到零位，切断电源，锁好开关箱，闭锁梯笼门和围护门。

三、物料提升机的安全使用

物料提升机有龙门架、井字架，也称为（货用）施工升降机，是施工现场物料垂直运输的主要机械设备。

1. 物料提升机用于运载物料，严禁载人上下。

2. 物料提升机进料口必须加装安全防护门，按高处作业规范搭设防护棚，并设安全通道，防止从棚外进入架体中。

3. 物料提升机在运行时，严禁对设备进行保养、维修，任何人不得攀登架体和从架体内穿过。

4. 运载物料的要求：

（1）运送散料时，应使用料斗装载，并放置平稳；使用手推斗车置于吊笼时，必须将手推斗车平稳并制动放置，注意车把手及车不能伸出吊笼。

（2）运送长料时，物料不得超出吊笼；物料立放时，应捆绑牢固。

（3）物料装载时，应均匀分布，不得偏重，严禁超载运行。

5. 物料提升机的架体应有附墙或缆风绳，并应牢固可靠，符合说明书和规范的要求。

6. 物料提升机的架体外侧应用小网眼安全网封闭，防止物料在运行时坠落。

7. 禁止在物料提升机架体上进行焊接、切割或者钻孔等作业，防止损伤架体的任何构件。

8. 施工出料口平台应牢固可靠，并应安装防护栏杆和安全门。运行时安全门应保持关闭。

9. 施工吊笼上应有安全门，防止物料坠落，并且安全门应与安全停靠装置联锁。安全停靠装置应灵敏可靠。

10. 楼层安全防护门应有电气或机械锁装置，在安全门未可靠关闭时，限止吊笼运行。

11. 作业人员等待吊笼时，应在建筑物内或者平台内距安全门 1 m 以上处等待。严禁将头手伸出栏杆或安全门。

12. 进出料口应安装明确的联络信号，高架提升机还应安装可视系统。

培训单元2　起重吊装的安全生产要点

→ 熟悉起重吊装作业的安全控制要点。

起重吊装是指在建筑工程中，采用相应的机械设备设施来完成结构吊装和设施安装。其作业属于危险作业，作业环境复杂，技术难度大。起重吊装作业必须严格遵守《建筑施工起重吊装工程安全技术规范》（JGJ 276—2012）的有关规定。

一、起重吊装作业安全控制要点

1. 作业前应根据作业特点编制专项施工方案，并对参加作业人员进行方案和安全技术交底。

2. 作业时周边应设置警戒区域，设置醒目的警示标志，防止无关人员进入；特别危险处应设监护人员。

3. 起重吊装作业大多数作业点都必须由专业技术人员作业；属于特种作业的人员必须按国家有关规定经专门安全作业培训，取得特种作业操作资格证书方可上岗作业。

4. 作业人员应根据现场作业条件选择安全的位置作业。在卷扬机与地滑轮穿越钢丝绳的区域，禁止人员站立和通行。

5. 吊装过程必须设有专人指挥，其他人员必须服从指挥。起重指挥不能兼作其他工种，并应确保起重司机清晰准确地听到指挥信号。

6. 作业过程必须遵守起重机"十不吊"原则。

7. 被吊物的捆绑执行塔式起重机中被吊物捆绑作业要求。

8. 构件存放场地应该平整坚实。构件叠放用方木垫平，必须稳固，不准超高（一般不宜超过 1.6 m）。构件存放除设置垫木外，必要时要设置相应的支撑，提高其稳定性。禁止无关人员在堆放的构件中穿行，防止发生构件倒塌挤人事故。

9. 遇有露天有 6 级以上大风或大雨、大雪、大雾等天气时，应停止起重吊装作业。

10. 起重机作业时，起重臂和吊物下方严禁有人停留、工作或通过。重物吊运时，严禁有人从上方通过。严禁用起重机载运人员。

二、经常使用的起重工具操作注意事项

1. 手动倒链

（1）操作人员应经培训合格方可上岗作业。

（2）吊物时应挂牢后慢慢拉动倒链，不得斜向拽拉。

（3）当一人拉不动时，应查明原因，禁止多人一齐猛拉。

2. 手搬葫芦

（1）操作人员应经培训合格方可上岗作业。

（2）使用前检查自锁夹钳装置的可靠性，当夹紧钢丝绳后，应能往复运动，否则禁止使用。

3. 千斤顶

（1）操作人员应经培训合格方可上岗作业。

（2）千斤顶置于平整坚实的地面上，并垫木板或钢板，防止地面沉陷。

（3）顶部与光滑物接触面应垫硬木防止滑动。

（4）开始操作应逐渐顶升，注意防止顶歪，始终保持重物的平衡。

培训项目 3 工地防火与防爆知识

培训单元 1　工地防火知识

- 掌握火灾发展变化规律。
- 熟悉防火间距要求。

建筑工地防火应符合《建设工程施工现场消防安全技术规范》（GB 50720—2021）的有关规定。

一、火灾发展变化规律及其防治途径

1. 火灾的发展变化规律

（1）初起期：火灾从无到有，可燃物热解。

（2）发展期：火势由小到大；满足时间平方规律，即火灾热释放速率随时间的平方非线性发展，是轰燃的发生阶段。

（3）最盛期：通风控制火灾，火势大小由建筑物的通风情况决定。

（4）熄灭期：火灾由最盛期开始消减直至熄灭。

2. 火灾的防治途径

（1）设计与评估

在建筑工程施工前就考虑到火灾，进行安全设计，对已有的建筑和工程可以进行危险性评估，从而确定人员和财产的火灾安全性能。

（2）阻燃

对建筑材料和结构进行阻燃处理，降低火灾发生的概率和发展的速率。

（3）火灾探测

一旦火灾发生，要准确、及时地发现，并克服误报警因素。

（4）灭火

发现火灾之后，要合理配置资源，迅速安全地扑灭火灾。

二、施工现场防火要求

1. 建筑施工现场的防火管理内容

（1）施工单位必须按照已批准的设计图纸和施工方案组织施工，有关防火安全措施不得擅自改动。在工程竣工后，取得建筑消防设施技术测试报告。

（2）建立、健全建筑工地的安全防火责任制度，贯彻执行现行的工地防火规章制度。

（3）建筑工地要认真执行"三清、五好"管理制度。

（4）临时工、合同工等各类新工人进入施工现场，都要进行防火安全教育和防火知识的学习，经考试合格后方能上岗工作。

（5）建筑工地都必须制定防火安全措施，并及时向有关人员、作业班组交底落实。做好生产、生活用火的管理。

2. 建筑木工防火安全要求

（1）建筑工地的木工作业场所要严禁动用明火，工人吸烟要到休息室。

（2）工作场地和个人工具箱内要严禁存放油料和易燃易爆物品。

（3）要经常对工作间内的电气设备及线路进行检查，发现短路、电气打火和线路绝缘老化、破损等情况要及时找电工维修。

（4）电锯、电刨子等木工设备在作业时，注意勿使刨花、锯末等物将电动机盖上。

（5）熬水胶使用的炉子，应在单独房间里进行，用后要立即熄灭。

（6）木工作业要严格执行建筑安全操作规程。完工后必须做到现场清理干净,剩下的木料堆放整齐,锯末、刨花堆放在指定的地点,并且不能在现场存放时间过长,防止自燃起火。

3. 建筑电工防火安全要求

(1)预防短路造成火灾的措施

建筑工地临时线路都必须使用护套线,导线绝缘必须符合电路电压要求。导线与导线、导线与墙壁和顶棚之间应有符合规定的间距。线路上要安装合适的熔丝和漏电断路器。

(2)预防过载造成火灾的措施

根据负荷合理选用导线截面。不得随意在线路上接入过多负载。

(3)预防电火花和电弧产生的措施

裸导线间或导体与接地体间应保持足够的距离。防止布线过松。经常检查导线的绝缘电阻,保持绝缘的强度和完整。熔断器或开关应装在不燃的基座上并用不燃箱盒保护。不应带电安装和修理电气设备。

4. 油漆工防火安全要求

油漆作业所使用的材料都是易燃、易爆的化学材料,因此,无论油漆的作业场地还是临时存放的库房,都要严禁动用明火。室内作业时,一定要有良好的通风条件,照明电气设备必须使用防爆灯头,禁止穿钉子鞋出入现场,严禁吸烟,周围的动火作业要远离 10 m 以外。

三、施工现场平面布置消防要求

1. 防火间距

施工现场临时办公、生活、生产、物料存储等功能区相对独立布置,防火间距应符合下列规定:

(1)易燃易爆危险品库房与在建工程的防火区间不应小于 15 m,可燃材料堆场及其加工厂、固定动火作业场与在建工程的防火间距不应小于 10 m,其他临时用房、临时设施与在建工程的防火间距不应小于 6 m。

(2)施工现场主要临时用房、临时设施的防火间距不应小于表 4-3-1 规定,当办公用房、宿舍成组布置时,其防火间距可适当减小,但应符合下列规定。

1)每组临时用房的栋数不应超过 10 栋,组与组之间的防火间距不应小于 8 m。

表 4-3-1　施工现场主要临时用房、临时设施的防火间距　　m

名称	办公用房、宿舍	发电机房、变配电房	可燃材料库房	厨房操作间、锅炉房	可燃材料堆场及其加工场	固定动火作业场	易燃易爆危险品库房
办公用房、宿舍	4	4	5	5	7	7	10
发电机房、变配电房	4	4	5	5	7	7	10
可燃材料库房	5	5	5	5	7	7	10
厨房操作间、锅炉房	5	5	5	5	7	7	10
可燃材料堆场及其加工场	7	7	7	7	7	10	10
固定动火作业场	7	7	7	7	10	10	12
易燃易爆危险品库房	10	10	10	10	10	12	12

注：1. 临时用房、临时设施的防火间距应按临时用房外墙外边线或堆场、作业场、作业棚边线间的最小距离计算，当临时用房外墙有突出可燃构件时，应从其突出可燃构件的外缘算起。

2. 两栋临时用房相邻较高一面的外墙为防火墙时，防火间距不限。

3. 本表未规定的，可按同等火灾危险性的临时用房、临时设施的防火间距确定。

2）组内临时用房之间的防火间距不应小于 3.5 m，当建筑构件燃烧性能等级为 A 级时，其防火间距可减少到 3 m。

2. 现场道路

（1）施工现场的道路，夜间要有足够的照明设备。禁止在高压架空电线下面搭设临时性建筑物或堆放可燃材料。

（2）施工现场必须设立消防车通道，其宽度应不小于 4 m。

（3）建筑工地要设有足够的消防水源（给水管道或蓄水池），对有消防给水管道设计的工程，应在建筑施工时，先敷设好室外消防给水管道与消火栓。

（4）临时性的建筑物、仓库以及正在修建的建（构）筑物道旁，都应该配置适当种类和一定数量的灭火器，并布置在明显和便于取用的地点。冬期施工还应对消防水池、消火栓和灭火器等做好防冻工作。

3. 临时设施

（1）临时生活设施应尽可能搭建在距离修建的建筑物 20 m 以外的地区，禁止搭设在高压架空电线的下面，距离高压架空电线的水平距离不应小于 6 m。

（2）临时宿舍与厨房、锅炉房、变电所和汽车库之间的防火距离应不小于 15 m。

（3）临时宿舍等生活设施，距离铁路的中心线以及小量易燃品储藏室的间距不小于 30 m。

（4）临时宿舍距火灾危险性大的生产场所不得小于 30 m。

（5）为储存大量的易燃物品、油料、炸药等所修建的临时仓库，与永久工程或临时宿舍之间的防火间距应根据所储存的数量，按照有关规定确定。

（6）在独立的场地上修建成批的临时宿舍，应当分组布置，每组最多不超过二栋，组与组之间的防火距离，在城市市区不小于 20 m，在农村应不小于 10 m。临时宿舍简易楼房的层高应当控制在两层以内，每层应当设置两个安全通道。

（7）生产工棚包括仓库，无论有无用火作业或取暖设备，室内最低高度一般不应低于 2.8 m，其门的宽度要大于 1.2 m，并且要双扇向外。

四、建筑防火要求

1. 临时用房

（1）临时建筑的围蔽和骨架必须使用不燃材料搭建（门、窗除外），厨房、茶水房、易燃易爆物品仓必须单独设置，用砖墙围蔽。施工现场材料仓宜搭建在门卫值班室旁。

（2）临时建筑必须整齐划一、牢固且远离火灾危险性大的场所，每栋临时建筑占地面积不宜大于 200 m^2，室内地面要平整，其四周应当修建排水明渠。

（3）每栋临时建筑的居住人数不准超过 50 人，每 25 人要有一个可以直接出入的门口。临时建筑的高度不低于 3 m，门窗要往外开。

（4）临时建筑一般不宜搭建两层，如确因施工用地所限，需搭建两层的宿舍其围蔽必须用砖砌，楼面应使用不燃材料铺设。二层住人的临时建筑应每 50 人有一座疏散楼梯，楼梯的宽度不少于 1.2 m，坡度不大于 45°，栏杆扶手的高度不应低于 1 m。

（5）搭建两栋以上（含两栋）临时宿舍共用同一疏散通道，其通道净宽不少于 5 m，临时建筑与厨房、变电房之间防火距离不少于 3 m。

（6）储存、使用易燃易爆物品的设施要独立搭建，并远离其他临时建筑。

（7）临时建筑不要修建在高压架空电线下面，并距离高压架空电线的水平距离不少于 6 m。搭建临时建筑必须先上报，经有关部门批准后建设。经批准搭建的临时建筑不得擅自更改位置、面积、结构和用途，如发生更改，必须重新报批。

2. 在建工程

（1）在建工程作业场所的临时疏散通道应采用不燃、难燃材料建造并与在建工程结构施工同步设置，也可以利用在建工程施工完毕的水平结构、楼梯。

（2）在建工程作业场所临时疏散通道的设置应符合相关规定。

（3）既有建筑进行扩建、改建施工时，必须明确划分施工区和非施工区。

（4）外脚手架、支模架的架体宜采用不燃或难燃材料搭设。

（5）安全防护网应采用阻燃型安全防护网。

（6）作业场所应设置明显的疏散指示标志，其指示方向应指向最近的临时疏散通道入口。

（7）作业层的醒目位置应设置安全疏散示意图。

培训单元2　工地防爆知识

→ 了解工地防爆的一般要求。
→ 熟悉工地防爆的主要措施。

一、工地防爆的一般要求

爆炸的发生都必须具备一定的条件，例如，可燃气体、可燃液体的蒸气或可燃性粉尘达到一定浓度或压力，与空气混合，遇到火源等就会造成爆炸。

工地防爆工作的要求是：

1. 对于爆破及引爆物品的储存、保管、领用都必须严格按规定执行。

2. 各种气瓶的运输、存放、使用必须按有关规定执行。

3. 各种可燃性液体、油漆涂料等在运输、保存、使用中，除按规定外，还须根据其性能特点采取相应的防爆措施。

4. 要向操作者及其有关人员作好安全交底。

二、工地防爆的主要措施

1. 定期对设备进行无损探伤检验和测厚工作。

2. 在高低压系统之间应安设止逆阀等安全措施。在有火灾爆炸危险的生产过程及设备中，应安装必要的自控监测仪表、自动报警装置、自动和手动泄压排放设施。

3. 所有放空管均应引至室外，并高出厂房建筑物、构筑物 2 m 以上。若设在露天设备区内的放空管，应高于附近有人操作的最高设备 2 m 以上。

4. 可燃气体的放空管，应设置安全水封或阻火器，应有向管内加氮气或蒸汽的措施，同时应有良好的静电接地设施。放空管应在避雷设施的保护范围内。

5. 安全阀的安装、使用、维护和管理按照安全阀安全管理规定执行。

6. 有突然超压或瞬间分解爆炸危险的生产设备或贮槽等，应装爆破板（防爆膜），导爆筒出口应朝安全方向，并根据需要采取防止二次爆炸、火灾的措施。

7. 凡是装有触媒的高温设备，必须泄压降温后方可打开。触媒需要惰化的应进行惰化。

8. 压缩气体钢瓶的充装、使用、储运严格遵守气瓶安全监察相关规定。

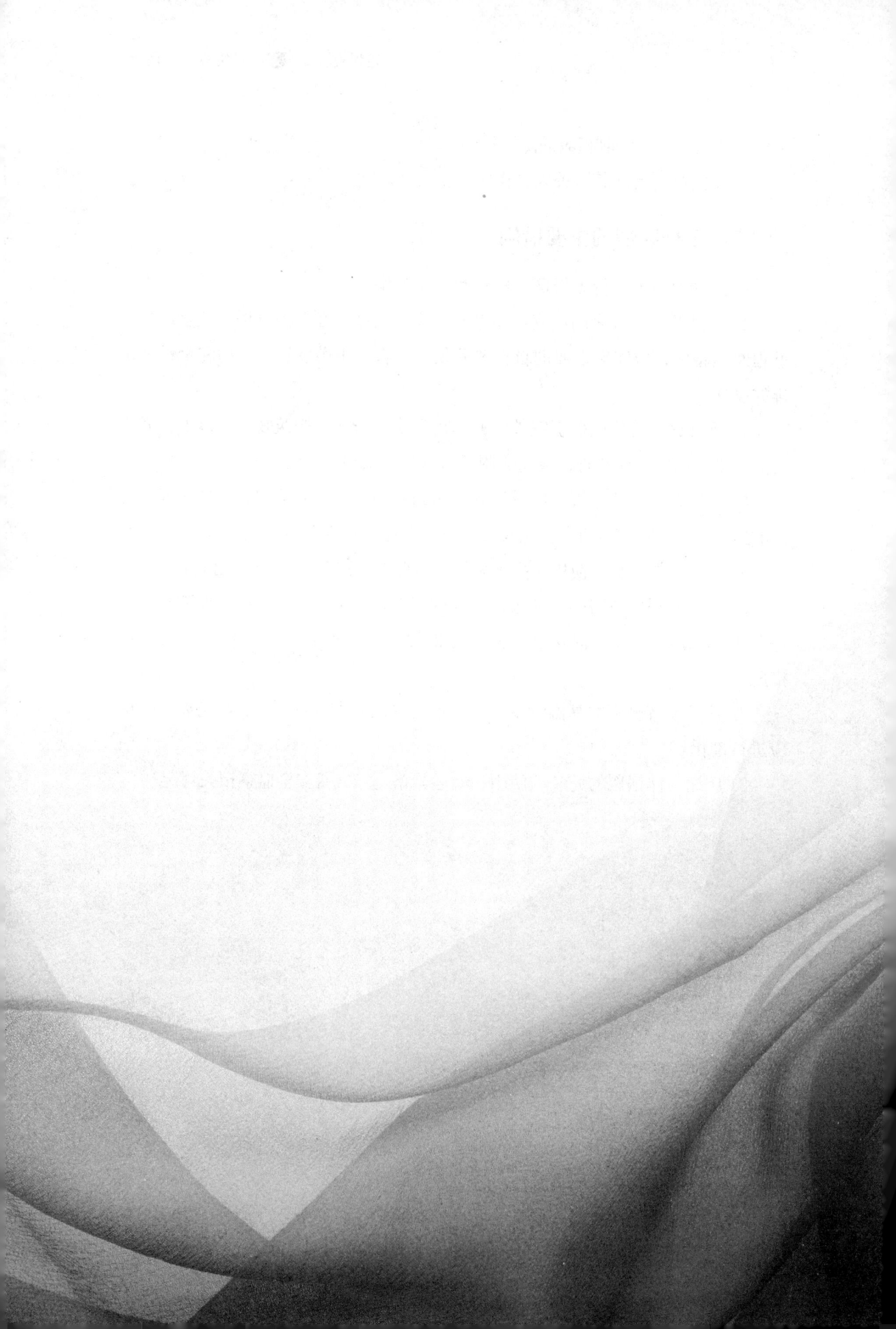

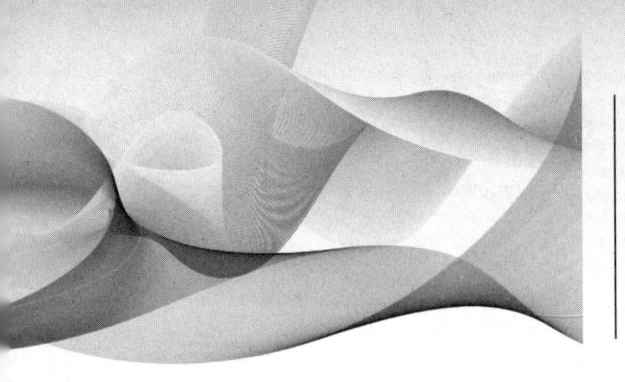

培训模块 五
岗位管理相关知识

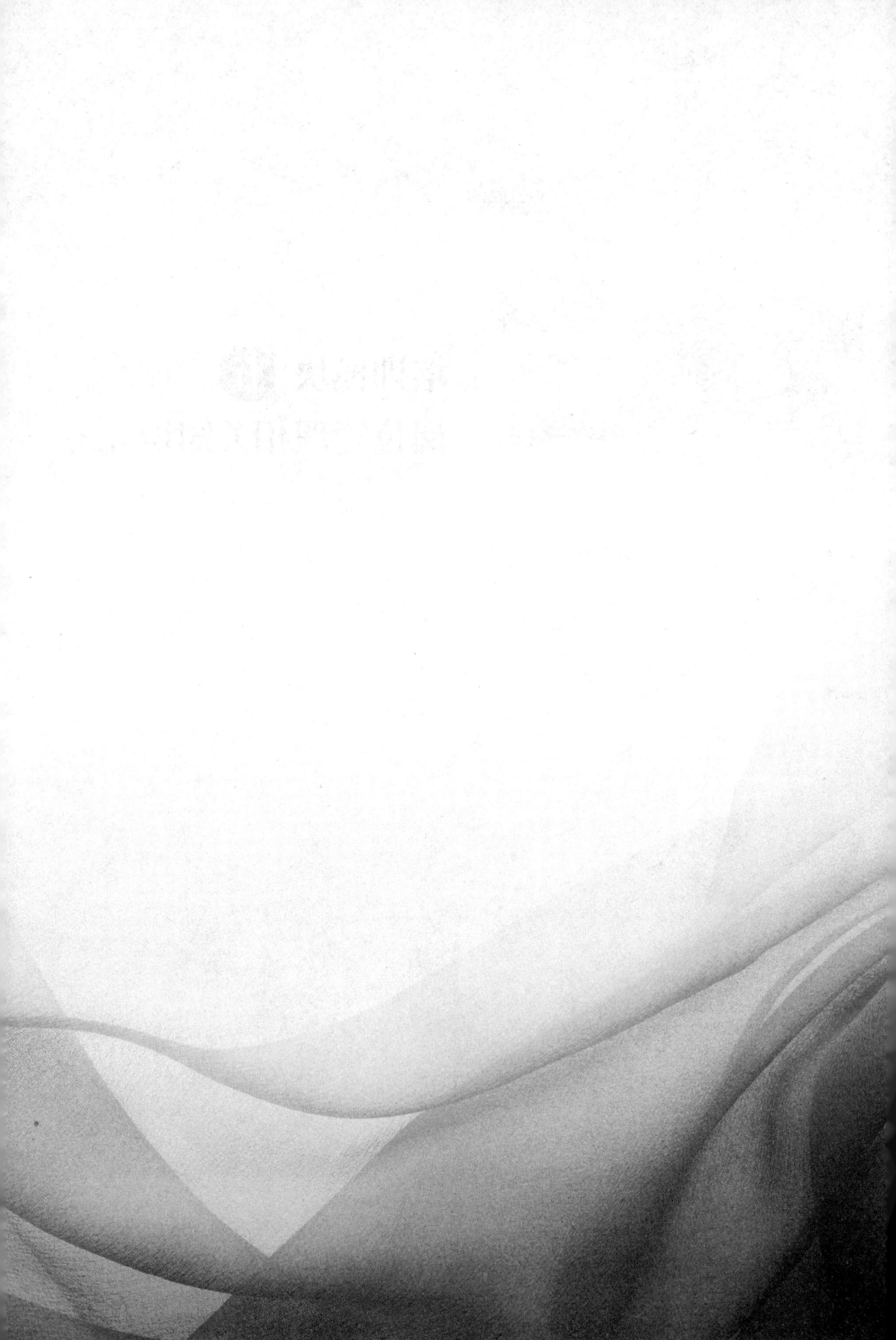

培训项目 1

项目施工安全管理知识

培训单元 1　安全生产制度体系

→ 了解建立安全生产制度体系的原则。
→ 掌握安全生产制度体系的构成。

一、建立施工安全生产制度体系的原则

1. 贯彻"安全第一，预防为主"的方针，施工企业必须建立健全安全生产责任制和群防群治制度，确保工程施工人员的人身和财产安全。

2. 施工安全生产体系的建立，必须适用于工程施工全过程的安全管理和控制。

3. 施工安全生产体系必须符合《中华人民共和国建筑法》《中华人民共和国安全生产法》《建设工程安全生产管理条例》《安全生产许可证条例》《生产安全事故报告和调查处理条例》《特种设备安全监察条例》《职业安全卫生管理体系标准》等法律法规及规程的要求。

4. 项目经理部应根据本企业的安全生产制度体系，结合各项目的实际情况加以充实，确保工程项目的施工安全。

二、施工安全生产制度体系的主要内容

建设工程施工安全生产制度体系一般包括：

1. 安全生产责任制度。
2. 安全生产许可证制度。
3. 安全生产监督检查制度。
4. 安全生产教育培训制度。
5. 安全措施计划制度。
6. 特种作业人员持证上岗制度。
7. 专项施工方案专家论证制度。
8. 严重危及施工安全的工艺、设备、材料淘汰制度。
9. 施工起重机械使用登记制度。
10. 安全检查制度。
11. 生产安全事故报告和调查处理制度。
12. "三同时"制度。
13. 安全预评价制度。
14. 工伤和意外伤害保险制度。

培训单元2　施工安全隐患的防范与处理

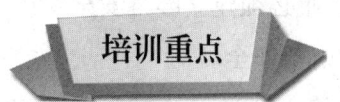

→ 了解处理安全隐患的原则。
→ 掌握施工安全隐患的防范措施。

施工安全隐患，是指在建筑施工过程中，给施工人员的生命安全带来威胁的不利因素，一般包括人的不安全行为、物的不安全状态以及管理不当等。

一、施工安全隐患分析

1. 施工安全隐患的范畴

施工安全隐患的范畴包括基坑支护和降水工程，土方开挖工程，人工挖扩孔桩工程，地下暗挖工程，顶管及水下作业工程，模板工程和支撑体系，起重吊装和安装拆卸工程，脚手架工程，拆除及爆破工程，现浇混凝土工程，钢结构、网架和索膜结构安装工程，预应力工程，建筑幕墙安装工程，采用新技术、新工艺、新材料、新设备及尚无相关技术标准的危险性较大的分部分项工程等，几乎无处不在。

2. 施工安全隐患的来源

安全隐患主要包括人、物、管理三个方面。人的不安全因素，主要是指个人在心理、生理和能力等方面的不安全因素，以及人在施工现场的不安全行为。物的不安全状态，主要是指设备设施、现场场地环境等方面的缺陷。管理上的不安全因素，主要是指对物、人、工作的管理不当。

二、施工安全隐患治理的原则

1. 冗余安全度原则。
2. 单项隐患综合治理原则。
3. 直接隐患与间接隐患并治原则。
4. 预防与减灾并重原则。
5. 重点治理原则。
6. 动态治理原则。

培训项目 2 项目施工现场管理知识

培训单元1　现场文明施工管理

→ 了解文明施工的主要内容。
→ 掌握文明施工管理要点。

一、现场文明施工的主要内容

1. 规范场容、场貌，保持作业环境整洁卫生。
2. 创造文明有序和安全生产的条件、氛围。
3. 减少施工过程对居民和环境的不利影响。
4. 树立绿色施工理念，落实项目文化建设。

二、现场文明施工管理基本要求

1. 施工现场应当做到围挡、大门、标牌标准化，材料堆放整齐化（按照现场平面布置图确定的位置集中、整齐堆放，不得超高），安全设施规范化，生活设施整洁化，职工行为文明化，工作生活秩序化。

2. 施工现场要做到工完场清、施工不扰民、现场不扬尘、运输无遗撒、垃圾不乱弃，努力营造良好的施工作业环境。

三、现场文明施工管理要点

1. 现场必须实施封闭管理，现场出入口应设大门和保安值班室，大门或门头设置企业名称和企业标识，车辆和人员出入口应分设，车辆出入口应设置车辆冲洗设施，人员进入施工现场的出入口应设置闸机。建立完善的保安值班管理制度，严禁非施工人员任意进出。场地四周必须采用封闭围挡，围挡要坚固、稳定、整洁、美观，并沿场地四周连续设置。一般路段的围挡高度不得低于 1.8 m，市区主要路段和涉及市容景观路段的围挡高度不得低于 2.5 m。

2. 现场出入口明显处应设置"五牌一图"，即工程概况牌、管理人员名单及监督电话牌、消防保卫牌、安全生产牌、文明施工和环境保护牌及施工现场总平面图。

3. 现场的场容管理应建立在施工平面图设计合理和物料器具定位管理标准化的基础上，项目经理部应根据施工条件，按照施工总平面图、施工方案和施工进度计划的要求，进行所负责区域的施工平面图的规划、设计、布置、使用和管理。

4. 现场的主要机械设备、脚手架、密目式安全网与围挡、模板料具，施工临时道路，各种管线、施工材料制品堆场及仓库，土方及建筑垃圾堆放区，变配电间，消防栓，警卫室，现场的办公、生产和临时设施等的布置与搭设，均应符合施工平面图及相关规定的要求。

5. 现场的临时用房应选址合理，并应符合安全、消防要求和国家有关规定。

6. 现场的施工区域应与办公、生活区划分清晰，并应采取相应的隔离防护措施。在建工程内，食堂、库房不得兼作宿舍。宿舍必须设置可开启式外窗，床铺不得超过 2 层，通道宽度不得小于 0.9 m。宿舍室内净高不得小于 2.5 m，住宿人员人均面积不得小于 2 m^2，且每间宿舍居住人员不得超过 16 人。

7. 现场设置的办公室、宿舍、食堂、厕所、淋浴间、开水房、文体活动室、密闭式垃圾站或容器（垃圾分类存放）及盥洗设施等临时设施，所用建筑材料应符合环保、消防要求。

8. 现场应设置畅通的排水沟渠系统，保持场地道路的干燥坚实，泥浆和污水未经处理不得直接排放。施工场地应硬化处理，有条件时可对施工现场进行绿化布置。

9. 现场应建立防火制度和火灾应急响应机制，落实防火措施，配备防火器材。明火作业应严格执行动火审批手续和动火监护制度。高层建筑要设置专用的消防水源和消防立管，每层留设消防水源接口。

10. 现场应按要求设置消防通道，并保持畅通。

11. 现场应设宣传栏、报刊栏，悬挂安全标语和安全警示标志牌，加强安全文明施工。

12. 施工现场应加强治安综合治理、社区服务和保健急救工作，建立和落实好现场治安宣传、保卫、施工环保、卫生防疫等制度，避免扰民和传染病等事件发生。

培训单元2 现场环境保护管理

→ 了解施工现场环境保护的要求。
→ 熟悉施工现场环境保护的措施。

一、施工现场环境保护的要求

1. 环境保护的目的

（1）保护和改善环境质量，从而保护人民的身心健康，防止人体在环境污染影响下产生遗传突变和退化。

（2）合理开发和利用自然资源，减少或消除有害物质进入环境，加强生物多样性的保护，维护生物资源的生产能力。

2. 环境保护的原则

（1）经济建设与环境保护协调发展的原则。

（2）预防为主、防治结合、综合治理的原则。

（3）依靠群众的原则。

（4）环境经济责任原则，即污染者付费的原则。

3. 环境保护的要求

（1）施工组织设计中应有防止扬尘、噪声、固体废物和废水等污染环境的有效措施，并在施工作业中认真组织实施。

（2）施工现场应建立环境保护管理体系，层层落实，责任到人，并保证有效运行。

（3）对施工现场防治扬尘、噪声、水污染等措施及环境保护管理工作进行检查。

（4）定期对职工进行环保法规知识的培训考核。

二、施工现场环境保护的措施

1. 环境保护技术措施

根据《建设工程施工现场环境与卫生标准》（JGJ 146—2013）的规定，施工单位应当采取下列防止环境污染的技术措施：

（1）施工现场的主要道路要进行硬化处理。裸露的场地和堆放的土方应采取覆盖、固化或绿化等措施。

（2）施工现场土方作业应采取防止扬尘措施，主要道路应定期清扫、洒水。

（3）拆除建筑物或者构筑物时，应采用隔离、洒水等降噪、降尘措施，并及时清理废弃物。

（4）土方和建筑垃圾的运输必须采用封闭式运输车辆或采取覆盖措施。施工现场出口处应设置车辆冲洗设施，并应对驶出的车辆进行清洗。

（5）建筑物内垃圾应采用容器或搭设专用封闭式垃圾道的方式清运，严禁凌空抛掷。

（6）施工现场严禁焚烧各类废弃物。

（7）在规定区域内的施工现场应使用预拌制混凝土及预拌砂浆。采用现场搅拌混凝土或砂浆的场所应采取封闭、降尘、降噪措施。水泥和其他易飞扬的细颗粒建筑材料应密闭存放或采取覆盖等措施。

（8）当环境空气质量指数达到中度及以上的污染时，施工现场应增加洒水频次，加强覆盖措施，减少易造成大气污染的施工作业。

（9）施工现场应设置排水管及沉淀池，施工污水应经沉淀处理达到排放标准后，方可排入市政污水管网。

（10）废弃的降水井应及时回填，并应封闭井口，防止污染地下水。

（11）施工现场宜选用低噪声、低振动的设备，强噪声设备宜设置在远离居民区的一侧，并应采用隔声、吸声材料搭设的防护棚或屏障。

2. 运用装配式建筑进行环境保护

发展装配式建筑是建造方式的大变革，是推进供给侧结构性改革和新型城镇化发展的重要举措。装配式建筑将大量施工工序移到场外，有效简化现场工作，将极大减少施工工序对施工现场环境的污染，对施工现场安全环境控制具有重大意义。

培训单元3 职业健康安全管理

→ 了解施工现场主要职业危害。
→ 熟悉职业病的防治与施工现场卫生防疫要求。

一、施工现场主要职业危害

施工现场主要职业危害有粉尘的危害、生产性毒物的危害、噪声的危害、振动的危害、紫外线的危害等。

二、施工现场易引发的职业病类型

施工现场易引发的职业病有矽肺、水泥尘肺、电焊尘肺、锰及其化合物中毒、氮氧化物中毒、一氧化碳中毒、苯中毒、甲苯中毒、二甲苯中毒、五氯酚中毒、中暑、手臂振动病、电光性皮炎、电光性眼炎、噪声聋、白血病等。

三、职业病的防治

1. 工作场所职业卫生防护与管理要求

（1）危害因素的强度或者浓度应符合国家职业卫生标准。

（2）有与职业病防护相适应的设施。

（3）现场施工布局合理，符合有害作业与无害作业分开的原则。

（4）有配套的卫生保健设施。

（5）设备、工具、用具等符合保护劳动者生理、心理健康的要求。

（6）符合法律、法规和国务院卫生健康行政主管部门关于保护劳动者健康的其他要求。

2. 生产过程中的职业卫生防护与管理要求

（1）建立健全职业病防治管理制度。

（2）采取有效的职业病防护设施，为劳动者提供个人使用的职业病防护用具、用品。防护用具、用品必须符合防治职业病的要求，不符合要求的不得使用。

（3）应优先采用有利于防治职业病和保护劳动者健康的新技术、新工艺、新材料、新设备，不得使用国家明令禁止使用的可能产生职业病危害的设备或材料。

（4）应书面告知劳动者工作场所或工作岗位所产生或者可能产生的职业病危害因素、危害后果和应采取的职业病防护措施。

（5）应对劳动者进行上岗前的职业卫生培训和在岗期间的定期职业卫生培训。

（6）对从事接触职业病危害作业的劳动者，应当组织上岗前、在岗期间和离岗时的职业健康检查。

（7）不得安排未经上岗前职业健康检查的劳动者从事接触职业病危害的作业，不得安排有职业禁忌的劳动者从事其所禁忌的作业。

（8）不得安排未成年工从事接触职业病危害的作业，不得安排孕期、哺乳期的女职工从事对本人和胎儿、婴儿有危害的作业。

（9）用于预防和治理职业病危害、工作场所卫生检测、健康监护和职业卫生培训等的费用，按照国家有关规定，应在生产成本中据实列支，专款专用。

四、施工现场卫生与防疫

1. 施工单位应根据法律、法规的规定，制定施工现场的公共卫生突发事件应急预案。

2. 施工现场应配备常用药品及绷带、止血带、颈托、担架等急救器材。

3. 施工现场应结合季节特点，做好作业人员的饮食卫生和防暑降温、防寒取暖、防煤气中毒、防疫等各项工作。如发生法定传染病、食物中毒或急性职业中毒时，必须在 2 h 内向所在地建设行政主管部门和有关部门报告，并应积极配合调查处理。同时发生法定传染病应及时采取隔离措施，由卫生防疫部门进行处置。

4. 施工现场应设专职或兼职保洁员，负责现场日常的卫生清扫和保洁工作。现场办公区和生活区应采取灭鼠、灭蚊、灭蝇、灭蟑螂等措施，并应定期投放和喷洒药物。

5. 食堂必须有卫生许可证，炊事人员必须持健康证上岗。

6. 施工现场生活区内应设置开水炉、电热水器或饮用水保温桶，施工区应配备流动保温水桶，水质应符合饮用水安全卫生要求。

7. 炊事人员上岗应穿戴洁净的工作服、工作帽和口罩，并应保持个人卫生。不得穿工作服出食堂，非炊事人员不得随意进入制作间。

培训单元 4　临时用电、用水管理

→ 了解施工现场临时用电制度。
→ 了解施工现场临时用水制度。

一、施工现场临时用电管理

1. 现场临时用电的范围包括临时动力用电和临时照明用电。

2. 现场临时用电必须按照《施工现场临时用电安全技术规范》(JGJ 46—

2019）及其他相关规范标准的要求，根据现场实际情况编制临时用电施工组织设计或方案，建立相关的管理文件和档案资料。

3. 施工现场临时用电设备在 5 台及以上或设备总容量在 50 kW 及以上者，应编制用电组织设计，否则应制定安全用电和电气防火措施。临时用电组织设计应由电气工程技术人员组织编制，经相关部门审核及具有法人资格企业的技术负责人批准后实施。使用前必须经编制、审核、批准部门和使用单位共同验收，合格后方可投入使用。

4. 工程总包单位与分包单位应签订临时用电管理协议，明确各方管理及使用责任。总包单位应按照协议约定对分包单位的用电设施和日常用电管理进行监督、检查和指导。

5. 现场临时用电设施和器材必须使用正规厂家生产，并经过国家级专业检测机构认证的合格产品，严禁使用假冒伪劣、无安全认证等不合格产品。

6. 电工作业应持有效证件，电工等级应与工程的难易程度和技术复杂性相适应。电工作业由二人以上配合进行，并按规定穿绝缘鞋、戴绝缘手套、使用绝缘工具，严禁带电作业和带负荷插拔插头等。

7. 应对临时用电工程进行定期检查，并应按分部、分项工程进行管理。对安全隐患必须及时处理，并应履行复查验收手续。

8. 隧道、人防工程、高温、有导电灰尘、比较潮湿或灯具离地面高度低于 2.5 m 等场所的照明，电流电压不应大于 36 V；潮湿和易触及带电体场所的照明，电源电压不得大于 24 V；特别潮湿场所导电良好的地面、锅炉或金属容器内的照明，电源电压不得大于 12 V。

9. 项目部应建立临时用电安全技术档案，包括：

（1）用电组织设计的全部资料。

（2）修改用电组织设计的资料。

（3）用电技术交底资料。

（4）用电工程检查验收表。

（5）电气设备的试验、检验凭单和调试记录。

（6）接地电阻、绝缘电阻和漏电保护器漏电动作参数测定记录表。

（7）定期检（复）查表。

（8）电工安装、巡检、维修、拆除工作记录。

二、施工现场临时用水管理

1. 现场临时用水包括生产用水、生活用水和消防用水。

2. 现场临时用水必须根据现场工况编制临时用水方案，建立相关的管理文件和档案资料。

3. 消防用水一般利用城市或建设单位的永久消防设施。如自行设计，消防干管直径应不小于ϕ100 mm，消火栓处昼夜要有明显标志，配备足够的水龙带，周围3 m内不准存放物品。

4. 高度超过24 m的建筑工程，应安装临时消防竖管，管径不得小于ϕ75 mm，严禁将消防竖管作为施工用水管线。

5. 消防供水要保证足够的水源和水压。消防水泵应使用专用配电线路，保证消防供水。

培训项目 3

项目施工质量管理知识

培训单元1 质量管理基本知识

→ 了解施工质量控制的特点。
→ 了解施工质量保证体系的内容及运行。
→ 了解质量控制的基本环节。

一、质量控制与施工质量控制

质量控制是质量管理的一部分,致力于满足质量要求。施工质量控制是在明确的质量方针指导下,通过对施工方案和资源配置的计划、实施、检查和处置,为实现施工质量目标而进行的事前控制、事中控制和事后控制的系统过程。

二、影响施工质量的主要因素及质量控制特点

1. 影响施工质量的主要因素

影响施工质量的主要因素有人(man)、材料(material)、机械(machine)、

方法（method）及环境（environment）五大方面，即 4M1E。

2. 施工质量控制的特点

（1）需要控制的因素多。

（2）控制的难度大。

（3）过程控制要求高。

（4）终检局限大。

三、施工质量保证体系的内容及运行

工程项目的施工质量保证体系是以控制和保证施工质量为目标，从施工准备、施工生产到竣工投产的全过程，运用系统的概念和方法，在全体人员的参与下，严密、协调、高效运行的全方位的管理体系，以实现工程项目施工质量管理的制度化、标准化。

施工质量保证体系的运行分为计划（plan）、实施（do）、检查（check）和处理（action）四个不断螺旋上升的环节。

四、质量管理原则

《质量管理体系基础和术语》（GB/T 19000—2016）提出了质量管理的七项原则如下：

1. 以顾客为关注焦点

质量管理的首要关注点是满足顾客要求并且努力超越顾客期望。

2. 领导作用

各级领导建立统一的宗旨和方向，并创造全员积极参与实现组织的质量目标的条件。

3. 全员积极参与

整个组织内各级胜任、经授权并积极参与的人员，是提高组织创造和提供价值能力的必要条件。

4. 过程方法

将活动作为相互关联、功能连贯的过程组成的体系来理解和管理时，可以更加有效和高效地得到一致的、可预知的结果。

5. 改进

成功的组织持续关注改进。

6. 循证决策

基于数据和信息的分析、评价的决策，更有可能产生期望的结果。

7. 关系管理

为了持续成功，组织需要管理与有关相关方（如供方）的关系。

五、施工质量控制的基本环节和一般方法

1. 施工质量控制的基本环节

施工质量控制应贯彻全面、全过程质量管理的思想，运用动态控制原理，进行质量的事前控制、事中控制和事后控制。

2. 现场质量检查的方法

现场质量检查的方法主要有目测法、实测法和试验法等。

（1）目测法

目测法即凭借感官进行检查，也称观感质量检验。其手段可概括为"看、摸、敲、照"四个字。

（2）实测法

实测法就是通过实测，将实测数据与施工规范、质量标准的要求及允许偏差值进行对照，以此判断质量是否符合要求。其手段可概括为"靠、量、吊、套"四个字。

（3）试验法

试验法指通过必要的试验手段对质量进行判断的检查方法。

1）理化试验法。工程中常用的理化试验包括物理性能方面的检验和化学成分及其含量的测定两个方面。

2）无损检测法。常用的无损检测方法有超声波探伤、X射线探伤、γ射线探伤等。

培训单元 2　材料及施工过程质量控制

→ 了解材料采购的质量控制措施。
→ 了解施工过程质量控制要点。
→ 掌握施工过程的工程质量验收要求。
→ 熟悉施工质量事故的预防与处理。
→ 了解施工项目竣工质量验收条件。

一、严把材料的质量关

1. 采购订货关

建筑材料供应商应当对产品质量进行严格把关，不得向建设工程提供未经检验或者检验不合格的建材产品和假冒伪劣产品。在销售建材产品的同时，应当向买受人提供产品使用说明书、有效的建材备案证及产品质量保证书。

2. 进场检验关

装配式建筑混凝土预制构件的原材料质量、钢筋加工和连接的力学性能、混凝土强度、构件结构性能、装饰材料整理、保温材料质量及拉结件的质量等，均应根据国家现行有关标准进行检查和检验，并应具有生产操作规程和质量检验记录。混凝土预制构件出厂时的混凝土强度不宜低于设计混凝土强度等级值的 75%。

3. 存储和使用关

施工单位必须加强材料进场后的存储和使用管理，避免材料变质（如水泥的受潮结块、钢筋的锈蚀等）和使用规格、性能不符合要求的材料造成工程质量事故。

二、施工过程的质量控制

1. 技术交底

做好技术交底是保证施工质量的重要措施之一。项目开工前应由项目技术负责人向承担施工的负责人或分包人进行书面技术交底,技术交底资料应办理签字手续并归档保存。每一分部工程开工前均应进行作业技术交底。

2. 测量控制

项目开工前应编制测量控制方案,经项目技术负责人批准后实施。对相关部门提供的测量控制点应在施工准备阶段做好复核工作,经审批后进行施工测量放线,并保存测量记录。在施工过程中应对设置的测量控制点、线妥善保护,不准擅自移动。

3. 计量控制

计量控制是工程项目质量保证的重要内容,是施工项目质量管理的一项基础工作。施工过程中的计量工作包括施工生产时的投料计量、施工测量、监测计量以及对项目、产品或过程的测试、检验、分析计量等。

4. 工序施工质量控制

施工过程是由一系列相互联系与制约的工序构成,工序是人、材料、机械设备、施工方法和环境因素对工程质量综合起作用的过程,所以对施工过程的质量控制,必须以工序质量控制为基础和核心。

三、施工过程的工程质量验收

施工过程的工程质量验收,是在施工过程中、在施工单位自行质量检查评定的基础上,参与建设活动的有关单位共同对检验批、分项工程、分部工程、单位工程的质量进行抽样复验,根据相关标准以书面形式对工程质量达到合格与否做出确认。

1. 检验批质量验收合格要求

(1)主控项目的质量经抽样检验均应合格。

(2)一般项目的质量经抽样检验合格。

(3)具有完整的施工操作依据、质量检查记录。

2. 分项工程质量验收合格要求

(1)所含检验批的质量均应验收合格。

（2）所含检验批的质量验收记录应完整。

3. 分部工程质量验收合格要求

（1）所含分项工程的质量均应验收合格。

（2）质量控制资料应完整。

（3）有关安全、节能、环境保护和主要使用功能的检验结果应符合相应规定。

（4）观感质量应符合要求。

4. 单位工程质量验收合格要求

（1）所含分部工程的质量均应验收合格。

（2）质量控制资料应完整。

（3）所含分部工程有关安全、节能、环境保护和主要使用功能的检验资料应完整。

（4）主要使用功能的抽查结果应符合相关专业质量验收规范的规定。

（5）观感质量应符合要求。

四、施工质量事故预防

1. 工程质量事故的分类

由于工程质量事故具有复杂性、严重性、可变性和多发性的特点，所以建设工程质量事故的分类有多种方法，但一般可按以下条件进行分类。

按照住房和城乡建设部《关于做好房屋建筑和市政基础设施工程质量事故报告和调查处理工作的通知》（建质〔2010〕111号），根据工程质量事故造成的人员伤亡或者直接经济损失，工程质量事故分为4个等级：

特别重大事故，是指造成30人以上死亡，或者100人以上重伤，或者1亿元以上直接经济损失的事故。

重大事故，是指造成10人以上30人以下死亡，或者50人以上100人以下重伤，或者5 000万元以上1亿元以下直接经济损失的事故。

较大事故，是指造成3人以上10人以下死亡，或者10人以上50人以下重伤，或者1 000万元以上5 000万元以下直接经济损失的事故。

一般事故，是指造成3人以下死亡，或者10人以下重伤，或者100万元以上1 000万元以下直接经济损失的事故。

2. 预防施工质量事故的具体措施

（1）严格依法进行施工组织管理。

（2）严格按照基本建设程序办事。

（3）认真做好工程地质勘察。

（4）科学地加固处理好地基。

（5）进行必要的设计审查复核。

（6）严格把好建筑材料及制品的质量关。

（7）强化从业人员管理。

（8）加强施工过程的管理。

（9）做好应对不利施工条件和各种灾害的预案。

（10）加强施工安全与环境管理。

五、施工项目竣工质量验收

1. 施工项目竣工质量验收的条件

施工项目符合下列要求方可进行竣工验收：

（1）完成工程设计和合同约定的各项内容。

（2）施工单位在工程完工后对工程质量进行检查，确认工程质量符合有关法律、法规和工程建设强制性标准，符合设计文件及合同要求，并提出工程竣工报告。工程竣工报告应经项目经理和施工单位有关负责人审核签字。

（3）对于委托监理的工程项目，监理单位对工程进行质量评估，具有完整的监理资料，并提出工程质量评估报告。工程质量评估报告应经总监理工程师和监理单位有关负责人审核签字。

（4）勘察、设计单位对勘察、设计文件及施工过程中由设计单位签署的设计变更通知书进行检查，并提出质量检查报告。质量检查报告应经该项目勘察、设计负责人和勘察、设计单位有关负责人审核签字。

（5）有完整的技术档案和施工管理资料。

（6）有工程使用的主要建筑材料、建筑构/配件和设备的进场试验报告，以及工程质量检测和功能性试验资料。

（7）建设单位已按合同约定支付工程款。

（8）有施工单位签署的工程质量保修书。

（9）对于住宅工程，进行分户验收并验收合格，建设单位按户出具《住宅工程质量分户验收表》。

（10）建设主管部门及工程质量监督机构责令整改的问题全部整改完毕。

（11）法律、法规规定的其他条件。

2．施工项目竣工质量验收程序

（1）工程完工并对存在的质量问题整改完毕后，施工单位向建设单位提交工程竣工报告，申请工程竣工验收。实行监理的工程，工程竣工报告须经总监理工程师签署意见。

（2）建设单位收到工程竣工报告后，对符合竣工验收要求的工程，组织勘察、设计、施工、监理等单位组成验收组，制定验收方案。对于重大工程和技术复杂工程，根据需要可邀请有关专家参加验收组。

（3）建设单位应当在工程竣工验收 7 个工作日前将验收的时间、地点及验收组名单书面通知负责监督该工程的工程质量监督机构。

（4）建设单位组织工程竣工验收。

1）建设、勘察、设计、施工、监理单位分别汇报工程合同履约情况和在工程建设各个环节执行法律、法规和工程建设强制性标准的情况。

2）审阅建设、勘察、设计、施工、监理单位的工程档案资料。

3）实地查验工程质量。

4）对工程勘察、设计、施工、设备安装质量和各管理环节等方面作出全面评价，形成经验收组人员签署的工程竣工验收意见。参与工程竣工验收的建设、勘察、设计、施工、监理等各方不能形成一致意见时，应当协商提出解决的方法，待意见一致后，重新组织工程竣工验收。

培训单元 3 装配式结构工程施工质量管理

→ 了解装配式结构施工质量管理的内容。

→ 了解装配式混凝土建筑的施工质量验收。

一、装配式结构工程施工质量控制

1. 装配式结构工程应编制专项施工方案。必要时,专业施工单位应根据设计文件进行深化设计。

2. 装配式结构正式施工前,宜选择有代表性的单元或部分进行试制作和试安装。

3. 新作、改制及维修后的模具在使用前应进行全数检查。重复使用的标准模具每次使用前应检查外观质量及关键尺寸偏差。

4. 预制构件的吊运应符合下列规定:

(1)应根据预制构件形状、尺寸、质量和作业半径等要求选择吊具和起重设备,所采用的吊具和起重设备及施工操作应符合国家现行有关标准及产品应用技术手册的有关规定。

(2)应采取措施保证起重设备的主钩位置、吊具及构件重心在竖直方向上重合;吊索与构件水平夹角不宜小于60°,尤其不应小于45°;吊运过程应平稳,不应有偏斜和大幅度摆动,且不应长时间悬停。

(3)吊运过程中,应设专人指挥,操作人员应位于安全可靠位置。

5. 装配式结构的施工全过程应对预制构件设置可靠标识,并应采取防止预制构件破损或受到污染的措施。

6. 预制构件安装就位后应及时采取临时固定措施,每个预制构件的临时支撑不宜少于2道。预制构件与吊具的分离应在校准定位及临时固定措施安装完成后进行。临时固定措施的拆除应在装配式结构能达到后续施工要求的承载力、刚度及稳定性要求后进行。

7. 构件连接处浇筑用材料的强度及收缩性能应满足设计要求。如设计无要求,浇筑用材料的强度等级值不应低于连接处构件混凝土强度设计等级值的较大值。

8. 装配式结构施工中采用专用定型产品时,专用定型产品及施工操作均应符合国家现行有关标准及产品应用技术手册的有关规定。

二、装配式混凝土建筑的施工质量验收

1. 预制构件的质量验收

（1）预制构件进场时应检查质量证明文件或质量验收记录。

（2）梁板类简支受弯预制构件进场时应进行结构性能检验，结构性能检验应符合国家现行有关标准的有关规定及设计要求。

（3）钢筋混凝土构件和允许出现裂缝的预应力混凝土构件应进行承载力、挠度和裂缝宽度检验，不允许出现裂缝的预应力混凝土构件应进行承载力、挠度和抗裂检验。

（4）对于不可单独使用的叠合板预制底板，可不进行结构性能检验。对叠合梁构件，是否进行结构性能检验、结构性能检验的方式应根据设计要求确定。

（5）不做结构性能检验的预制构件，施工单位或监理单位代表应驻厂监督生产过程。当无驻厂监督时，预制构件进场时应对其主要受力钢筋数量、规格、间距、保护层厚度及混凝土强度等进行实体检验。检验数量：同一类型预制构件不超过1 000个为1批，每批随机抽取1个构件进行结构性能检验。

（6）预制构件的混凝土外观质量不应有严重缺陷，且不应有影响结构性能和安装、使用功能的尺寸偏差。对出现的一般缺陷应要求构件生产单位按技术处理方案进行处理，并重新检查验收。

（7）预制构件粗糙面的外观质量、键槽的外观质量和数量、预制构件上的预埋件、预留插筋、预留孔洞、预埋管线等规格型号、数量应符合设计要求。

（8）预制板类、墙板类、梁柱类构件及装饰构件的装饰外观外形尺寸偏差和检验方法应符合《装配式混凝土建筑技术标准》（GB/T 51231—2016）的规定。

2. 安装连接的质量验收

（1）装配式结构采用后浇混凝土连接时，构件连接处后浇混凝土的强度应符合设计要求，并应符合《混凝土强度检验评定标准》（GB/T 50107—2019）的有关规定。

（2）钢筋采用套筒灌浆连接、浆锚搭接连接时，灌浆应饱满、密实，所有出口均应出浆，灌浆料强度应符合现行国家有关标准的规定及设计要求。

（3）预制构件底部接缝坐浆强度应满足设计要求。

（4）钢筋采用机械连接、焊接连接时，其接头资料应符合现行行业标准的有关规定。

（5）预制构件型钢焊接连接的型钢焊缝的接头质量，螺栓连接的螺栓材质、规格、拧紧力矩均应满足设计要求，并应符合现行国家标准的有关规定。

（6）装配式结构分项工程的外观资料不应有严重缺陷，且不得有影响结构性能和使用功能的尺寸偏差。施工尺寸偏差及检验方法应符合设计要求；当设计无要求时，应符合《装配式混凝土建筑技术标准》（GB/T 51231—2016）的规定。

（7）装配式混凝土建筑的饰面外观质量应符合设计要求，并应符合现行国家标准的有关规定。